CPLog
成像测井新技术应用
典型案例

金明权　胡启月　石玉江 | 主编

石油工业出版社

内 容 提 要

本书简要介绍了CPLog国产多维高精度成像测井方法原理和适用条件，通过45个典型案例，全面介绍了CPLog在复杂碎屑岩、碳酸盐岩、火山岩及变质岩、页岩油气、新能源等方面的应用，重点论述了新技术测井资料的解释分析方法和应用效果。

本书适合石油勘探开发工作者及高等院校相关专业师生参考使用。

图书在版编目（CIP）数据

CPLog成像测井新技术应用典型案例 / 金明权，胡启月，石玉江主编 .—北京：石油工业出版社，2021.11

ISBN 978-7-5183-4947-0

Ⅰ.①C… Ⅱ.①金…②胡…③石… Ⅲ.①油气测井 Ⅳ.① TE151

中国版本图书馆CIP数据核字（2021）第221595号

出版发行：石油工业出版社

（北京安定门外安华里2区1号　100011）

网　　址：www.petropub.com

编辑部：（010）64523736　图书营销中心：（010）64523633

经　　销：全国新华书店

印　　刷：北京中石油彩色印刷有限责任公司

2021年11月第1版　2021年11月第1次印刷

787×1092毫米　开本：1/16　印张：16.75

字数：360千字

定价：160.00元

（如出现印装质量问题，我社图书营销中心负责调换）

版权所有，翻印必究

《CPLog 成像测井新技术应用典型案例》
编委会

主　　编：金明权　胡启月　石玉江
副 主 编：陈　涛　朱涵斌　余卫东
技术审核：周　军　杨　林　万金彬　章海宁
主要编写人员：（排名不分先后）

余春昊	冯春珍	祇淑华	齐宝权	王宏建
张树东	秦民君	陈彦竹	陈　建	赵　静
刘东明	杨小兵	张　玮	刘俊东	杨贵凯
任　莉	王　鹏	洪　晶	于　娜	张国君
郭　凯	李鹏飞	马修刚	白　彦	陈小磊
何羽飞	赵　毅	马天猛	吉　人	张宇昆

序

PREFACE

我国剩余油气资源主要为深层、低渗透、非常规、复杂岩性等特殊油气藏，测井精准探测与定量评价难度大。国内外实践表明，使用和发展以成像测井为代表的测井新技术是解决复杂油气藏勘探难题、提高勘探成效的重要手段。然而长期以来，高端成像测井技术一直被国外公司垄断，由于仪器和服务价格昂贵，限制了其在国内油气田的规模应用。

"十二五"以来，在国家油气重大专项和中国石油科技专项的持续支持下，中国石油集团测井有限公司坚持"服务油气、保障钻探"宗旨，大力实施科技创新战略，聚焦测井关键核心装备研制，成功打造出具有自主知识产权的新一代多维高精度成像测井系统CPLog，包括宽动态微电阻率成像测井、偏心核磁共振测井、三维感应测井、远探测声波成像测井等，实现了国产装备从阵列成像测井向多维成像测井的跨越，整体性能达到国际先进水平，结束了我国高端测井装备长期依赖进口的局面，显著提升了复杂油气储层识别评价能力，为油气田高效勘探、效益开发提供了重要技术支撑。

为促进国产装备与技术在油气勘探开发中发挥更大作用，整体提升国内复杂、非常规储层综合评价能力，中国石油集团测井有限公司组织编写了这本《CPLog成像测井新技术应用典型案例》专著，从近年来各油气田勘探发现有重要代表意义的测井资料中优选了45个典型案例，精细编排后推荐给读者。本书图文并茂，叙述简洁，重点突出，可供勘探开发管理决策专家、地质综合研究人员和测井专业技术人员学习参考。

希望本书的出版能够增进大家对国产测井新技术的学习了解，持续加强国产测井新技术推广应用，助力国内复杂和非常规油气规模增储、效益建产。

2021 年 11 月

前言

FOREWORD

测井是十大石油学科之一，也是石油工业中高新技术含量最多的学科。20世纪以来，测井经历了从半自动测井仪、全自动测井仪、数字测井仪、数控测井仪到当今最先进的成像测井仪的五次更新换代，目前正在向智能测井时代发展。实践表明，油气勘探开发需求始终是推动测井技术不断进步的不竭动力。

从20世纪90年代起，我国就开始了先进测井技术的跟踪研制和自主研发。从"十一五"到"十二五"，以EILog为代表的快速与成像测井系统研制成功并实现规模应用，实现了国产装备从常规测井向成像测井的突破。"十三五"期间，在国家油气重大专项和中国石油科技专项的持续大力支持下，历经5年集中攻关，成功研制出CPLog多维高精度成像测井系统，包括宽动态微电阻率成像测井、偏心核磁共振测井、三维感应测井、远探测声波成像测井等，实现了国产装备从阵列成像测井向多维成像测井的跨越。

该系统以网络化、模块化、智能化及标准化设计为核心，突破了高性能测井芯片、高精度传感器、高速通信与无线传输等技术，达到了测得更准，实现从二维均质向三维各向异性测量的维度突破；看得更清，实现纳米级孔喉识别和高分辨率"高清"成像；探测更远，实现"一孔之见"向"一孔远见"的跨越；绿色测井，可控源取代化学源，实现安全环保新途径；远程测控，创新"无人驾驶"测井新模式。目前，具有完全自主知识产权的CPLog系统已在国内16家油气田、海外8个国家规模应用，成为解决复杂油气评价难题的"利器"和新一代中国石油主力测井装备。

为支撑我国复杂油气勘探高效开发，促进国产成像测井新技术规模应用，提升国产品牌影响力，及时总结 CPLog 现场应用效果，明晰其适应条件和范围，中国石油集团测井有限公司（简称中油测井）组织编写了本书。全书共收集典型案例 45 个，其中涉及复杂碎屑岩应用案例 11 个、碳酸盐岩应用案例 11 个、火山岩及变质岩应用案例 3 个、页岩油气应用案例 9 个、新能源及其他应用案例 11 个，总体反映了 CPLog 测井新技术的应用现状。本书素材取自"十三五"以来中油测井服务保障各油气田风险勘探、重点领域勘探的发现井、代表井，突出了 CPLog 成套技术装备在复杂及非常规油气勘探中取得的新进展和新成果。

  本书分为五章，努力做到面向用户、精心取材、图文并茂。全书由石玉江策划并提出编写大纲，朱涵斌负责汇总校审，陈彦竹负责编写组织，周军、杨林、陈涛、万金彬、章海宁负责技术把关，中油测井 90 余名技术人员参与了撰写。第一章由余卫东编审，第二章由冯春珍、王宏建编审，第三章由齐宝权编审，第四章由祗淑华、张树东编审，第五章由朱涵斌、王宏建、秦民君编审。李戈理、陈建负责图件绘制工作。全书最后由金明权、胡启月、石玉江终审定稿。中国石油科技管理部总经理匡立春教授为本书作序，在此表示衷心感谢。

  本书在编写过程中，引用了李剑浩、汤天知、陈宝等的研究成果，在此向他们表示感谢。中油测井长庆分公司赵静、刘东明、任小锋、吴建华、张丽莎，西南分公司杨小兵、何丽、罗宁、罗利，新疆分公司王先虎、张玮、周炬锋，天津分公司刘俊东、李海燕、庄学良，辽河分公司杨贵凯、万吉庆、刘虎，大庆分公司王雷、任莉、张翠华、闫学洪，吐哈分公司王鹏、王成荣，华北分公司代红霞、洪晶、陈辉、李思，青海分公司于娜、孟强、孔令松，吉林分公司李超炜、张国君、孙娟，国际公司范乐元、宋小增、郭凯、李鹏飞，测井技术研究院马修刚、白彦、王雷、倪路桥、卢春利、王树声、贺秋利、陈小磊，地质研究院崔式涛、程亮、黄科、温柔、李戈理、刘春艳、陈建、何羽飞、王中涛、赵毅、马天猛、陈魏巍、杨智新、张伟鹏、刘文强，物资装备公司张柏元、柏爱川、吉人等参与了有关案例的编写。

由于成书时间仓促，加之笔者技术、能力所限，书中难免有疏漏和不当之处，敬请各位同行、读者批评指正。

目录

CONTENTS

- **第一章　CPLog 成像测井新技术简介** ······················· 1
  - 阵列感应成像测井技术 ······································· 2
  - 三维感应成像测井技术 ······································· 7
  - 核磁共振成像测井技术 ······································· 11
  - 微电阻率成像测井技术 ······································· 16
  - 远探测阵列声波成像测井技术 ································· 21
  - 阵列侧向成像测井技术 ······································· 27
  - 地层元素测井技术 ··· 32
  - 宽频介电测井技术 ··· 37

- **第二章　复杂碎屑岩典型应用案例** ····················· 41
  - 成像测井在鄂尔多斯盆地西缘断裂带复杂储层解释中的应用 ············ 42
  - 核磁共振测井在伊陕斜坡致密砂岩储层综合解释中的应用 ·············· 45
  - 二维核磁共振测井在阜康凹陷致密砾岩储层综合解释中的应用 ·········· 49
  - 声波远探测测井在东道海子凹陷致密砾岩储层评价中的应用 ············ 52
  - 电成像测井在准噶尔盆地东部碎屑岩储层的综合应用 ················· 56
  - "核磁共振测井 + 阵列感应测井"在巴彦淖尔复杂孔隙结构储层中的应用 ······· 62
  - 成像测井在海拉尔盆地复杂砂砾岩储层综合评价中的应用 ·············· 67
  - CPLog 全系列测井助力博孜区块低阻低对比度油气层评价 ·············· 73
  - 海水基钻井液条件下测井资料综合评价技术在埕海油田的应用 ·········· 76
  - 成像测井在辽河油田滩海咸水钻井液条件下低阻储层流体识别中的应用 ···· 80
  - 成像测井在伊通盆地致密气储层的综合应用 ························· 83

- **第三章　碳酸盐岩典型应用案例** ····················· 87
  - 成像测井在鄂尔多斯盆地致密碳酸盐岩储层评价中的应用 ·············· 88
  - 缝洞连通性评价技术精细刻画震旦系碳酸盐岩储层缝洞有效性 ·········· 93

地层元素测井精准识别川中北斜坡寒武系沧浪铺组白云化储层 …………………… 96
成像测井在四川盆地震旦系灯二段丘滩相储层评价中的应用 ……………………… 100
生产测井与电成像测井结合优选确定碳酸盐岩储气库目标层位 …………………… 103
非均质深潜山双品质压裂选层测井评价技术在碳酸盐岩储层的应用 ……………… 107
随钻方位电阻率成像测井在超深缝洞型碳酸盐岩储层解释中的应用 ……………… 113
CPLog 仪器助力超深白云岩储层评价 ……………………………………………… 116
成像测井在大风山构造带混积岩储层综合解释中的应用 …………………………… 121
成像测井在柴西坳陷英雄岭构造带混积岩储层综合解释中的应用 ………………… 127
成像测井在乌兹别克斯坦碳酸盐岩储层的应用 ……………………………………… 132

- **第四章　页岩油气储层典型应用案例** ……………………………………………… 135

精细"七性"评价助力鄂尔多斯盆地西缘拉什仲组海相页岩气发现 ……………… 136
地质工程一体化测井评价应用于威远页岩气铂金靶体优选 ………………………… 140
成像测井在陇东页岩油储层解释评价中的应用 ……………………………………… 144
成像测井在二叠系风城组页岩油纵向"甜点"评价中的应用 ……………………… 148
核磁共振测井在歧口凹陷页岩油水平井储层精细分类中的应用 …………………… 152
电成像测井和核磁共振测井在川渝凉高山组页岩油水平井靶体优选中的应用 …… 156
成像测井在古龙页岩油"甜点"综合评价中的应用 ………………………………… 161
国产 iMRT 偏心核磁共振测井资料在页岩油有效储层划分中的应用 ……………… 170
成像测井在松辽盆地乾安页岩油储层的应用 ………………………………………… 172

- **第五章　特殊储层及其他典型应用案例** …………………………………………… 177

成像测井在大庆油田古中央隆起带浅变质岩储层评价中的应用 …………………… 178
成像测井在准噶尔盆地西部红车断裂带火山岩储层的综合应用 …………………… 183
成像测井在长岭断陷深层火山岩复杂流体类型储层的综合应用 …………………… 189
核磁共振测井和常规测井在天然气水合物储层评价中的应用 ……………………… 193

成像测井在鄂尔多斯盆地太原组铝土岩地层评价中的应用……………………………… 198
测井资料在韩城地区煤层气储层综合评价中的应用…………………………………… 202
随钻测定导一体化在川中岩溶改造型储层的应用……………………………………… 206
随钻测定导一体化在川东地区生物礁储层的应用……………………………………… 211
井—震结合在海外碳酸盐岩低幅度构造油气藏勘探评价中的应用…………………… 216
大井丛平台页岩油"甜点"立体评价及地质工程一体化应用………………………… 222
油藏测井综合评价技术在低渗透油藏综合治理中的应用……………………………… 226
水平井产液剖面测试在油藏动态监测与水平井综合治理中的应用…………………… 235
生产测井精准找漏在老井综合治理解释中的应用……………………………………… 241
动态分析法在储气库剩余油测井评价中的应用………………………………………… 246

- 附录……………………………………………………………………………………… 250
- 参考文献………………………………………………………………………………… 252

第一章
CPLog 成像测井新技术简介

　　CPLog 多维高精度成像测井系统是中油测井打造的完全自主知识产权的测井系统，包括地层成像测井、一串快测、随钻测导、生产测井、桥塞射孔、取心测试、录井、光纤测井、套后测井 9 大系列。其中，以高温高压系列化成像为代表的 CPLog 地层成像测井系列，包括阵列感应成像、阵列侧向、微电阻率成像、超声成像、阵列声波、声波远探测、核磁共振、地层元素和三维感应成像等测井仪，已实现规模应用，为复杂非常规油气探勘开发提供了有力技术支撑。

阵列感应成像测井技术

与常规电阻率测井仪器相比，阵列感应成像测井仪能提供更准确、更直观的解释结果，能直观合理地描述地层侵入特征和地层真电阻率，成为解决复杂储层测井解释和精细定量描述的重要手段。商用的阵列感应成像测井仪器主要包括斯伦贝谢公司 AIT、贝克休斯公司 HDIL、哈里伯顿公司 ACRT、中油测井 MIT 等。

※ 方法原理

阵列感应测量原理

阵列感应测井仪在双感应测井仪的基础上，采用阵列化线圈系结构，通过井下多 DSP 数据采集和地面软件聚焦合成处理等先进技术，提供 3 种纵向分辨率（30cm、60cm、120cm）和 5 种径向探测深度（25cm、50cm、75cm、150cm、225cm）的地层电阻率曲线，具有多种工作频率、丰富的实虚部信号，趋肤校正更方便、准确，地层电导率的测量范围更宽。

MIT 阵列感应测井仪的线圈系由一个发射线圈（T）和八组接收线圈（R1—R8）组成，其中每个接收线圈组又由一个主接收线圈和一个辅助接收线圈组成。线圈系布置方式如图 1-1 所示，发射线圈（T）在中间，8 个子阵列中，3 个在左侧、5 个在右侧。子阵列由一个发射线圈和两个接收线圈组成，其中一个为主接收线圈，另一个为屏蔽线圈，用于抵消直耦分量。

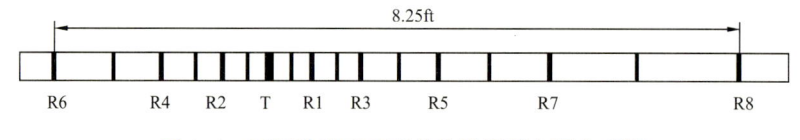

图 1-1 MIT 阵列感应测井仪线圈系布置方式图

在阵列感应测量中，地层信号、测量信号（即测量数据）与处理信号之间的关系如图 1-2 所示。假定地层旋转对称，地层电导率是纵向深度和径向深度的二维函数。二维地层电导率信号经过多个子阵列得到多个输出，近似反映二维地层信息。由于受井眼、侵入、围岩等环境和趋肤效应影响，加之响应函数的分辨率有限，测量数据不能直接反映原状地层。阵列感应测井数据处理的目的就是消除测量数据中不必要的影响，反演出地层真电导率。

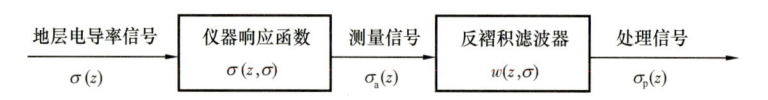

图 1-2 感应测井中地层信号、测量信号与处理信号之间的关系

测量信号与处理信号之间的关系用数学语言描述为：

$$\sigma_p(z) = \sum_{z'=z_{min}}^{z_{max}} w[z',\sigma(z)]\sigma_a(z-z') \tag{1-1}$$

式中：$\sigma(z)$ 为深度 z 处的地层真电导率；$\sigma_a(z)$ 为仪器的测量信号；$\sigma_p(z)$ 为深度 z 处的处理后地层电导率信号；$w(z',\sigma)$ 为处理测量信号的滤波器，也称为反褶积滤波器；$z'=z_{min}\sim z_{max}$ 为处理测量信号的窗口范围；z_{min} 为最小深度；z_{max} 为最大深度。

式（1-1）表明，要正确处理非均匀介质的测量信号，滤波器必须是关于地层电导率的函数，实际测量信号处理的质量取决于滤波器 $w(z',\sigma)$。

测井资料处理流程及处理方法

国产阵列感应测井数据处理分析流程如图 1-3 所示，包括质量分析、预处理、井眼校正、数据合成处理、反演成像等。

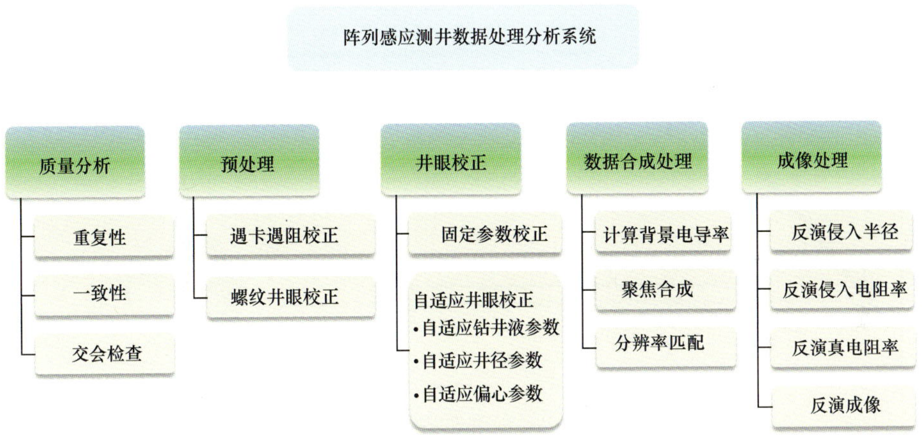

图 1-3　阵列感应测井数据处理分析流程图

（1）质量控制：对井下测量到的 28 个实部和虚部信号进行数据质量分析，对测量曲线进行重复性检查分析。

（2）预处理：对阵列感应测井原始数据进行数据单位和采样间隔转换、螺纹井眼影响消除、遇卡遇阻校正等处理，保证输入数据统一规范。

（3）井眼校正：消除钻井液电阻率、井径等环境因素对测量信号的影响，反映出地层的真实情况。MIT 阵列感应成像测井的测量信号会不同程度地受到井眼环境影响，近接收子阵列与远接收子阵列受井眼影响程度各不相同。在描述径向地层电阻率时，近接收子阵列受到的影响较大，所以在合成处理之前，应当对各接收子阵列的测量值进行井眼校正，消除井眼环境的影响，反映出地层的真实情况。

（4）数据合成处理：测井信号经过井眼校正得到八组线圈系的 28 条虚实信号，合成处理的目的就是将这些信号合成为测井分析家所需的地层信息。阵列感应测井合成处理分两步，一是真分辨率合成处理，从不同探测深度合成出相应分辨率的曲线；二是分辨率匹配处理，实现不同探测深度具有同样分辨率的测井曲线。

（5）成像处理：考虑实际侵入过程的特点，充分利用阵列感应测井提供的丰富数据，构造了径向上包括井眼、冲洗带、过渡带和原状地层的四参数斜坡侵入带地层模型，用二维几何因子理论方法对阵列感应测井数据进行了一维反演计算。

※ 发展历程

2003—2021年，中油测井相继研发了标准版阵列感应成像测井仪MIT5530、高温版阵列感应成像测井仪MIT6532、单边快测版阵列感应成像测井仪MIT1530、三维感应成像测井仪3DIT6531和感应成像远探测测井仪等产品。

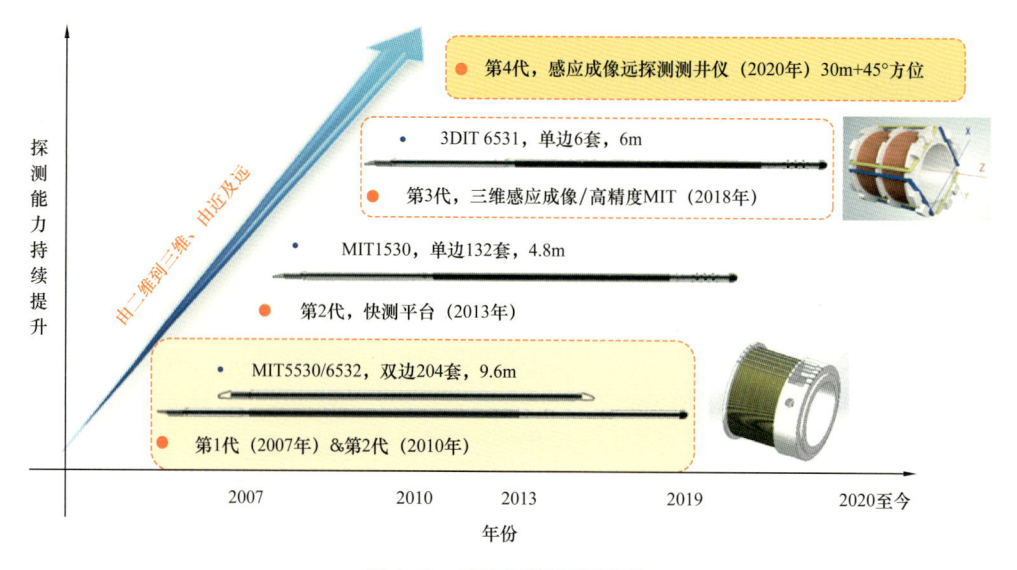

图1-4 感应仪器研发历程

（1）标准版阵列感应成像测井仪MIT5530：2003—2007年，在国家"863"项目"先进测井技术与装备"的课题"多频阵列感应成像测井技术研究"和中国石油高新技术产业科技贷款项目"20套/年阵列感应产业化研究"支撑研究下，2007年研制出第一代阵列感应成像测井仪，完成调试设备、检验设备、刻度设备设施以及其他辅助设备配套建设，形成年产20套阵列感应成像测井仪能力，2008年被定为中国石油自主创新重要产品。

（2）高温版阵列感应成像测井仪MIT6532：2010年，按"175℃/140MPa阵列感应仪器研制"研究目标，采用新型复合材料和部件研制出MIT6532阵列感应成像测井仪，通过优化机械结构、一体化发射短节与线圈系设计以及175℃高温器件和新电路设计，突破了带通板电路温度瓶颈问题，提高了仪器承受高温能力，2011年研制出高温版阵列感应测井仪器MIT6532。

（3）单边快测版阵列感应成像测井仪 MIT1530：为满足中国石油长庆油田钻井短"口袋"的快速测井需求，以新装备、新技术助推油田提素质、提效益、提速度，通过发射接收电路一体化设计和线圈系由双边设置到单边设置优化设计，2013 年研制了单边阵列感应成像测井仪 MIT1530，仪器长度从 9.6m 缩短为 4.8m。

（4）三维感应成像测井仪 3DIT6531：针对砂泥岩薄互层和裂缝性油气层电阻率测量值偏低的难题，2018 年研制出第 3 代三维感应成像测井仪。该仪器在测量砂泥岩薄互层和地层倾角等地层参数方面具有独到的作用。

（5）感应成像远探测测井仪：为拓展裸眼井中电法测井仪器的远探测和边界探测能力，2016 年"十三五"国家油气重大专项"多维高精度成像测井系列：感应成像测井仪研制"立项。设计研制了感应成像远探测测井仪，实现了兼具近井眼高精度电阻率测量成像和远距离地层及流体边界探测功能，对大斜度井及水平井的勘探开发具有重要意义，探边距离可达 30m 的裸眼井感应成像测井技术研发成功在国内外尚属首次。

※ 技术性能与指标

阵列感应成像测井仪通过几代产品升级和应用，技术指标达到国际先进水平，已经非常成熟，成为各油服公司主力装备，并实现了常规化的规模应用（表 1-1）。

表 1-1　阵列感应测井仪器技术指标表

公司	斯伦贝谢	哈里伯顿	贝克休斯	中油测井
仪器型号	AIT-M/QAIT	ACRT	HDIL	MIT1531/1530/6532
最高温度（℃）	150 /230	177	175	150/175（20h）
最大压力（MPa）	103	140	140	140
仪器外径（cm）	9.8	9.2	9.2	9.5
仪器长度（m）	4.88	5.9	8.27	4.98/9.86
测量精度（mS/m）	±0.75 或 2%	>1.0 或 <2%	±1.0 或 ±2%	±0.5 或 <2%
纵向分辨率（cm）	30，60，120	30，60，120	30，60，120	30，60，120
探测深度（cm）	25，50，75，150，225	25，50，75，150，225	25，50，75，150，225，300	25，50，75，150，225，300
测量范围（Ω·m）	0.2~1000	0.2~1000	0.2~1000	0.2~1000
井眼范围（cm）	14~50	12~31	11~50	12~44
测井速度（m/h）	1100	1830	548	1000

※ 重点应用场景

国产阵列感应成像测井技术已在长庆、大庆、吉林、塔里木、吐哈、华北、青海等 8 个油田推广应用 341 套，累计测井 2.5 万余井次以上，是发现识别油气层的锐利武器和复杂非均质储层测井评价的重要手段。主要应用：

（1）准确测量地层电阻率 R_t；

（2）定量确定地层侵入特性；

（3）提供视地层电阻率 R_a、视地层水电阻率 R_{wa}、含油饱和度 S_o 的二维成像图；

（4）确定地层含油饱和度参数。

三维感应成像测井技术

三维感应成像测井仪采用三维阵列化探测器,实现了从二维均质测量到三维各向异性评价的技术突破,在复杂砂泥岩、页岩油气等非均质储层勘探开发中发挥着关键作用。商用三维感应成像测井仪器包括斯伦贝谢公司 Rt Scanner、贝克休斯公司 3DEX、哈里伯顿公司 MCI、中油测井 3DIT 等。

※ 方法原理

三维感应成像测井仪器测量原理

基于电磁感应测井原理,采用三轴发射线圈向地层中发射低频交变电磁场,在地层中产生感应电流,感应电流形成二次交变电磁场,在三维接收线圈阵列中产生感应电动势。通过阵列化的三轴发射—接收线圈系,获取多频、多分量原始电导率信息(包括 96 条实部信号和 96 条虚部信号),计算得到地层的水平电阻率和垂直电阻率等储层各向异性参数,并提供地层倾角和方位参数,提高了斜井和倾斜地层的电阻率测量精度,解决了阵列感应测井在砂泥岩薄交互储层测量中因电阻率测量值低估导致漏失评价油气层的问题。

图 1-5(a)为三维感应测井仪器探测器结构。三维感应测井探测器由 1 组三轴发射线圈 T、3 组不同接收位置的三轴接收线圈(A24、A60、A94)组成的测量 9 个分量的三维探测器阵列,同时增加了 4 组不同接收位置的单轴接收线圈(A06、A10、A16、A39)测量 ZZ 分量,共同组成 7 组三维阵列感应测井探测器。如图 1-5(b)所示,三轴 X、Y 和 Z 方向发射与接收线圈结构,其中对称设计 X 和 Y 方向线圈,尺寸大小与匝数相同,与 Z 方向线圈保持同轴共点。如图 1-5(c)所示,每组三维子阵列包含一个三轴发射线圈、一个三轴接收线圈与一个三轴屏蔽线圈组成的三线圈系结构,L_R、L_B 分别为发射线圈到接收线圈、屏蔽线圈的距离。

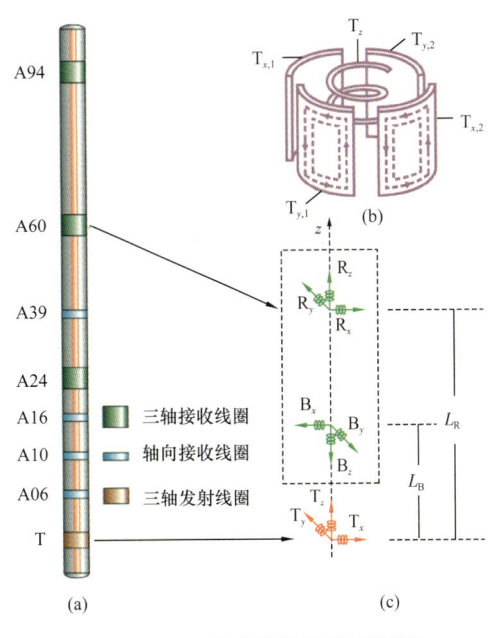

图 1-5 三维感应线圈系结构图

测井资料处理流程及处理方法

三维感应测井数据处理包括预处理、井眼校正、ZZ合成处理、视值处理及反演处理等模块，最终输出不同探测深度的地层水平电阻率、地层垂直电阻率、地层倾角及方位角曲线。图1-6为三维感应测井数据处理流程图。

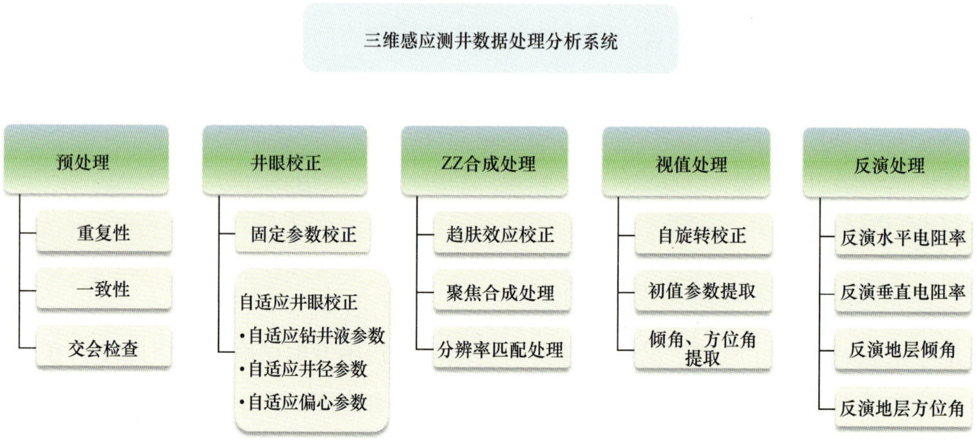

图1-6　三维感应测井数据处理分析流程图

（1）输入数据：三维感应测量原始采集测井数据或者是数值模拟计算的模型数据，具体包含7个子列的共轴线圈ZZ分量电导率及3个子阵列的共面线圈系XX和YY，以及交叉分量信息电导率曲线。

（2）预处理：对三维感应测井采集原始电压信号数据进行数据标定、单位和采样间隔转换。三维感应测井数据处理模块要求数据为电导率，采用间隔为0.075m，而井下采集数据为电压信号，采样间隔为0.05m，需进行刻度标定和采样间隔的转换。另外还进行测量数据温度影响校正和旋转角校正，并进行单位转换，将测量信号单位由mS/m转换为S/m。

（3）井眼校正：自适应井眼校正是三维感应测井数据处理的重要环节，其目的是消除仪器偏心、钻井液电阻率、井径等环境因素对测量信号影响，反映出地层的真实情况。处理设计时，需要对输入井径和钻井液参数处理范围进行扩大，在更大范围内优化适合当前测量信号的地层情况，有效消除井眼影响。通过井眼校正库、多维非线性拟合以及自适应正则化迭代实现井眼环境影响的校正，尽可能消除井径、井眼钻井液、仪器偏心及偏心角的影响。

（4）ZZ合成处理：井眼环境校正完成后，得到7个子列的共轴线圈ZZ分量的电导率，再利用聚焦处理对去除井眼影响的数据曲线中的ZZ分量数据，进行聚焦合成和匹配处理，通过聚焦滤波数据库进行真分辨率聚焦处理，得到不同探测深度的电阻率曲线。三维感应测井信号经过井眼校正可分离出7组线圈系的14条实部虚部信号，根据感应测井原理，原始未聚焦合成的测量信号的探测深度与分辨率之间是矛盾的。探测深度深必定分辨率低，探测深度浅则分辨率高。因而在信号合成时，需增加深探测的高分辨率信息。三维感应测井合成处理分两步：一是满足物理条件的真分辨率合成，不同探测深度合成出相应分辨率的曲线；二是分辨率匹配，实现不同探测深度具有同样分辨率的测井曲线。

（5）视值处理：利用井眼校正后的处理数据，进行仪器自转角校正处理。利用坐标旋转关系，在仪器坐标系下利用短阵列的交叉分量数据估计地层仪器自转方位角，在地层坐标系下获得测量数据，通过旋转测量数据到仪器坐标系到零方位角仪器自转的张量视电导率，再利用视值提取方法，可得到地层水平电阻率、地层垂直电阻率、地层倾角以及方位角曲线，并作为初值输入一维反演处理模块。

（6）反演处理：考虑实际地层模型特点，利用三维感应测井数据，构造了多参数反演模型，进行全参数反演，利用正则化迭代反演，同时确定3组三维子阵列各个地层水平电导率、垂直电导率、层界面位置、地层倾角等参数，实现理论合成资料与实际测井资料间的最佳拟合处理，最终输出水平电阻率、垂直电阻率、各向异性、地层倾角和方位角等测井曲线。

※ 技术性能与指标

和同类技术对比，国产三维感应成像测井仪器是国内首创的自主知识产权系列产品，在耐温压、井眼直径、测量动态范围等指标上更优、适应井眼范围更广，更适合于国内复杂井况采集需求。国内外同类仪器的技术指标对比见表1-2。

表1-2 三维感应成像测井仪器技术指标表

公司	贝克休斯	斯伦贝谢	哈里伯顿	中油测井
仪器型号	3DEX	Rt Scanner	MCI	3DIT6531
最高温度（℃）	175	150	149	175
最大压力（MPa）	100	138	100	140
仪器长度（m）	11.5	5.97	5.24	6.2
测量精度（mS/m）	±1.0	±0.75	±1.0	±1.0 或<2%
纵向分辨率（cm）	100	30，60，120	30，60，120	30，60，120
探测深度（cm）	100	25，50，75，150，225	25，50，75，150，225	25，50，75，150，225，300
水平电阻率测量范围（Ω·m）	0.2～2000	0.2～2000	0.2～1000	0.2～1000
垂直电阻率测量范围（Ω·m）	0.2～60	0.2～100	0.2～100	0.2～200
井眼范围（cm）	12.7～30	14～50	12～50	12.7～50
适应钻井液	油基，空气	$R_m>0.1\Omega\cdot m$	油基，空气	油基，空气，淡水，$R_m>0.6\Omega\cdot m$

※ 重点应用场景

截至 2021 年，三维感应成像测井仪器已在国内长庆、大庆、青海、吉林等油田规模应用 9 套，测井服务 100 余口，满足了国内油气田日益增长的砂泥岩薄互层、页岩油等复杂非常规储层油气准确识别和精细评价的需求。主要应用为：

（1）砂泥岩薄互层识别；

（2）大斜度井、高陡构造地层应用；

（3）页岩油有利含油层段的识别；

（4）水淹级别判断；

（5）准确测量地层电阻率 R_t；

（6）定量确定地层侵入特性；

（7）提供 R_a、R_{wa}、S_o 的二维成像图；

（8）确定地层含油饱和度参数。

核磁共振成像测井技术

核磁共振测井技术作为目前唯一可以测量任意岩性储层自由流体（油、气、水）渗流体积特性的测井方法，对确定地层有效孔隙度、研究孔隙结构、识别复杂储层油气水特征有独特的作用。目前，商业化应用的仪器主要包括斯伦贝谢公司 CMR 仪器系列、哈里伯顿公司 MRIL 仪器系列、中油测井 MRT 仪器系列等。

※ 方法原理

核磁共振测井原理

氢核在磁场中具有最大的旋磁比和共振频率。岩石骨架中的氢核主要存在于黏土结构水或者结晶水中，岩石孔隙中的氢核存在于黏土束缚水、毛管束缚水、可动水及可动烃中。核磁共振测井通过氢核的核磁共振现象来探测地层流体及其孔隙特征。核磁共振测井通过探测地层中氢核的多少及分布，反映地层流体的含量及存在状态。

在核磁共振测井时采用 CPMG 脉冲序列，为了产生回波信号，需要先施加一个 90°脉冲信号，使横向磁化矢量扳转，当 90°脉冲停止后，散相开始，经过时间 t 后，施加一个 180°脉冲，使相位角扳转，开始相位重聚。在经过相同的时间 t 后，重聚结束，产生一个可供测量的回波信号，如果连续施加一系列 180°脉冲，就能观测一组回波信号，形成一个回波串。

一个完整的核磁共振测井作业链主要包括两个阶段（图 1–7）：数据采集、数据处理。在数据采集阶段，首先为了获取仪器测井数据，将传感器置于井下，通过地面系统向井下仪器发送命令，仪器按照指令采集数据，并将采集到的数据发送到地面系统进行存储；再将采集到的数据进行处理分析，求取诸如孔隙度、孔径分布、束缚水饱和度和渗透率等岩石物理信息。在数据处理方面，先后发展出了基于横向弛豫时间 T_2 岩石物理参数计算方法和基于流体不同属性（如纵向弛豫时间 T_1、固有横向弛豫时间 T_2、扩散系数 D 等）差异的流体识别方法，如 TDA 方法等。通过改变采集模式，利用原有核磁共振测井仪器采集不同参数数据，满足不同分析方法需要。

主要技术特点：

（1）高信噪比的传感器设计与实现技术。传感器是整套系统核心部件，通过百余次探头二维和三维数值模拟仿真，在获取大量实验数据基础上对传感器设计参数进行改进优化，最终确定了最大化信噪比的传感器技术指标，为仪器研制奠定了理论方法依据。磁体工艺则是另一项核心技术。由于磁体是由许多不导电的铁氧体磁片粘合而成，磁片粘结精度要达到磁片各面平行度及平面度偏差不大于 0.05mm 的精度要求，同时高温强黏度的铁

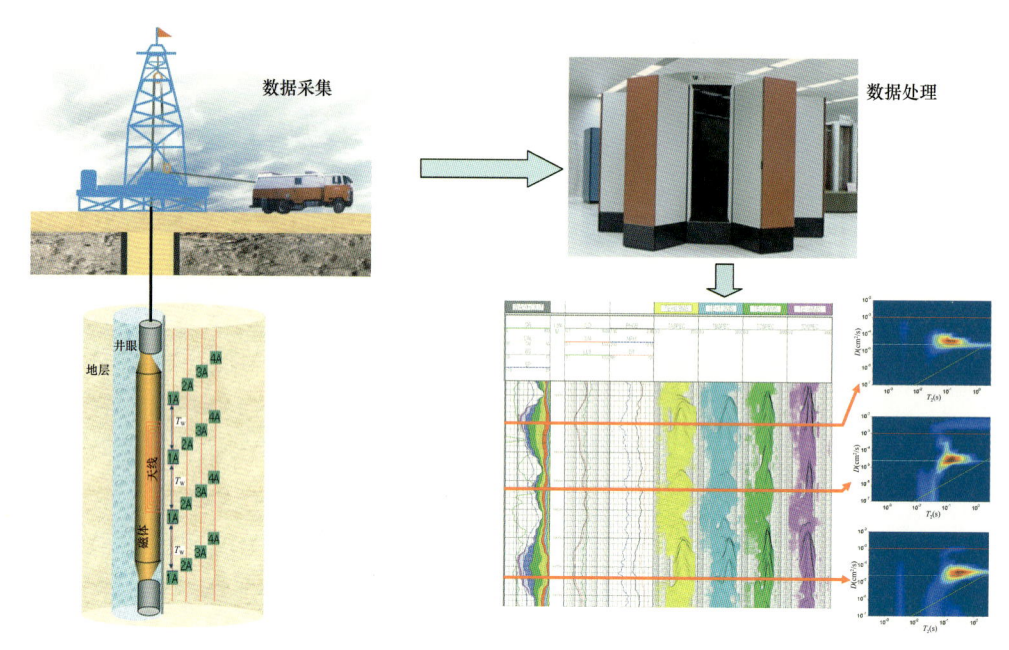

图 1-7　核磁共振测井数据采集和数据处理示意图

氧磁体粘结工艺要保证井下耐 175℃、140MPa 高温高压环境下磁体能可靠工作。国外石油公司对上述配方与制作工艺完全技术封锁。中油测井通过技术攻关，突破了磁体精细加工工艺、定量充磁技术、高温粘结剂配方等多项技术工艺难题，保证了传感器信噪比达到 100，与国外同类指标相当。

（2）井下多频大功率发射和微弱信号检测技术。与其他测井技术相比，高达几十千瓦的发射功率对井下电子线路提出了近乎苛刻的要求，同时核磁共振测井仪器接收来自地层流体的自旋回波微小信号，信号强度基本在几十纳伏。通过利用一系列提高功率、降噪和阻抗匹配优化方法，实现了最大发射功率 25kW、最小微弱信号 50nV 的检测能力，有效解决了井下流体准确测量难题。

（3）多观测模式回波处理与解谱反演成像解释技术。通过多时序脉冲序列与观测模式优化设计，有效提高数据采集效率，同时优化后的观测模式更适用于我国复杂地质特征测量；基于 SVD 分解法的 T_2 谱反演技术，实现在不同信噪比下 T_2 谱的稳定快速反演，为进行储层物性评价及流体识别提供了实现手段；核磁共振综合解释评价技术结合岩石物理实验数据，实现了储层有效性、孔隙结构及流体饱和度的精细定量评价。

核磁共振测井数据处理方法

核磁共振测井数据处理提供了质量分析、回波反演、时域分析、T_2 谱分析、储层参数计算、流体识别和储层评价功能，能够实现核磁共振原始回波信号快速反演，孔隙度、渗透率、饱和度等储层参数以及孔隙结构特征准确求取，主要应用于储层划分、低阻/低对比度储层识别、复杂岩性储层评价、低孔低渗储层评价、残余油饱和度计算以及增产设计等（图 1-8）。支持 MRT、MRIL-P 型核磁共振测井仪及全直径核磁岩心分析仪器数据处理。

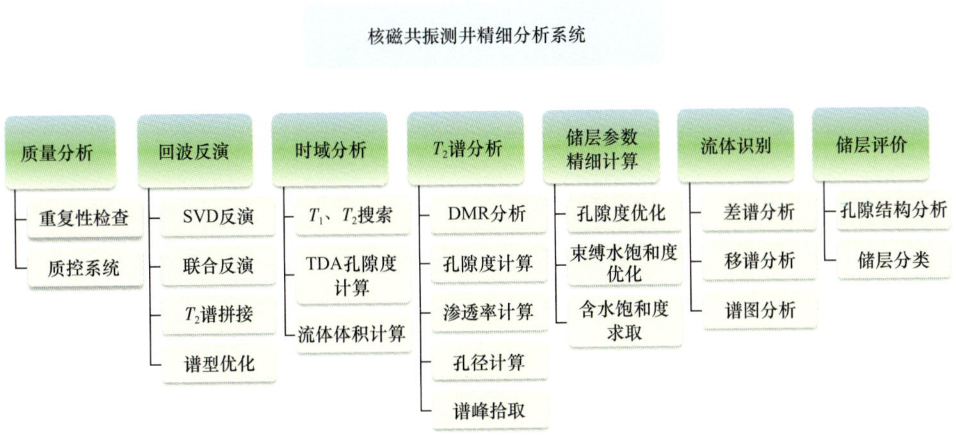

核磁共振测井精细分析系统

```
质量分析          回波反演           时域分析           T₂谱分析          储层参数           流体识别           储层评价
                                                                    精细计算
重复性检查        SVD反演          T₁、T₂搜索         DMR分析          孔隙度优化         差谱分析          孔隙结构分析
质控系统          联合反演         TDA孔隙度          孔隙度计算       束缚水饱和度      移谱分析          储层分类
                                  计算                               优化
                 T₂谱拼接         流体体积计算       渗透率计算       含水饱和度         谱图分析
                                                                     求取
                 谱型优化                            孔径计算
                                                    谱峰拾取
```

图 1-8　核磁共振测井数据处理流程图

（1）回波预处理：采用回波校正、回波叠加、回波去噪等技术手段，保证原始资料的正确性，提高核磁共振测井资料的信噪比。仪器在井下测量时，其所处的环境与仪器在地面刻度桶中获得刻度信息时的条件不一样。环境的不同，会对仪器采集的回波串产生影响，用地面的刻度信息对井底条件所采集的回波串进行刻度会得到不准确的孔隙度。需采用技术手段对井眼环境影响进行校正，主要包括温度校正、增益校正、功率校正、矿化度校正、受激回波校正、氢原子损耗校正。提高信噪比的手段包括：采用 PAPS 技术进行信号采集处理，用来消除振铃；分频带进行回波信号叠加，提高信噪比；信号去噪处理方面，优选了小波阈值自动去噪方法对仪器回波信号进行去噪处理。

（2）高精度回波反演：多指数反演算法是数据处理最重要的环节，处理结果直接影响测井解释对储层物性参数的计算和油气层的识别。目前反演方法较多，例如基于模型平滑方法 BRD 算法、SIRT 联合迭代方法、基于 BG 线性评价理论的反演算法，以及基于奇异值分解的 SVD 反演算法等。根据 MRT 仪器特点，形成了基于奇异值截断的 SVD 反演技术，能够适应低信噪比条件下的 T_2 谱求解。该反演技术不仅能够对一维核磁共振测井数据进行处理，而且可以实现二维核磁共振大数据量进行精确求解，支持 T_2—D，T_2—T_1 二维核磁共振反演。

（3）储层参数精细计算：储层参数精细计算指对孔隙度、渗透率、饱和度等储层参数的求取。基于 T_2 谱实现孔隙度初步求取，同时融合时域分析 TDA 和密度核磁共振结合 DMR 孔隙度校正，达到孔隙度的准确计算。支持动态 T_2 截止值计算方法，划分可动流体与束缚流体孔隙度。结合常规测井资料实现了孔隙度和束缚水饱和度优化计算，解决在受到外部环境条件影响下核磁共振孔隙度可靠性降低导致储层参数计算结果不准确的问题。基于岩心实验拓展了渗透率计算模型，克服了因单一模型计算带来渗透率计算结果与实际渗透率结果存在数量级差异的不足。采用双水模型，利用线性逼近算法，实现了含水饱和度的求取。

（4）流体识别：在流体识别方面，核磁共振测井有着其他测井系列不具备的优势。在合适的观测模式下，能够直观有效地识别储层流体性质。储层中的流体包括水、油和天然气等。这些流体的核磁共振特征之间存在的差异已成为流体识别的重要依据。核磁共振流体识别主要通过核磁共振差谱法、移谱法、二维图谱法等实现储层流体分析。

（5）孔隙结构分析：储层的孔隙结构指岩石孔隙和喉道的几何形状、大小、分布以及相互的连通方式。孔隙和喉道是砂岩储层结构的重要组成部分。通过核磁共振测井获得连续的毛管压力形态曲线、孔径尺寸分布曲线等，在综合分析储层物性宏观表征参数以及微观孔隙结构特征参数基础上，建立储层分类标准。

※ 发展历程

2005—2021 年，中油测井相继研发了居中型核磁共振成像测井仪 MRT6910、偏心型核磁共振成像测井仪 iMRT 等产品。

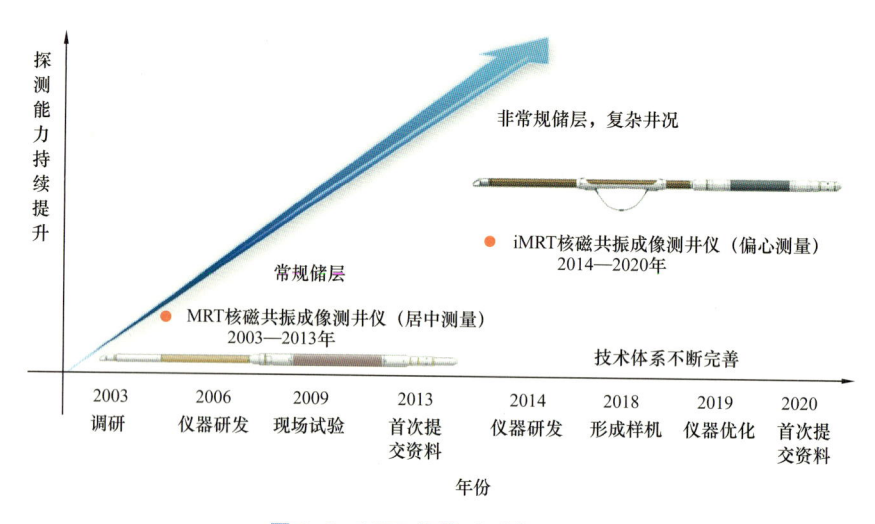

图 1-9　MRT 仪器系列发展历程

（1）居中型核磁共振成像测井仪 MRT6910。2005 年，由中油测井牵头，联合中国石油勘探开发研究院廊坊分院、中国石油大学（北京）等单位，开展了 MRT6910 仪器研制攻关，攻克了微弱信号监测、多模式设计、低信噪比条件下回波反演，以及核磁共振综合评价等多项技术难题。2014 年，MRT6910 仪器通过中国石油成果鉴定，入选当年中国石油十大科技进展，2016 年入选"中石油自主创新重要产品"，打破了国外对该领域多年的技术垄断，实现国产替代，提高了国产测井装备整体技术服务水平。2014 年，MRT6910 仪器在长庆、青海、华北等地区推广应用，2016 年 12 月在长庆油田利用核磁共振测井技术，解决了低阻、低对比度油藏流体识别等难题，助力国内第一个亿吨级大型致密油田新安边油田和环江整装大油田的发现。

（2）偏心型核磁共振成像测井仪 iMRT：为了克服居中型核磁共振测井仪器受井眼尺寸、井斜、钻井液电阻率等条件限制，缩短仪器最小回波间隔时间，实现非常规致密储层评价，中油测井于 2014 年 5 月开展了偏心型核磁共振成像测井仪研制。历时近 4 年研究，攻克了核磁共振测井探测器天线扰流、磁体叠层电磁屏蔽及磁芯阻尼介质振铃抑制等技术，解决了仪器背景噪声高的问题，最小回波间隔由居中型0.6ms缩短到0.3ms，显著提升了微孔隙识别能力。于2018年成功研制出偏心型核磁共振成像测井仪iMRT样机并进行现场试验。

※ 技术性能与指标

核磁共振测井仪器通过几代产品升级和应用，技术指标达到同类仪器技术水平，实现了常规化的规模应用（表1-3）。

表1-3 核磁共振测井仪器技术指标表

公司	哈里伯顿	哈里伯顿	斯伦贝谢	斯伦贝谢	中油测井	中油测井
仪器型号	MRIL-P	MRIL-XL	MR Scanner	CMR	MRT	iMRT
最大直径（cm）	15.2	15.2	12.7	12.7	15.2	12.7
仪器长度（m）	13.1	13.5	10	4.75	10.2	9.2
仪器质量（kg）	606	726	544	187	530	363
纵向分辨率（cm）	60	60	45	15	60	60
最大测速（m/h）	400	400	1100	1100	400	400
最高温度（℃）	175	175	150	175	175	175
最大压力（MPa）	140	140	140	140	140	140
频率数	9	9	5	1	9	9
回波间隔（ms）	0.6	0.6	0.45	0.2	0.6	0.3
井眼范围（cm）	>18.00	>20	>14.92	>14.92	>18.00	>14.92
探测深度（cm）	5~10	7.4~10.2	3.8~10.16	2.85	5~10	5~10

※ 重点应用场景

MRT核磁共振测井仪具有较高的信噪比、仪器测井资料重复性好，主要用于解决常规储层孔隙结构评价和油气识别难题，已推广应用28支，测井2000余口，储层类型涵盖砂岩、页岩、碳酸盐岩及混积岩等复杂岩性储层。iMRT贴井壁型核磁共振测井仪器可在盐水钻井液及大井眼环境下作业，主要用于非常规及致密油气勘探，截至目前已推广应用2支，在长庆、吐哈、青海、浙江等油田应用近30口井。主要应用如下：

（1）储层参数定量计算；

（2）致密储层有效性评价；

（3）低孔低渗储层孔隙结构评价；

（4）复杂碎屑岩储层流体识别；

（5）低阻油气层流体识别；

（6）储层分类及产能预测；

（7）水淹层评价。

微电阻率成像测井技术

微电阻率成像测井技术在复杂油气勘探开发中发挥着地质显微镜的关键作用,解决了复杂储层裂缝、孔洞等地质信息精细探测、识别和定量描述的难题。商用的水基微电阻率成像测井仪器主要包括斯伦贝谢公司 FMI、哈里伯顿公司 XRMI、中油测井 MCI 等。

※ 方法原理

仪器采集原理

国产微电阻率成像测井仪(简称 MCI)的测井原理图如图 1-10 所示。测井时极板处于张开状态,并且紧贴井壁,地面施加 EMEX 电源,推靠器杆和极板体会发射交变电流,该电流经井内钻井液柱及周围地层回到仪器上部的接收电极。由于极板中部的阵列电极与极板体等电位,在聚焦的作用下,迫使阵列电极发射的电流垂直于井壁进入地层。阵列电极的电流正比于流经地层的电导率。在测井过程中,依次采集每个纽扣电极流出的电流大小,然后利用不同的颜色进行刻度,可以得到地层电阻率的彩色图像,实现复杂非均质储层特征的可视化。该技术在地层精细结构描述、薄层划分、裂缝和孔洞识别、沉积相分析等方面具有独特的应用效果。尤其是在裂缝—孔洞型油气藏、复杂岩性油气藏的评价中,可提供地层裂缝、孔洞等参数的定量信息,为寻找裂缝性油气藏增添新的重要手段。

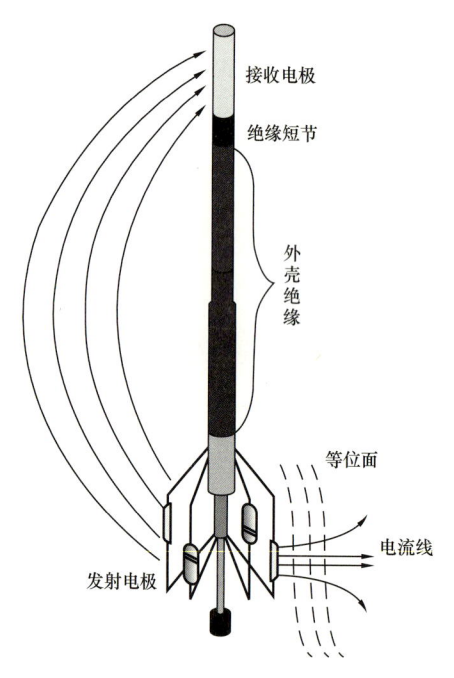

图 1-10 微电阻率成像测井仪测井原理图

主要技术特点

微电阻率成像测井仪技术特征如下:

(1)有限空间微弱信号精确采集。有限空间内低噪声阵列电扣微弱信号采样、放大处理技术实现;高温、大功率、低失真度信号源实现;多通道信号采集、低噪声处理技术;仪器系统布线设计等确保了仪器的宽测量动态范围。

(2)高温高压过线与密封工艺技术。高温 7 芯承压极板过线采用整体硫化技术;耐高温、承压、高绝缘极板采用自适应密封技术等确保了极板的可靠性。

（3）极板分动控制技术。采用六臂分动机械靠器设计，确保仪器测井时极板能自适应紧贴井壁。

（4）完整井眼成像处理解释软件包。具有精细成像校正与处理功能；复杂储层缝、孔、洞及应力评价能力；储层非均质性评价及高精细层界面自动提取能力。

测井资料处理流程及处理方法简述

形成一套由 23 个功能模块组成的成像数据处理及地质应用评价软件包，解决了成像精细处理、裂缝孔洞识别评价、沉积构造分析及孔隙组分分析等难题。处理软件主要由数据预处理、图像生成、孔隙组分分析等系列方法和模块组成（图 1–11）。

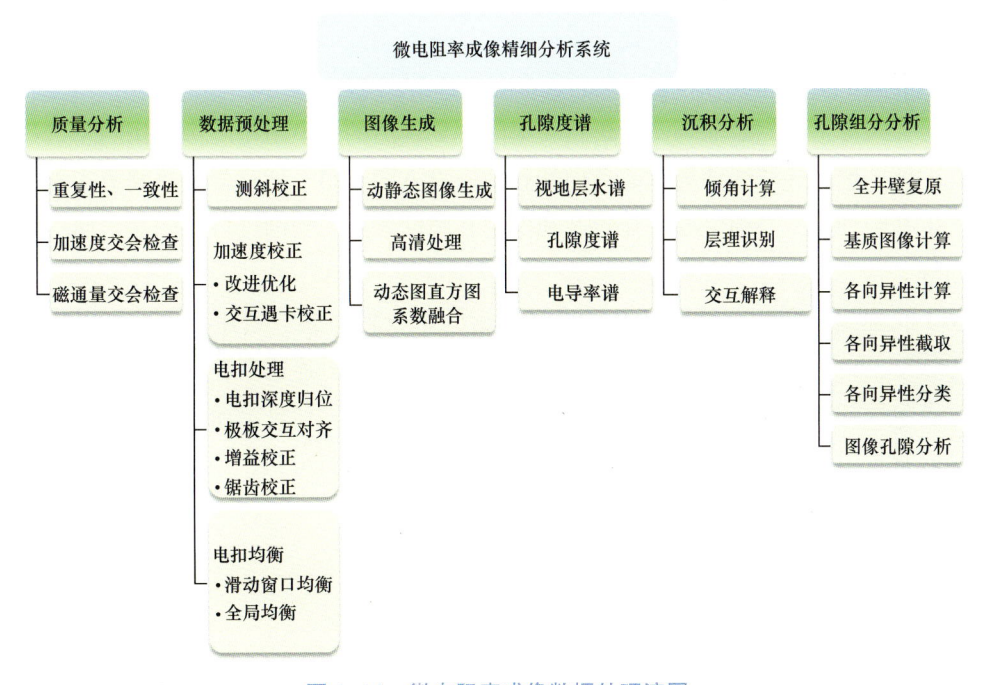

图 1–11 微电阻率成像数据处理流图

（1）数据预处理：数据预处理是恢复原始采集数据的真实深度并改善原始采集资料质量，确保用户能获取高质量图像。预处理主要包括：加速度校正用于消除因仪器非匀速运动产生的图像错位；电扣深度对齐用于消除因仪器设计导致的电扣间深度差；锯齿校正用于解决相邻电扣由于仪器不规则运动产生的锯齿现象；井眼校正采用椭圆拟合重映射的方法，计算并还原电扣数据在井周分布的真实位置；坏电扣校正消除测井中个别电扣失效引起的测量值不正常现象；电压校正、去增益处理，对动态电压及增益进行恢复处理，确保全井段电扣测量状态的一致性；电扣均衡，通过基于滑动窗口的窗长统计技术进行数据均衡处理，确保各电扣测量值在一定窗长内具有一致的数学统计期望值。

（2）图像生成：图像生成技术是将预处理后的数据经过图像归一化、直方图增强等处理，生成高质量图像，用于地质解释。图像增强采用有限色标表征图像并提高对比度；图像高清处理，即根据仪器极板相关参数，设计锐化系数，进行滤波处理，提高清晰度。

（3）复杂储层缝孔洞识别及参数定量表征：基于缝洞型储层在电成像测井资料中具有"高电阻率基岩背景、低电阻率缝洞目标"特点，结合人机交互解释提取出的裂缝迹线，得到裂缝子图像；统计裂缝子图像中每单条裂缝，采用基于正演模拟的裂缝开度计算模型，自动计算每条裂缝开度，通过全井段自动统计导出各种裂缝参数。

（4）沉积和构造分析：开发出三种电成像沉积或构造分析技术，包括人机交互解释方法、基于多臂多电扣倾角分析方法、基于图像纹理智能分析的产状参数自动提取方法。其中，基于图像纹理智能分析的产状参数自动提取方法，克服了传统相关对比算法在大斜度井处理中误差偏大的缺点，明显提升了层理和纹理自动提取的精度、精细度和倾角模式组合关系，有利于更好地进行砂体走向预测和精细沉积分析。

（5）孔隙度谱及储层非均质分析：将电阻率刻度后的微电阻率图像利用阿尔奇公式转换为孔隙度图像，连续统计局部窗长内的孔隙度直方图分布，搜索合适的阈值实现原生孔隙和次生孔隙划分，并确定原生孔隙度和次生孔隙度大小，辅助进行碳酸盐岩储层的孔隙类型划分。

（6）孔隙组分分析：将电阻率曲线刻度后的微电阻率成像测井图像，利用分水岭算法进行分割，计算各向异性图，并根据给定的裂缝特征，对连通性各向异性、裂缝性各向异性、电阻性各向异性、孤立性各向异性等进行处理分析，计算出面积比、电导率、面积等，结合常规电阻率、孔隙度曲线，对图像的孔隙分布进行分析，为后期的解释评价提供支持。

※ 发展历程

历时二十余年，相继研发了标准版微电阻率成像测井仪 MCI5570、高温高压版微电阻率成像测井仪 MCI6570、小井眼版微电阻率成像测井仪 MCI6572、高温高压版微电阻率成像测井仪 MCI6570、宽动态版微电阻率成像测井仪 MCI6575 等产品。

（1）标准版微电阻率成像测井仪 MCI5570：2006—2008 年，国家"863"计划重点项目"先进测井技术与装备"课题"微电阻率井周成像测井技术研究"立项，攻克了 6 臂分动推靠器、微弱信号检测、大功率信号源、资料采集软件设计等关键技术，实现国内首个具有自主知识产权的微电阻率成像测井仪。仪器定型后，从 2009 年开始陆续在长庆等油田规模应用，并外销到加拿大 OIL SERVICE 公司，开辟了中油测井仪器外销的先河，标志着国产微电阻率成像测井技术进入国际市场。

（2）高温高压版微电阻率成像测井仪 MCI6570：2010 年国家油气重大专项"EILog 快速与成像测井技术系列升级研究"立项，攻关 175℃/140MPa 微电阻率成像测井仪

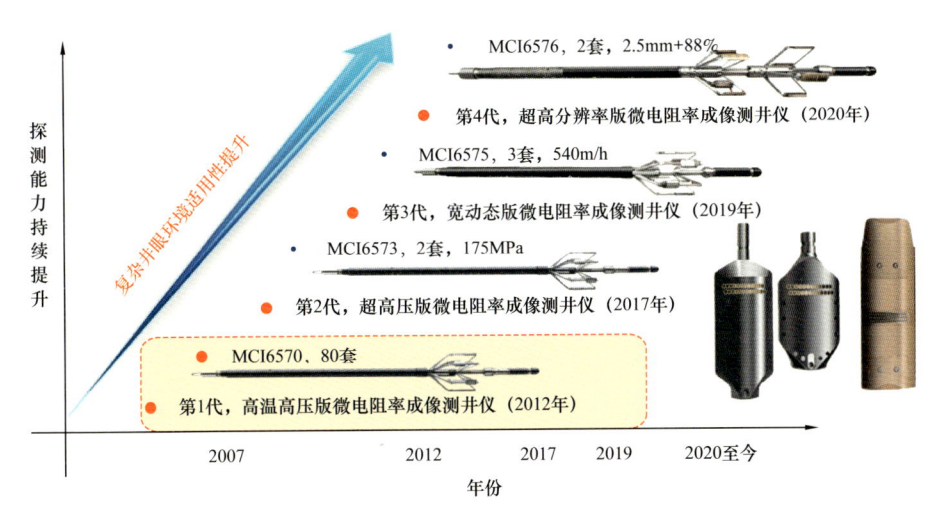

图 1-12 MCI 仪器产品研发历程

MCI6570。2012年完成耐高温阵列微弱信号检测等关键技术，实现了高温高压版微电阻率成像测井仪器研制、定型和推广应用，该仪器外销伊朗，为成像深井探测提供解决方案。

（3）小井眼版微电阻率成像测井仪 MCI6572：2012年中油测井立项"小井眼微电阻率成像仪器研制"。项目攻克了小直径6臂分动推靠器、小曲率半径极板体设计和制作等关键技术，成功研制最小井径范围104mm的微电阻率成像测井仪器，满足了小井眼电成像测井需求。

（4）超高压版微电阻率成像测井仪 MCI6573：2014年中国石油天然气股份有限公司"库车前陆深层油气地质理论与勘探目标评价"立项，开展175℃/170MPa微电阻率成像测井仪器 MCI6573 研究，攻克了高温高压阵列电扣密封、极板过线密封及可靠性等关键技术，解决了塔里木、西南等油气田超深井电成像测井难题。

（5）宽动态版微电阻率成像测井仪 MCI6575：2019年突破微弱阵列电极信号降噪、自适应井周环境增益、快速检波等关键技术，仪器测速从225m/h提高到540m/h、仪器测量范围从0～5000Ω·m提高到0～20000Ω·m，在吉林、新疆和青海等油田测井对比，高测速能力满足了水平井测井要求，并解决了高矿化度钻井液电成像测井问题，得到油公司肯定。

（6）高分辨率版微电阻率成像测井仪 MCI6576：2016年"十三五"国家油气重大专项"多维高精度成像测井系列：电场成像测井仪研制"立项，开展8极板、2.5mm高分辨率微电阻率成像测井仪 MCI6576 研发。攻克了平衡式承压2.5mm直径电扣极板、8臂分动推靠器和海量阵列数据采集处理等关键技术，2020年完成样机研制并完成长庆试验井和2口生产井试验，取得合格测井资料。从资料来看，图像分辨率达到2.5mm，8in井眼覆盖率达到88%。2.5mm高分辨率为全球首创，为国产微电阻率成像测井仪器未来发展奠定基础。

※ 技术性能与指标

和同类技术对比，国产 MCI 系列仪器具有安全自主知识产权，在耐温耐压、适应性、测量动态范围等指标上更优、适应井眼范围更广，更适合于国内复杂井况采集需求。国内外同类仪器的技术指标对比见表 1-4。

表 1-4　微电阻率成像测井仪器技术指标表

公司	中油测井					哈里伯顿	斯伦贝谢
仪器型号	标准版	高温高压版	小井眼版	宽动态版	超高压版	高分辨率版	XMRI	FMI-HD
最高温（℃）	155	175					177
最大压力（MPa）	100	140			170	140	138
纵向分辨率（cm）	0.5					0.25	0.5
井眼图像覆盖率（20cm）（%）	60		66（15cm）	60		88	60	88
测量地层范围（Ω·m）	0.2~5000		0.2~20000	0.2~5000	0.2~20000	0.2~5000	—
测量井斜范围（°）	0~90，±0.2						
测量方位范围（°）	0~360，±2						
测量井径范围（cm）	12.7~33		10.4~50	12.7~53			14.9~53
测井速度（m/h）	225			540	225		549

※ 重点应用场景

国产微电阻率成像测井仪（MCI）在加拿大、俄罗斯、伊朗、伊拉克、乌兹别克斯坦、孟加拉国等 8 个海外国家和长庆、塔里木、吐哈、华北、青海等 16 个国内油气田推广应用百余套，是首个在国内推广应用和销往海外的国产微电阻率成像测井仪器，累计测井 3000 余井次。该仪器自应用以来，在复杂非常规油气储层评价、井位设计、完井品质、压裂方案优选和区域地质研究，以及油藏描述方面已发挥明显的作用，支持了塔里木油田轮探 AX 井、轮探 BX 井等一批重点探井油气发现。主要应用：

（1）确定地层产状及层理特征；
（2）沉积和构造分析，判断沉积环境；
（3）裂缝、孔洞等识别及量化评价；
（4）井眼形状分析，地应力分析；
（5）地层精细对比；
（6）孔隙组分分析等。

远探测阵列声波成像测井技术

远探测阵列声波成像测井技术在裂缝、孔洞及断层等构造横向展布评价方面具有无可替代的作用，实现了测井有效径向探测能力从 3m 延伸到 80m，能有效发现井旁数十米裂缝、孔洞、断层等的分布特征，这对缝洞型储层勘探开发至关重要。商用的远探测声波成像测井仪器主要包括斯伦贝谢公司 Sonic Scanner、贝克休斯公司 XMAC-F1、中油测井 MPALF 等。

※ 测量原理

仪器采集原理及技术特点

远探测阵列声波成像测井仪探测器主要由一个四极子、一个单极子和两个正交的偶极发射换能器和 8 组正交接收换能器组成。主要通过单极和偶极声源激发的声波投射到地层后，纵波、横波在地层传播过程中遇到声阻抗界面（如裂缝、断层、孔洞、地层界面等）

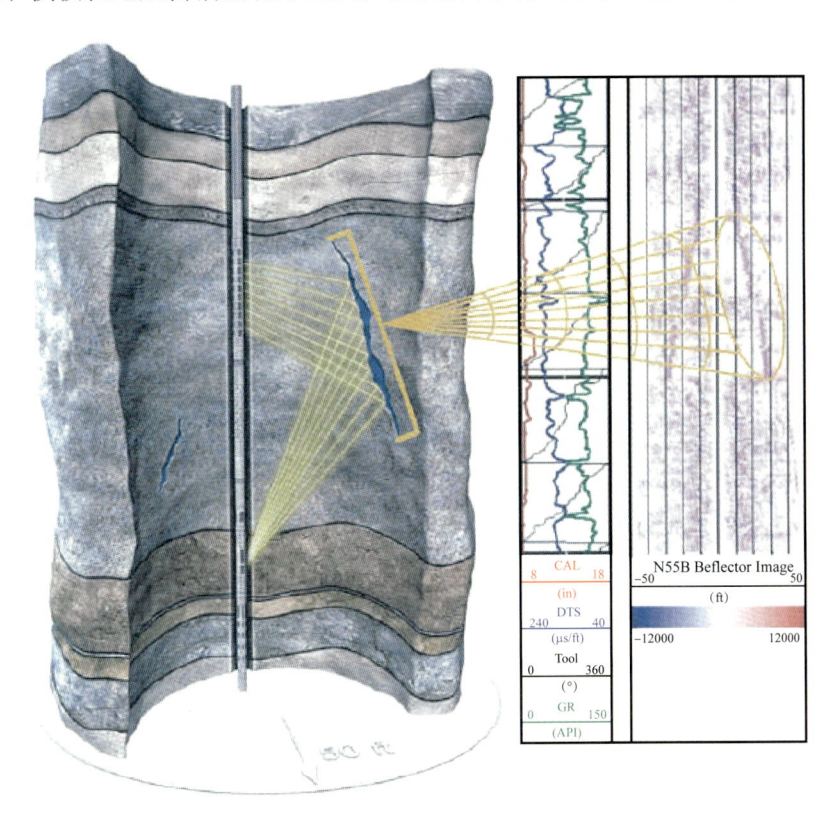

图 1-13 远探测阵列声波成像测量原理

时，产生声波反射，反射信号经过地层传播被阵列接收换能器接收到，通过直达波压制、提取反射波信号等系列处理，得到过井剖面成像，构造反射在成像图上呈现能量强于周围背景噪声且特征连续。该技术能对评价裂缝、断层等构造的过井延续长度，以及井旁是否存在隐蔽构造等具有独特作用。

主要技术特点：

（1）混合完美匹配层吸收边界模拟技术。将非分裂卷积完全匹配层 C-PML 和分裂的多轴完全匹配层 M-PML 两种完全匹配层的拉伸因子进行融合，得到混合完全匹配层（Hybrid-PML）吸收边界，提高了复杂储层正演计算的准确性、稳定性和计算效率，具备百米内尺度模型的声波测井正演响应模拟能力。

（2）阵列声波远探测测井大数据采集技术。针对波形限幅问题，研发了井下自适应采集控制技术，实现实时波列自动增益控制；仪器命令控制周期从 6 个压缩到 1 个；针对阵列声波远探测采集数据量大问题，创新井下高速以太网总线技术，实现总线数据传输速率由 430kb/s 升级为 10Mb/s，传输效率提高 22 倍；针对测井速度慢问题，创新一种 15 折线数据编码压缩技术，实现压缩比为 16∶9 井下声波数据实时压缩，减小传输数据量，测井速度提升 1 倍。

（3）声波多尺度井旁缝洞处理解释技术。针对反射波分离、方位确定等处理核心关键环节，发明一种井旁构造反射波与井壁直达波的分离方法，通过选取标定区间设计系统函数，减少直达波能量和波包周期的方式，有效抑制了直达波和噪声信号；利用逆衰减补偿增加反射波能量，提高了反射波信噪比，提升了反射波分离的效率和稳定性。发明获取井旁构造方位的方法，通过不同方位构造反射纵波到时的差异比对，准确确定构造方位。

测井数据处理流程及处理方法简述

形成一套由 9 个功能模块组成的远探测阵列声波处理解释软件包，解决了过井裂缝、断层、井旁缝、洞、断层等构造的识别与定量参数分析。软件包由时差基础参数提取，纵波、横波反射成像，成像去噪及构造定量分析解释等模块组成（图 1-14）。

主要处理方法，除传统的阵列声波处理方法外，还包括直达波压制、波场分离及偏移成像等远探测专用处理方法。

（1）预处理：预处理是消除波形的增益和延迟，另外可以选择性对波形进行带通滤波。

（2）速度分析：通过慢度时间相关法（STC）提取横波时差，用于后续首波对齐、构造偏移归位等。

（3）单分量成像：对单个分量的波形（如单极纵波或者偶极 XX 分量等）直接进行波场分离、归一化及径向补偿等处理，得到成像图。

（4）偶极横波成像：通过对正交偶极四分量波形进行方位合成，得到指定方位的波

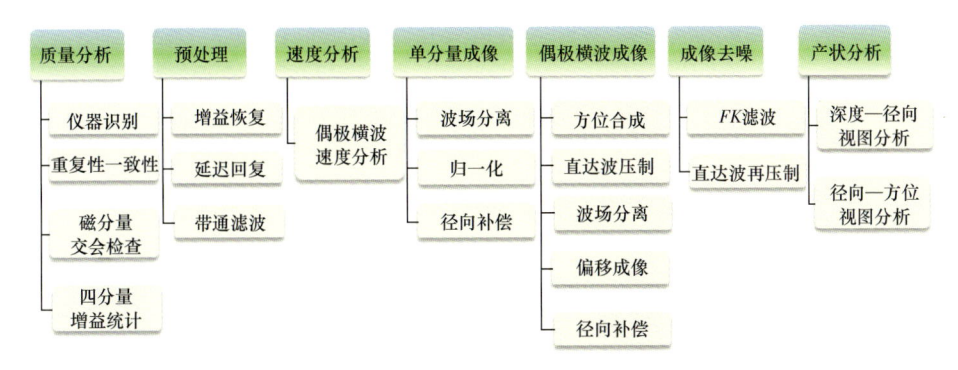

图 1-14 远探测阵列声波成像测井数据处理流图

形，再进行直达波压制、波场分离、偏移成像及径向特征增强处理，得到某一方位的过井剖面成像。其中直达波压制利用维纳滤波器和最小二乘匹配方法实现对直达波初至能量和直达波振动周期的压制。通过对直达波子波的压制，减少震荡周期，较小直达波对后续反射波分离及成像的影响。波场分离是将时差校正后的具有近似到时和初振相位的直达波通过中值滤波等方法进行消除，由于反射波与直达波一般情况下具有不同的同相轴，在滤波过程中发射波能够保留下来。偏移成像是从全波数据中分离出上行反射波和下行反射波之后，分别对其进行偏移处理可得到地层反射体图像。地震勘探中偏移成像通常分为叠后偏移和叠前偏移两种，精确得到井旁反射体的真实位置。目前，常见的几种偏移成像有绕射偏移叠加法、广义 Radon 变换的回传偏移法等。在进行偏移成像过程中需要一个随深度变化的地层速度模型，来确定井旁反射体在地层中的真实位置。通常情况下，采用声波测井所得到的随深度变化的速度曲线，建立偏移成像中所需的速度模型。经偏移叠加之后，反射波数据被变换到二维空间坐标系中，其中一维是从井轴开始向外延伸的径向距离，另一维是测井仪器深度。从成像图中可直观看出井旁反射体从井轴向径向范围延伸的距离和反射体形态等信息。

（5）成像去噪：直接成像结果往往噪声干扰较多，成像结果中沿井壁反射回来的界面及层间非均质地层产生的反射，均会对井旁有效的裂缝、断层构造反射解释产生干扰，不利于构造解释，通常还需要进行成像增强。其中，基于 FK（F：频率，K：波数）视速度滤波，将时间、深度域的波形数据通过两次傅里叶变换，将数据转换到频率波数域。在 FK 域，选择不同的视速度范围，实现对干扰反射和噪声的压制。

$$D(F,K)=\int_{-\infty}^{\infty}\int_{-\infty}^{\infty}d(t,x)\mathrm{e}^{-\mathrm{i}2\pi(Ft+Kx)}\mathrm{d}t\mathrm{d}x \quad (1-2)$$

$$d(t,x)=\int_{-\infty}^{\infty}\int_{-\infty}^{\infty}D(F,K)\mathrm{e}^{-\mathrm{i}2\pi(Ft+Kx)}\mathrm{d}F\mathrm{d}K \quad (1-3)$$

式中：$d(t,x)$ 为测量的波列；$D(F,K)$ 为二次傅里叶变换后频率波数域的数据。

（6）产状分析：构造产状分析是基于多角度成像处理成果，对每个方位，通过控制单深度方位成像图，选择成像方位，对井旁构造交互勾选，提取裂缝产状及延伸长度等参数（图 1-15）。

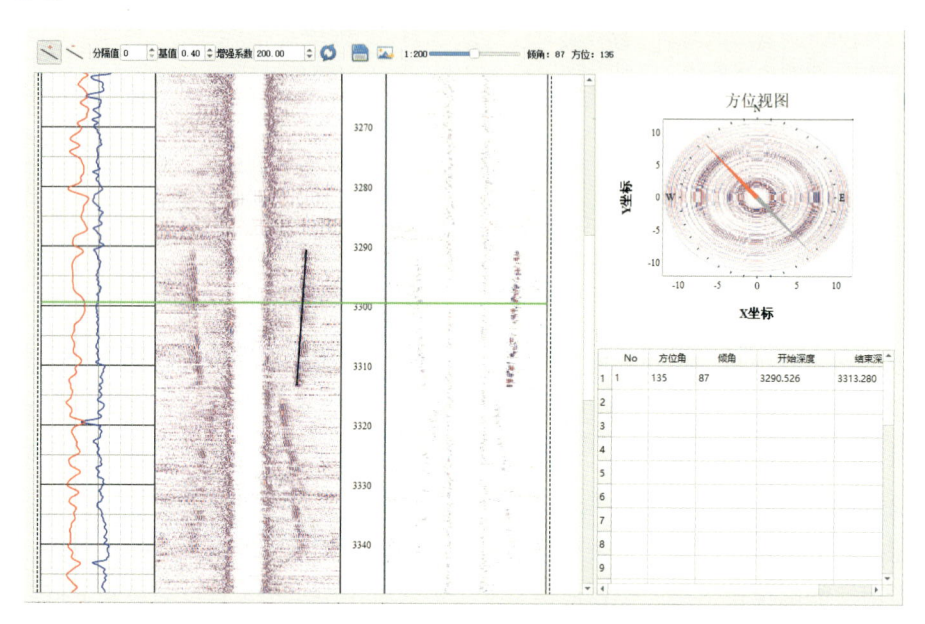

图 1-15　产状参数交互解释

※ 发展历程

2003—2021 年，中油测井相继研发了多极子阵列声波测井仪 MPAL6620、高温版阵列声波测井仪 MPAL6621、远探测阵列声波测井仪 MPALF、全景声波测井仪 SMPAL 等。

图 1-16　MPALF 仪器发展历程

（1）多极子阵列声波测井仪 MPAL6620：2003—2005 年，中国石油课题"多极子阵列声波测井仪研制"立项，研制具备单极子发射、偶极子发射、四极子发射和多极子接收的阵列声波测井仪器 MPAL6620。开发了多极子阵列声波测井仪采集和资料处理软件。2008 年开始样机及小批量制造，着重验证仪器可重复制造工艺，重点解决科研样机的机电可靠性、发射激励有时乱序、发射激励管易击穿、电源耐温性能差等问题，验证小批量仪器生产的可行性，同年获得中油测井科技进步奖一等奖；2009 年获得中国石油科技进步奖一等奖，入选当年中国石油十大科技进展、中国石油自主创新重要产品；2010 年获国家能源科技进步奖一等奖。

（2）高温版阵列声波测井仪 MPAL6621：2013—2014 年，对 MPAL6620 遥测接口进行了重新设计；在原有控制命令的基础上增加了一类压缩的增益码命令；选择了具有大存储空间的存储器，可靠性得到明显提高；在主测控电路中优化缓存器设计，减少了接口控制器逻辑之间的信号连线，降低了数据传输出错概率，提高了高温工作环境下的可靠性；在数据采集电路中，ADC 的精度提高到 16 位，使得全波采集中对各种模式波形的分辨率均得到提高；采用继电器切换方案和大功率 MOS 管/IGBT 浮动控制切换方案，实现了四极子声波测井功能；在尺寸和安装方式不变的条件下，换能器升级为 175℃，使仪器升级至 MPAL6621 多极子阵列声波测井仪。

（3）远探测阵列声波测井仪 MPALF：2015—2017 年，中油测井立项"阵列声波远探测推广应用"，实现井下自适应采集控制系统，突破了采集数据的全波列井下高速分析技术、井下增益衰减自适应控制技术、高速数据编码压缩技术、井下大数据量传输等关键技术。期间，前 10 支 MPAL6621 远探测声波成像测井仪升级改造开始推广应用，其中 2 支仪器交付俄罗斯天然气工业股份公司。2016 年底，完成所有 MPAL 仪器升级，形成 MPALF 版，均具备井旁 20～30m 构造探测能力。建立自主远探测处理软件。2017—2020 年，远探测阵列声波测井仪 MPALF 进一步升级网络化采集，拓展波列信号采集长度，实现井旁 80m 构造探测能力。研发成像去噪处理、定量分析软件模块等提升成像效果和量化分析能力。

（4）全景声波测井仪 SMPAL：2016 年"十三五"国家油气重大专项"多维高精度成像测井系列：全景声波成像测井仪研制"立项，研发具备高频单极、低频单极和正交偶极的 8 方位，12 组接收全景式声波测井仪器。攻关了偶极换能器特殊设计、高动态范围采集、多模式声波激发、大容量数据存储和高集成度电路等关键技术，2020 年形成样机，完成 3 口生产井试验，取得了合格资料，各项指标达到设计要求。

※ 技术性能与指标

和同类产品技术对比，国产远探测阵列声波测井仪器，在仪器长度、径向探测能力指标领先，具备更强的井旁构造探测能力。国内外同类仪器指标对比见表 1–5。

表 1-5 远探测阵列声波成像测井仪器技术指标表

公司	贝克休斯	斯伦贝谢	中油测井
仪器型号	XMAC-F1	Sonic Scanner	MPALF
长度（m）	11	12.58	8.33
直径（mm）	98.6	92.1	104
可测最小井眼（cm）	11.4	12	11.4
可测最大井眼（cm）	53	56	53
额定压力（MPa）	138	138	140
额定温度（℃）	177	177	175
重量（kg）	313	383	320
测量范围（μs/m）	131～1000	<4921	125～1000
测量精度（μs/m）	纵波：±3，横波：±5	<6.56（<井眼 14in） <16.4（>井眼 14in）	纵波：±3，横波：±3
纵向分辨率（cm）	15	15	15
采集信号长度（ms）	24.77	51.2	65.54

※ 重点应用场景

国产远探测阵列声波测井技术已在长庆、华北、塔里木等油田推广应用近59套，在隐蔽缝洞储层发现、救活报废井等方面发挥了突出作用，支持了华北油田河西务潜山深层碳酸盐岩的重大发现。主要应用：

（1）过井裂缝延伸及井旁隐蔽裂缝分析；

（2）过井及井旁断层分析；

（3）井旁隐蔽孔洞群、洞穴分析；

（4）水平井地层边界分析。

阵列侧向成像测井技术

阵列侧向成像测井仪采用软硬结合聚焦处理等先进技术，清晰描述地层径向侵入特征，分析薄层和薄互层油气特性，判断油水层性质，准确识别油水界面，为精确评价储层及计算含油（气）饱和度提供准确的电阻率信息，是精细化评价复杂油气储层的利器。商用的阵列侧向测井仪器主要包括斯伦贝谢公司 HRLA、贝克休斯公司 RTeX、中油测井 HAL 等。

※ 方法原理

测量原理及阵列化电极系设计和聚焦控制

阵列侧向成像测井（HAL）仪器通过改变屏蔽电极个数和返回电极位置的方式，采用软硬结合聚焦处理等先进技术，实现统一的纵向高分辨率（0.3m）、5 种径向探测深度的地层电阻率测量。仪器提供 5 条地层电阻率曲线、径向侵入二维剖面电阻率成像图。阵列化电极系采用金属环状电极阵列化的排列方式，设计 1 个主电极、6 组屏蔽电极、6 组监督电极（图 1-17）。通过优化电极系结构尺寸和电子仪内置电极系等技术，使阵列电极系具有长度短（7.2m）、纵向分辨率高、受环境影响小等特点，实现了多种径向探测深度地层电阻率测量。

图 1-17　HAL 仪器实物图

基于电位叠加原理，主聚焦监控采用实时软件计算技术，辅助聚焦监控硬件聚焦技术，调节屏流电极间或返回电极间的电位平衡，最终使各探测模式达到聚焦平衡。利用软件聚焦和硬件聚焦相结合实现仪器总体聚焦功能，提高了仪器电流聚焦能力和测量信号精度，解决了多频率发射条件下纳伏级微弱信号的高精度测量问题，实现了盐水钻井液中碳酸盐岩、火成岩等复杂储层的精细测量（图 1-18）。

主要技术特点：

（1）测量地层信息丰富，纵向分辨率高。利用阵列化电极系结构实现 5 种径向探测深度测量，地层径向电阻率信息丰富；受围岩影响小、纵向分辨率高（0.3m）；能够有效评价薄层和薄互层。

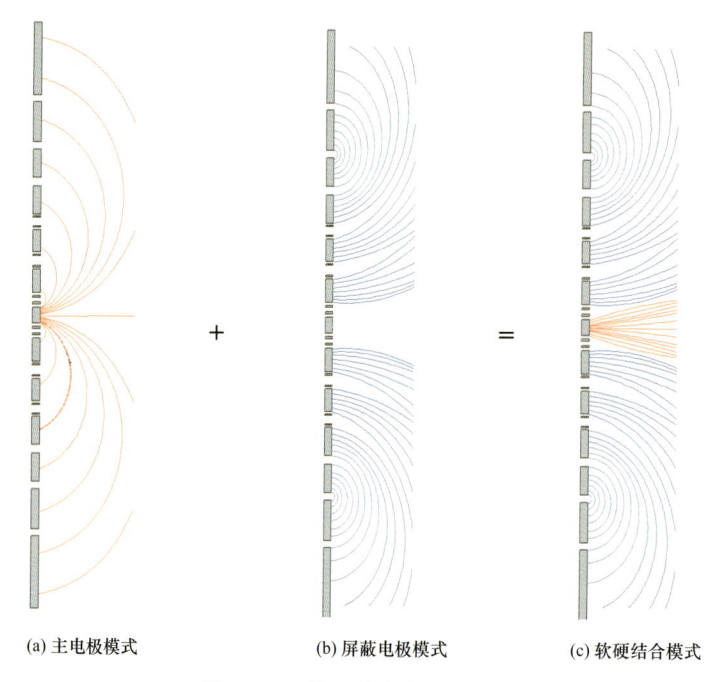

(a) 主电极模式　　　(b) 屏蔽电极模式　　　(c) 软硬结合模式

图 1-18　软硬结合聚焦示意图

（2）侵入剖面二维成像：利用井场快速资料处理软件，可反演钻井液电阻率、侵入带半径及其电阻率、原状地层电阻率等参数，对侵入剖面进行二维成像，直观反映地层侵入特征。

（3）消除格罗宁根和德雷伏影响：仪器所有电流均返回到仪器本身，消除格罗宁根和德雷伏影响，测量曲线稳定、可靠，曲线关系更能反映地层真实情况。

（4）测井组合能力强：仪器测井组合能力强，能够与常规、成像等测井仪器进行组合测井，减少施工次数，提高测井时效。

测井资料处理流程及处理方法

阵列侧向成像测井仪器共有 6 种测量模式（RAL0～RAL5），其中 RAL0 探测深度最浅，主要反映钻井液电阻率，利用 RAL0 测量曲线能够快速反演真实井下钻井液电阻率参数。利用反演的钻井液电阻率，结合钻头尺寸或实测的井径曲线，操作人员在井场能对 RAL1～RAL5 曲线快速进行井眼校正和测井资料反演处理，快速得到侵入带半径及侵入带电阻率、原状地层电阻率等参数，对侵入剖面进行二维成像，实现现场快速解释。处理流程如图 1-19 所示。

（1）井眼校正：已知各测点井径 D_i、偏心距、测井响应 RAL1～RAL5 及钻井液电阻率 R_m，计算各测点测井响应井眼校正后的结果，包括居中校正和偏心校正。

（2）反演钻井液电阻率：利用事先确定的最浅探测模式 RAL0 与 R_m 之间的线性关系，对于各测井点，在给定井径条件下，由已知 RAL0 反算 R_m，实现逐点反演 R_m。

阵列侧向成像测井分析系统

图 1-19 阵列侧向成像测井数据处理流程

（3）反演地层真电阻率：已知各测井点的井径 D_i、钻井液电阻率 R_m、测井响应 RAL1～RAL5 及其井眼校正响应 RAL1'～RAL5'，计算各测井点对应的侵入带半径及侵入带电阻率、原状地层电阻率。

※ 发展历程

2002—2021 年，中油测井相继研发了软聚焦阵列侧向成像测井仪 HAL6505、硬聚焦宽动态阵列侧向成像测井仪 HAL6506、方位阵列侧向成像测井仪 ALT6507 等产品。

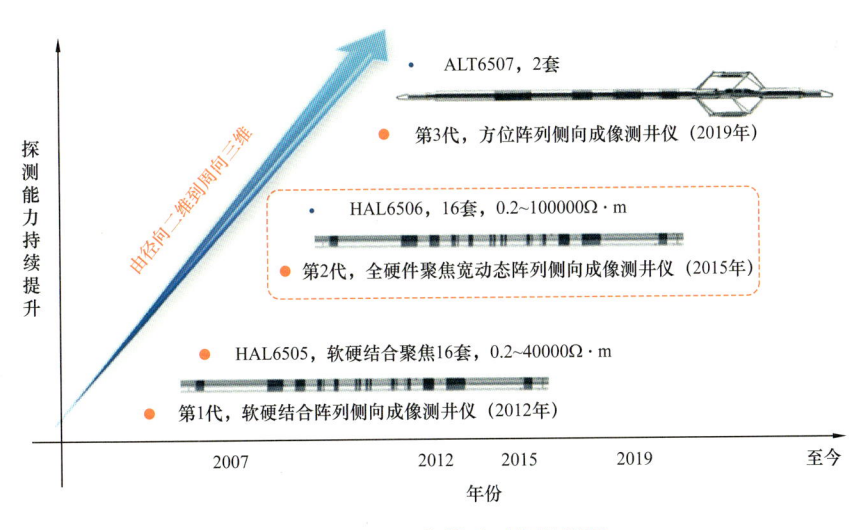

图 1-20 HAL 仪器系列发展历程

（1）软聚焦阵列侧向成像测井仪 HAL6505：2002 年，中国石油课题"阵列侧向测井方法与仪器研究"立项，攻克了电极系参数结构和工作模式、多频聚焦监控技术和多频微弱信号检测技术、信号采集控制电路及相关软件、阵列侧向测井响应二维快速和三维数值模拟软件、电极系制造工艺等关键技术。2008 年，国家油气重大专项"模块式动态地层测试系统及 EILog 配套装备"立项，阵列侧向成像测井仪器研制是其中主要任务之一，至 2010 年底完成 2 支阵列侧向仪器样机研制及配套解释软件开发，现场试验 2 口井，完成仪器定型。到 2011 年累计推广应用 16 套。

（2）硬聚焦宽动态阵列侧向成像测井仪 HAL6506：2011 年 10 月，国家科技重大专项课题"EILog 快速与成像测井技术系列升级研究"立项，任务之一是"阵列侧向测井仪技术定型与升级研究"，开展硬聚焦、微弱信号检测、电极系耐高温高压结构设计、环境校正和一维快速反演及二维反演等关键技术研究，仪器耐温耐压指标提升到 175℃、140MPa，电阻率测量范围提高到 0.2～100000Ω·m，保证仪器在极低钻井液电阻率环境下的测量效果，拓展阵列侧向测井环境和地层适应性。2015 年完成国家科技重大专项研究，2016 年通过国家验收。在华北油田、伊朗、乌兹别克斯坦推广应用 16 套。

（3）方位阵列侧向成像测井仪 ALT6507：2011 年立项的"十二五"国家油气重大专项课题"电阻率多维成像测井技术与装备"的任务之一为"方位阵列侧向测井方法与仪器研究"。通过方法研究、数值模拟，提出的贴井壁方位电阻率测井方法，解决方位电阻率成像测井仪 ARI、高分辨率方位侧向测井仪 HALS 受井眼影响的问题，利用自主研发的侧向电极系结构设计优化软件确定了方位阵列侧向电极系参数，攻克套筒式阵列电极组与推靠器的复合设计、极板内监控聚焦设计、多模式功率控制设计等关键技术，研制出了方位阵列侧向测井仪样机。

※ 技术性能与指标

和同类技术对比，在耐压、井眼直径、测量动态范围等指标上达到同类仪器技术指标。国内外同类仪器的技术指标对比见表 1-6。

表 1-6 阵列侧向测井仪器技术指标表

公司	中国石油	斯伦贝谢公司	贝克休斯公司
仪器型号	HAL6506	HRLA	RTEX1249
温度力（℃）	175	150	175
压力（MPa）	140	105	137.9
仪器长度（m）	7.32	7.35	8.52
纵向分辨率（cm）	30	30	46
径向探测深度（cm）	25，32，39，48，64，120	25，32，39，48，64	23，33，48，94
电阻率范围（Ω·m）	0.2～100000（R_m>0.1） 0.2～40000（R_m≤0.1）	0.2～100000（R_m=1） 0.2～20000（R_m=0.02）	0.2～50000（R_m>0.1） 0.2～5000（R_m≤0.1）
测量精度	±5%（0.2～2000Ω·m） ±10%（2000～5000Ω·m） ±20%（其他）		±5%（0.2～2000Ω·m） ±10%（>2000Ω·m）
井眼范围（cm）	12.7～41	12.7～41	13.3～41

※ 重点应用场景

  阵列侧向成像测井仪已生产32支，应用分布于伊朗、长庆、华北、吐哈、青海、吉林、塔里木等油田区块。自应用以来，在塔里木油田、乌兹别克斯坦、孟加拉国高矿化钻井液碳酸盐岩地层（$R_m<0.1\Omega\cdot m$，$R_t>5000\Omega\cdot m$）、青海油田狮子沟组、吉林油田梨树断陷苏家次洼凝析油气藏、德惠凹陷页岩油地层等勘探开发中发挥了明显的作用，支持了DS33井、DS80井等砂砾岩、凝灰质砂砾岩储层的油气发现。地质应用范围：

（1）划分岩性剖面；
（2）清晰描述侵入特征；
（3）判断油（气）水层；
（4）评价薄层和薄互层；
（5）精细评价储层含油气饱和度。

地层元素测井技术

地层元素测井是一种井下实时测量地层中主要元素含量的新型测井方法，对于复杂非常规储层的岩性识别评价、烃源岩品质评价等十分重要。在页岩气和致密气勘探中，地层元素测井已逐渐成为必测项目。商用的地层元素测井仪器主要包括斯伦贝谢公司 ECS 和 LithoScanner、贝克休斯公司 Flex、哈里伯顿公司 GEM、中油测井 FEM 等。

※ 方法原理

地层元素测井的核物理原理

地层元素测井仪采用同位素 Am-Be 中子源，在测井时，由中子源发出约 4.5MeV 的快中子，与井眼周围环境中不同元素的原子核发生非弹性散射并释放出伽马射线。快中子经过非弹性散射损失了其大部分的能量，其能量逐渐低于发生非弹性散射的阈能，于是中子进入了以弹性散射为主的作用阶段，弹性散射的过程并不释放伽马光子，只是中子减速过程。经过多次的弹性碰撞，中子能量逐渐减弱，直到中子与周围物质达到热平衡，此时中子的能量约为 0.025eV，称为热中子（图 1-21）。此后，热中子在扩散过程中被周围的靶核俘获形成处于激发态的复合核，然后复合核释放一个或几个具有特定能量的伽马光子回到基态。这种反应叫作辐射俘获核反应。

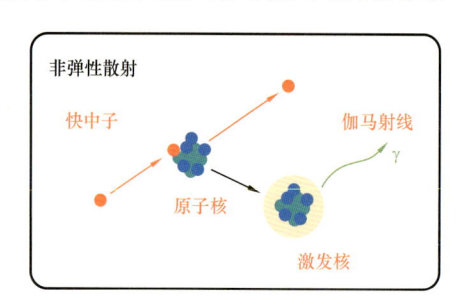

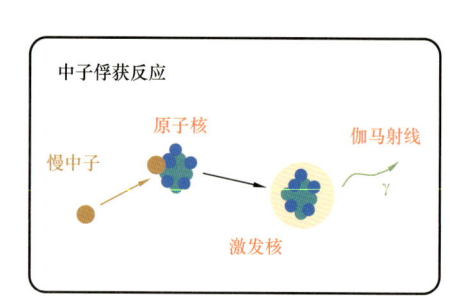

图 1-21 地层元素测井的核物理原理示意图

由于发生非弹性散射和辐射俘获核反应所产生的伽马射线的能量取决于靶核的能级特性，伽马射线能量的高低反映了发生反应的靶核性质，故这种伽马射线被称为特征伽马射线。FEM 地层元素测井仪通过测量中子与井眼周围地层反应后发射的俘获伽马能谱，来对地层组成元素的含量进行分析。

仪器技术构成

FEM 地层元素测井仪主要由电子线路部分、BGO 晶体探测器、Am-Be 中子源三大部分组成（图1-22）。BGO晶体探测器是地层元素测井仪器的核心部件，主要包括BGO闪烁晶体、光电倍增管、前置放大器、多道脉冲幅度分析器、高压电源等。它们被放置在一个特制的高性能保温瓶内。与传统仪器所用NaI（Ti）晶体探测器相比，BGO晶体密度较高，平均原子序数较大，可以大大增强对伽马射线的探测效率。但BGO的温度稳定性较差，为适应测井高温环境的要求，地层元素测井仪器需要采用特制保温瓶。同时，为了消除仪器材料产生的俘获伽马本底，需要在BGO晶体探测器外表面部分加涂一定厚度的硼-10屏蔽层（即硼套）。

图1-22 FEM地层元素测井仪结构示意图

主要技术特点：

（1）蒙特卡罗数值模拟与模型井相结合的元素标准谱制作技术。创造性地制作了12种元素的标准谱和一套标准谱实验验证规范，该技术获得国家发明专利。

（2）低漂移高精度全谱采集分析技术。采用低漂移高精度的电路设计，可以获得更多的能谱信息。

（3）高温耐磨热中子屏蔽硼套设计与实现技术。提高了能谱信号的信噪比，该技术获得国家实用新型专利。

（4）地层元素测井数据自适应处理与基于地层组分的复杂储层测井解释技术。使用基于地层组分的复杂储层测井解释模型获得多种地层参数。

（5）国际先进水平的地层元素试验与刻度井群。形成由33口模型井构成的地层元素试验与刻度井群。

（6）典型储层基于地层组分的解释模型参数库。形成华北油田含凝灰质复杂岩性致密油、浙江油田页岩气、长庆油田致密砂岩油、青海油田盐下和基岩复杂岩性、华北油田古潜山碳酸盐岩等6种典型储层地层组分解释模型参数库。

测井资料处理流程及处理方法

地层元素测井数据处理软件主要包括质量分析、数据预处理、元素含量计算、矿物精细处理、地质应用模块组成（图1-23）。

（1）质量分析：监测仪器保温瓶内BGO晶体探测器的温度，针对元素含量曲线，开展相关曲线重复性、一致性分析，判定仪器的稳定性和一致性。

（2）数据预处理：包括自适应滤波（减小或消除统计涨落）、能谱的归一化、地层谱的漂移校正（消除测井过程中由于温度及仪器稳定性等因素引起的地层实测谱漂移）、标准谱的谱形校正等。

第一章 CPLog 成像测井新技术简介

图 1-23 FEM 地层元素测井数据处理流程图

（3）高精度元素含量计算：以元素标准谱为基础，采用加权最小二乘法进行能谱分析求取各元素的产额；利用模型井进行刻度确定各元素的灵敏度因子；利用氧化物闭合模型确定标准化因子，进而确定各元素的含量。

（4）矿物精细处理：采用基于地层体积物理模型的组分最优化，实现测井岩性剖面的精细处理。即在对研究区地层基本地质特征和矿物类型了解的基础上，可以将地层元素测井和常规测井等各种测井响应方程联立求解，计算各种矿物和流体的体积。

（5）地质应用：根据元素含量、矿物含量进行岩性识别、计算地层骨架参数，改善孔隙度和渗透率评价，计算岩石脆性分析，指导压裂。

※ 发展历程

2012—2020 年，中油测井相继研发了化学源地层元素测井仪 FEM6461、可控源地层元素测井仪 SESP6467 等。

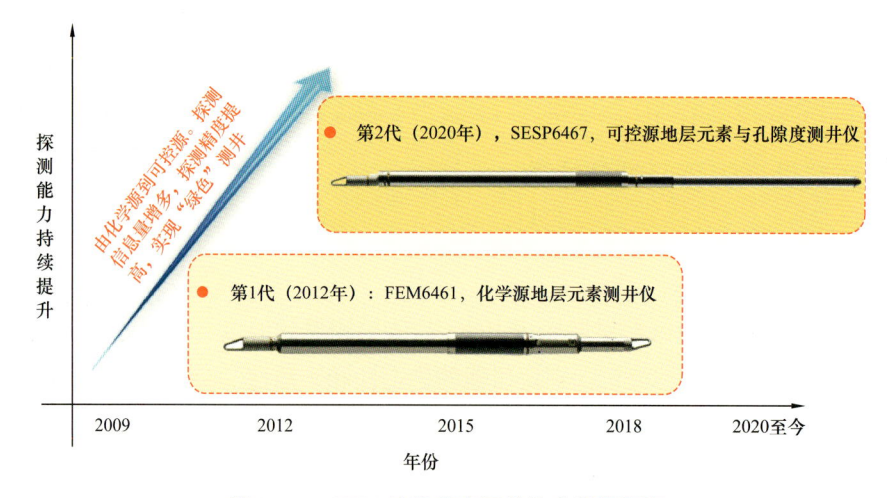

图 1-24 FEM 地层元素测井技术发展历程

（1）化学源地层元素测井仪 FEM6461：使用镅铍源和 BGO 晶体探测器。中油测井于 2012 年成功研制了国内首套具有完全自主知识产权的 FEM6461 地层元素测井仪样机，打破了国外技术垄断。2015—2017 年，通过中国石油重大现场试验项目，实现仪器改进和定型，完善了技术配套，仪器测量精度、稳定性等技术指标达到国际同类技术水平，形成了完整的产业化资料，建立了行业标准和产业化生产线。

（2）可控源地层元素与孔隙度测井仪 SESP6467：2016 年"十三五"国家油气重大专项"多维高精度成像测井系列：可控源地层元素与孔隙度测井仪"立项，创新性地使用可控中子源和一体化的阵列探测器技术，绿色安全环保，实现了一种仪器同时测量元素含量、密度、孔隙度等地层参数，解决了原来需要地层元素、岩性密度、补充中子三种仪器同时作业带来的放射性风险高、作业效率低等问题。该技术可以精细识别矿物分析和岩性、改善孔隙度、渗透率、饱和度、密度等参数的评价，获得总有机碳含量和脆性指数等参数，对于复杂储层和页岩油气等非常规储层的资源评价、优化压裂方案设计和完井增产具有重要意义。

※ 技术性能与指标

和同类技术对比，FEM 地层元素测井仪是国内首创的自主知识产权系列产品，在耐温耐压、元素含量测量精度等主要指标与国外同类化学源仪器相当（表1-7）。

表1-7 地层元素测井仪器技术指标表

公司	斯伦贝谢	中油测井	斯伦贝谢	中油测井
仪器型号	ECS	FEM	LithoScanner	SESP
最大外径（cm）	12.7	12.7	11.4	12.4
长度（m）	3.09	2.2	4.27	4.76
中子源	Am-Be 源（16Ci）	Am-Be 源（20Ci）	脉冲源（14MeV）	脉冲源（14MeV）
探测器	BGO 晶体	BGO 晶体	$LaBr_3$ 晶体	$LaBr_3$ 晶体、He^3 管
耐温（℃）	177	175	177	175
耐压（MPa）	138	140	138	140
最小井眼（cm）	16.5	15.2	14	15.2
最大井眼（cm）	50	50	61	50
测量范围（MeV）	0.6~8	0.6~10	1.0~10	0.6~10
探测深度（cm）	22.86	25	21.6（非弹性谱）53.3（俘获谱）	20（非弹性谱）52（俘获谱）

续表

公司	斯伦贝谢	中油测井	斯伦贝谢	中油测井
采集信息	俘获谱确定元素含量	俘获谱确定元素含量	非弹性谱、俘获谱确定元素含量	非弹谱、俘获谱确定元素含量；近远热中子计数确定中子孔隙度；非弹谱、近远热中子计数和超热中子计数确定密度
测量元素	Si、Ca、Fe、Al、S、Ti、Gd 等 7 种元素	Si、Ca、Fe、S、Ti、Gd、K、Mg、Al、Mn 十种元素	Si、Ca、Fe、Al、S、Ti、Gd、K、Mg、Mn、H、C、O、Cl 等 18 种元素	Si、Ca、Fe、Al、S、Ti、Gd、K、Mg、Mn、H、C、O、Cl 等 18 种元素、孔隙度和密度
最高测速（m/h）	549	450	546	300
能量分辨率（%）	12	14		6
垂直分辨率（cm）	45.72	50		
测量方式	偏心测量	偏心测量	偏心测量	偏心测量

※ 重点应用场景

截至 2021 年 7 月，地层元素测井技术已在吉林、长庆、浙江、华北、青海、西南、吐哈、新疆、辽河等油气田试验和应用 70 多口井，在复杂岩性和页岩油气等非常规油气藏的储层识别、矿物精细分析和工程参数评价等方面取得较好效果。其中，在浙江油田宜宾页岩气储层，有效提高了岩性和矿物解释模型的精度，助力寻找页岩气"甜点"，并由地层脆性指数指导压裂；在吉林油田重点探井查页 X 井青山口组青一段发现工业高产油流，对吉林油田松南页岩油储层的测井评价和增储上产起到了支撑性作用。主要应用：

（1）直接获取地层主要元素含量；

（2）提供矿物类型和含量；

（3）识别岩性，获得岩性剖面；

（4）岩石脆性分析和指导压裂；

（5）沉积环境判断；

（6）改善骨架密度和孔隙度等参数的评价。

宽频介电测井技术

宽频介电测井技术通过高频电磁波测量实现致密油、稠油、薄互层、地层水矿化度多变等非常规储层的流体识别及饱和度评价；通过介电频散测量可实现碳酸盐岩阿尔奇胶结指数和泥质砂岩高分辨率泥质含量的连续获取；同时，通过薄层各向异性测量，实现薄层构造分析。商用的宽频介电测井仪主要有斯伦贝谢公司 ADT、哈里伯顿公司 HFDT、贝克休斯公司 ADeX、中油测井 DSLT 等。

※ 方法原理

仪器采集原理及技术特点

介电测井是基于岩石基质、油、气、水介电常数的差异，直接测量地层的含水孔隙度，与其他孔隙度相结合得到储层的含油饱和度。它和利用电阻率测井识别油水层和求取饱和度的方法不同，不要求地层水必须含盐，也不需要知道地层水电阻率。介电测井采用高频电磁波测量，其通过发射天线向地层发射电磁波，再由接收天线接收通过地层传播的电磁波信号。电磁波在传播过程中发生相位移和幅度衰减程度与地层的电导率和介电常数有关。石油和多数造岩矿物的介电常数不超过 2~10；水的介电常数为 80 左右（图 1-25）。因此，岩层的总介电常数在很大程度上取决于单位体积中水的含量。地层骨

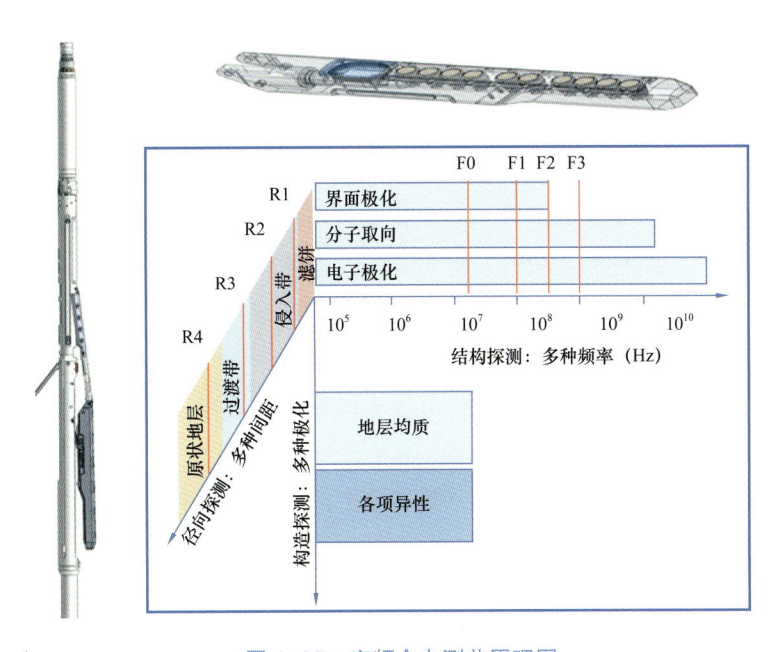

图 1-25 宽频介电测井原理图

架的介电常数比较稳定，储层中所含流体的介电常数相差悬殊，因此，利用介电测井资料能够较好地判别油、水层。

主要技术特点：

（1）电小天线超宽频带测量技术。厘米级天线实现兆赫兹到吉赫兹的超宽带天线有效发射与接收，涉及小尺寸复杂天线的研制技术。

（2）超宽带射频高精度电路研制技术。包括大功率发射、多频多道微弱信号检测、射频电磁屏蔽隔离及射频电路测试等技术。

（3）宽频介电测井复杂环境校正及反演技术。包括测量数据预先处理、复杂环境校正及多阵列双极化联合反演技术。

（4）宽频介电测井饱和度计算技术。针对不同岩性选取不同的饱和度计算模型，针对不同模型中各参数的选取方法及计算流程。

测井资料处理流程及处理方法简述

宽频介电测井数据处理软件主要包括质量分析、预处理、环境校正、反演及饱和度求取、频散分析、地质构造分析模块组成（图1-26）。

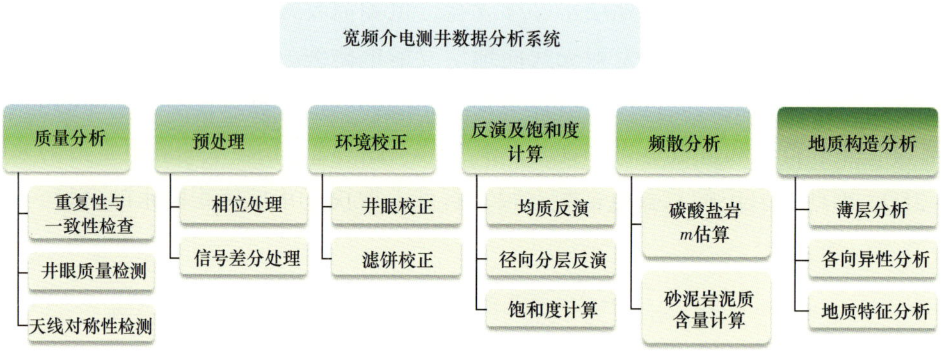

图1-26 宽频介电测井数据处理流程图

（1）质量分析：针对宽频介电阵列双极化4频测量曲线，开展相关曲线重复性、一致性分析，判定仪器的稳定性和一致性；针对介电仪器贴靠井壁测量情况，开展井眼质量检查及仪器贴靠井壁状态分析，判定仪器工作状态；针对阵列天线，开展天线对称性响应检查，实现问题天线的排查。

（2）预处理：针对阵列双极化天线，开展不同阵列测量相位判定及处理；针对对称信号，开展幅度和相位差分处理。

（3）环境校正：针对宽频介电测井井眼环境校正及滤饼校正研究，实现环境校正。

（4）反演及饱和度计算：针对宽频介电测量数据，开展快速均匀介质反演及分层介质精细反演，实现地层介电常数及电导率的获取；基于饱和度计算模型及其他测量信息，实现饱和度计算。

（5）频散分析：基于宽频介电频散数据，开展碳酸盐岩储层胶结指数 m 估算及泥质砂岩泥质含量计算功能。

（6）地质构造分析：基于高分辨率介电常数及电阻率测量信息，开展薄层构造分析、介电常数及电阻率各向异性分析、地层特征研究。

※ 发展历程

2012年6月，针对非常规储层勘探及技术发展需要，中油测井开展了宽频介电测井技术研究、探测器及原理样机研制，先后依托中油测井和中国石油3个科研项目，历时9年，形成了 DSLT6595 宽频介电测井样机。仪器采用双发八收双极化天线探测器，采用 20MHz～1.1GHz 间的4种频率，仪器纵向分辨率 40mm。仪器样机于2020年完成室内模型井及庆阳标准井测井试验，验证了仪器的稳定性、介质分辨能力及宽频电频散测量功能。下一步将重点开展仪器的耐高温高压升级、测速提升、测量精度提升及测井资料处理完善等研究，预计2023年实现仪器耐温155℃/100MPa、测速500m/h的指标，形成宽频介电测井仪器及其配套技术并开展现场试验。

（1）介电测井探测器关键技术研究：2012年6月—2015年12月，中油测井课题攻克高频天线数值模拟方法研究及软件开发、单体及阵列天线优化设计、小尺寸双极化天线研制等关键技术，形成高频介电三维数值模拟软件、单体及阵列天线设计参数、单发三收间距可调的双极化天线和双发八收双极化阵列天线。

（2）全谱测井新方法及探测器研究：2016年6月—2018年12月，作为中国石油课题研究任务一中的研究内容之一，攻克小尺寸天线特殊加载材料研制，形成了基于加载体的双发八收双极化天线，大幅提升电小天线中低频收发性能；完成射频器件选型及电路收发核心模块研制，建立了基于水槽环境的天线室内试验测量平台并完成天线测试，验证了双极化天线的宽频性能及介质反应能力。

（3）宽频介电测井方法及技术研究：2019年7月—2020年12月，作为中国石油课题，完成宽频介电测井探测特性表征研究、样机机械及电路系统级研制、基于实体模型井的仪器差分刻度及双参数均质反演等，完成配套采集软件及反演软件的开发，形成了宽频介电测井仪器样机及配套技术，完成了室内模型井及庆阳标准井测井试验。

※ 技术性能与指标

宽频介电测井仪是国内首创的具有自主知识产权的测井装备，目前已形成样机，在探测器结构、频率范围及探测深度方面处于领先地位。国内外同类仪器的技术指标对比见表1-8。

表 1-8　介电测井仪器技术指标表

公司	斯伦贝谢	哈里伯顿	贝克休斯	中油测井
仪器型号	ADT	HFDL	ADeX	DSLT
探测器结构	双发八收双极化	双发三收单极化	六发四收单极化	双发八收双极化
工作频率（MHz）	四频 24，100，363，954	单频 1000	五频 35，84，200，450，1000	四频 20，200，400，1100
垂直分辨率（cm）	2.54	7.62，12.7，16.51	2.54，7.62	4
探测深度（cm）	2.54～10.16	5.08，7.62，10.16	11.4	2.5～16
耐温（℃）	177		150	
耐压（MPa）	172		138	
最大测速（m/h）	1000		1000	

※ 重点应用场景

国产宽频介电成像测井仪（DSLT）直接测量与地层水电阻率无关的水含量，可用于确定储层的剩余油气体积（含量）；确定低阻或低反差泥岩和层状砂岩地层的油气含量；确定重油油藏的油气含量及可动度；确定地层水矿化度。根据碳酸盐岩中的岩石结构测量，获得连续胶结指数 m 和饱和度指数 n，以确定侵入带以外地层的饱和度。确定泥质山岩阳离子交换量，以计算硅质碎屑岩中的泥质含量影响。提供用于薄层分析高分辨率含水孔隙度。介电测井与地层元素测井、核磁共振测井等其他测井方法的综合应用将满足页岩气、致密气等非常规油气勘探及老油田注水、注气或化学驱等二次开发措施的巨大需求。主要应用：

（1）地层含水孔隙度测量；

（2）碳酸盐岩骨架胶结指数分析；

（3）薄层及薄互层构造分析；

（4）非常规复杂储层饱和度评价。

第二章
复杂碎屑岩典型应用案例

随着国内主要含油气盆地油气勘探程度的不断提高，复杂构造、复杂岩性、深层—超深层已成为主要勘探对象。针对前陆冲断带深层、陆相断陷盆地低孔低渗低对比度等复杂油气储层，测井面临储层参数计算、孔隙结构表征、裂缝有效性评价、流体识别等系列难题。中油测井强化"一井一策"测井方案，深化成像资料精细处理和多维高精度信息挖掘，精细解释和油藏研究并重，有力支撑了复杂碎屑岩油气识别及勘探发现。

成像测井在鄂尔多斯盆地西缘断裂带复杂储层解释中的应用

※ 简要背景

于 X 井为长庆油田在天环坳陷部署的一口重点探井,地理位置位于宁夏回族自治区盐池县,构造位置位于鄂尔多斯盆地天环坳陷。该井位于盆地西缘断裂发育带,区域勘探程度低,构造变化大,油藏受构造、岩性、物性等多因素控制。该井勘探目的为甩开勘探长 8 段、长 9 段油藏,兼探长 6 段、长 7 段、长 10 段及延安组,完钻深度为 1930.0m,完钻层位为长 10 段。

※ 问题及解释要点

该井所在区域属于鄂尔多斯盆地西缘勘探甩开区块,勘探程度较低。长 8 段裂缝、断层发育,属于构造—岩性油藏,地层水变化大,高阻水层和低阻油层并存,成藏规律复杂。一般储层物性差、非均质性强,其含油性具有饱和度低、选择性充注等特点,油层纵向结构会出现上水、下油特征,测井油水识别难;同时,试油压裂改造易沟通天然裂缝,水层被压开,造成油层试油出水,增加了测井储层含油性评价难度。该井延长组长 8 段储层 1606.0~1619.0m,储层物性较好,声波时差 258~270μs/m、密度 2.35~2.44g/cm³,地层电阻率变化范围 15~35Ω·m,电阻率中等,区域上出油井少,无类似邻井可参考,无有效的解释图版,常规测井识别流体性质困难。

※ 新方法、新技术应用

该井在常规测井的基础上加测了核磁共振测井、电成像测井、阵列声波成像测井。针对测量地层物性较好、孔隙度较大的特征,核磁共振测井采用哈里伯顿公司 MRIL-P 型核磁共振测井仪器,选用双等待时间 T_W、双回波间隔 T_E 采集模式,更有利于孔隙流体识别。电成像测井采用 XRMI 型成像测井仪器,用于识别断层和裂缝发育,判断裂缝对储层成藏的影响。阵列声波测井则采用 MPAL 型阵列声波测井仪器,偶极发射模式,发射源中心频率 1~3kHz,主要用于探测地层各向异性和进行岩石力学参数计算,为后期施工改造提供参数指导。该井测井环境及详细采集情况见表 2-1。

表 2-1 于 X 井测井采集概况

测井项目	地面仪器	井下仪器	采集模式	测量速度（m/h）	采集参数	采集质量
电成像	LogIQ	XRMI 型	成像模式	300	采样间隔 0.00254m	优
阵列声波		MPAL 型	单极、偶极	240	发射源中心频率 1~3kHz	优
核磁共振		MRIL-P 型	双 T_W 双 T_E	90	T_{WL}=8.9s, T_{WS}=2.4s, T_{ES}=0.6ms, T_{EL}=3.6ms	优

注：采用低固相聚合物钻井液，R_m=0.44Ω·m。
T_{WL}、T_{WS} 分别为长、短等待时间；T_{EL}、T_{ES} 分别为长、短回波间隔。

该井长 8_1 储层区域上属于低饱和度油藏，周边井试油皆为水层，无出油井，常规测井判识流体性质和评价有一定困难，利用核磁共振移谱评价方法识别流体性质。图 2-1 为长 8_1 储层测井解释成果图，核磁共振测井曲线显示 T_2 谱峰位置较靠后，谱形展布较宽，D 组谱较 A 组谱有一定前移，形态变化小；对比该层 A 组谱和 D 组谱特征，D 组谱较 A 组谱有一定收敛，但形态仍较平缓；孔隙以大孔隙为主，含油饱和度较高，判断储层流体

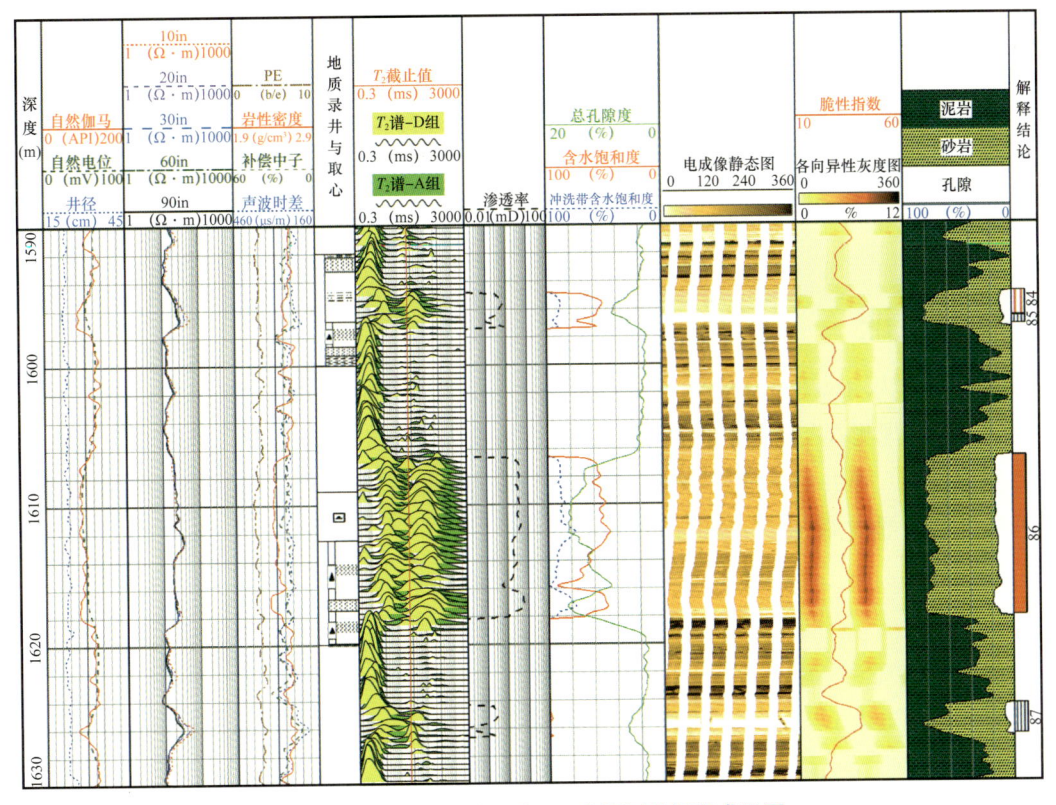

图 2-1 于 X 井延长组长 8_1 成像测井解释成果图

性质以含油为主，含有少量可动水。阵列声波测井曲线显示储层段有较强各向异性显示，脆性和围岩接近。电成像测井曲线显示储层和围岩发育裂缝，地层以块状构造为主，夹杂有分散状泥质。综合成像测井资料分析，长8_1储层1606.7~1618.1m井段解释为油层。

试油方案建议采取合理控水措施。如图2-2所示，该井长8段在断层面附近，储层和围岩有裂缝，脆性和围岩接近，各向异性强。如按照常规射孔工艺加砂压裂，裂缝会上窜，还有可能沟通断层。基于常规测井和成像测井资料，通过多专业联合，综合运用区域地质、测井、地震等资料，提出优化试油方案，推介采用超深穿透定方位（与断层走向平行）射孔求初产。

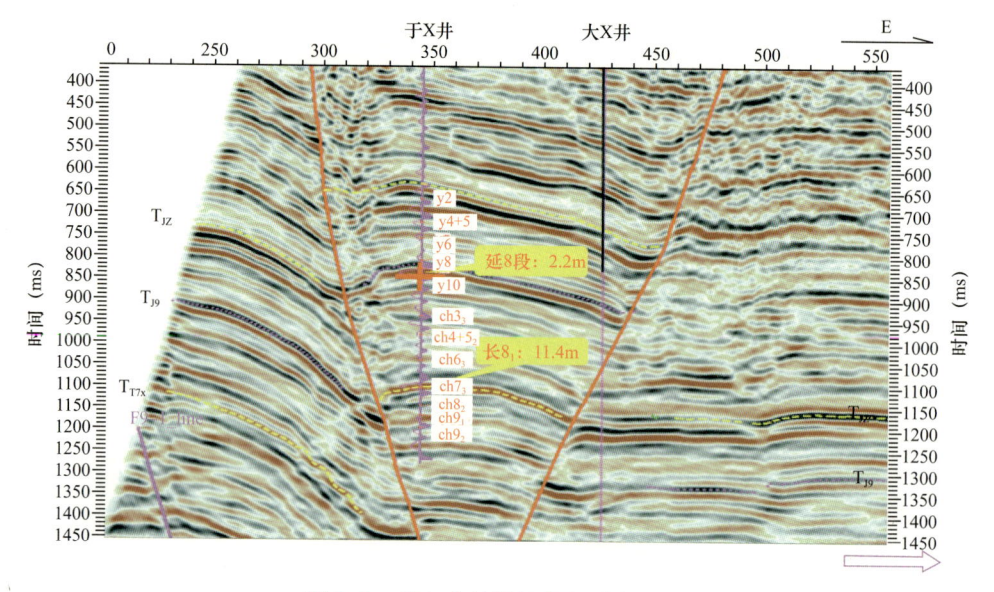

图2-2 于X井地震解释断裂成果图

※ 效果验证

对长8_1储层1607.0~1610.0m井段采用超深穿透定方位射孔，求初产。射孔后获日产油24.23t。常规测井与成像测井相结合，对复杂断裂带储层流体性质识别和压裂方案优化发挥重要作用。该井的试油成功标志着在断裂发育区取得新突破，坚定了挺进鄂尔多斯盆地西缘断裂带寻找油气大发现的信心。

核磁共振测井在伊陕斜坡致密砂岩储层综合解释中的应用

※ 简要背景

宜X井是长庆油田在陕西省宜川县部署的一口气探井，构造位置位于鄂尔多斯盆地伊陕斜坡。该井钻探目的和任务是查明盆地东南部宜川—黄龙区块二叠系石盒子组盒8段、山西组储层发育及含气情况，落实本溪组、马家沟组储层发育及含气情况。该井完钻深度2300.0m，完钻层位为马家沟组马五$_6$亚段。

※ 问题及解释要点

宜川—黄龙区块本溪组普遍发育石英砂岩储层，平均孔隙度5.93%，渗透率2.68mD，物性受石英含量控制，含气性受物性控制，为典型岩性气藏。储层的产气量与渗透率呈正相关关系，渗透率低、产量低，渗透率高、产量高。渗透率的高低取决于孔隙结构的好坏，孔隙结构和渗透率评价是解释的关键。

该井2122.0～2132.0m井段为本溪组砂岩储层，常规测井显示储层厚度大，声波时差变化范围200.0～225.0μs/m，电阻率变化范围200～800Ω·m，岩性密度变化范围2.42～2.60g/cm³，显示储层非均质性强，物性变化大，因此准确评价本溪组储层的物性及含气性是测井解释要点。

※ 新技术、新方法应用

常规中子、密度和声波这3种孔隙度测井仪器都受储层岩石组分的影响。核磁共振测井仪器测量得到的孔隙度中不包含骨架的贡献，因此不需要进行岩性校正。T_2测量值的幅度和地层的孔隙度成正比，T_2分布曲线围成的面积等于自旋回波串的初始幅度。核磁共振测井提供了多种孔隙度信息：总孔隙度、有效孔隙度、黏土束缚水体积、毛管束缚水体积、可动流体体积。在储层含气时，由于流体密度和含氢指数的影响，使密度测井计算的孔隙度大于实际孔隙度，而核磁共振计算的孔隙度小于实际孔隙度。因此采用核磁共振孔隙度ϕ_{NMR}与密度孔隙度ϕ_{DMR}结合校正含气层总孔隙度：

$$\phi = \phi_{DMR}C + (1-C)\phi_{NMR}/I_{Hf} \tag{2-1}$$

式中：C 为校正因子；I_{Hf} 为含氢指数。

为了提高上古生界砂泥岩储层参数计算精度，通过岩心物性数据标定基于核磁共振孔隙度校正参数：I_{Hf}=0.9、流体密度 ρ_f=1.05g/cm³，使得模型能够准确计算储层孔隙度。

储层渗透率取决于储层孔隙度和孔隙结构，常规测井不能提供储层孔隙结构参数，核磁共振测井既可提供储层孔隙度，又可提供储层孔隙结构。因此，核磁共振测井是基于测井资料计算储层渗透率的最佳方法之一。Coates 模型中，孔隙尺寸参数是通过 T_2 截止值隐含输入，确定了自由流体孔隙度 FFI 与束缚流体孔隙度 BVI 的比值。Coates 渗透率计算模型表示为：

$$K_{Coates} = C\phi^a \left(\frac{FFI}{BVI}\right)^b \tag{2-2}$$

式中：K_{Coates} 为 Coates 渗透率；ϕ 为核磁共振孔隙度；a，b 为系数，针对宜川地区，a 取 8.0，b 取 1.5。

天然气的纵向弛豫过程只受体积弛豫作用，无表面弛豫，水的纵向弛豫与横向弛豫均主要受表面弛豫的影响。当地层中含有天然气和束缚水时，这两种流体均呈现正态分布。天然气的 T_2 谱和水的 T_2 谱分布区间差别不明显，流体性质识别较难。这两种流体的 T_1 谱分布区间有一个数量级差距，利用这一特性能较好地区分天然气和水（表 2-2）。

表 2-2 储层流体的核磁共振特征参数表

流体类型	T_1（ms）	T_2（ms）	T_1/T_2	D（10^{-5}cm/s）
水	1~500	1~500	1~5	1.8~7.7
油	1000~3000	300~1000	3~20	0.0015~7.6
气	3000~5000	30~60	50~100	80~100

※ 主要认识

如图 2-3 所示，本溪组储层 T_2 谱峰值在 300ms 左右，T_1 谱峰值 3000.0ms，T_1/T_2 大于 10.0，储层含气特征明显，含气性好；计算总孔隙度 10.0%，孔隙组分以大孔径孔隙为主，计算渗透率 3.0~100.0mD，计算中值半径大于 10.0μm，显示储层孔隙结构好，符合高产气层特征。综合解释 2122.0~2132.0m 井段 65 号、67 号、68 号层为气层。

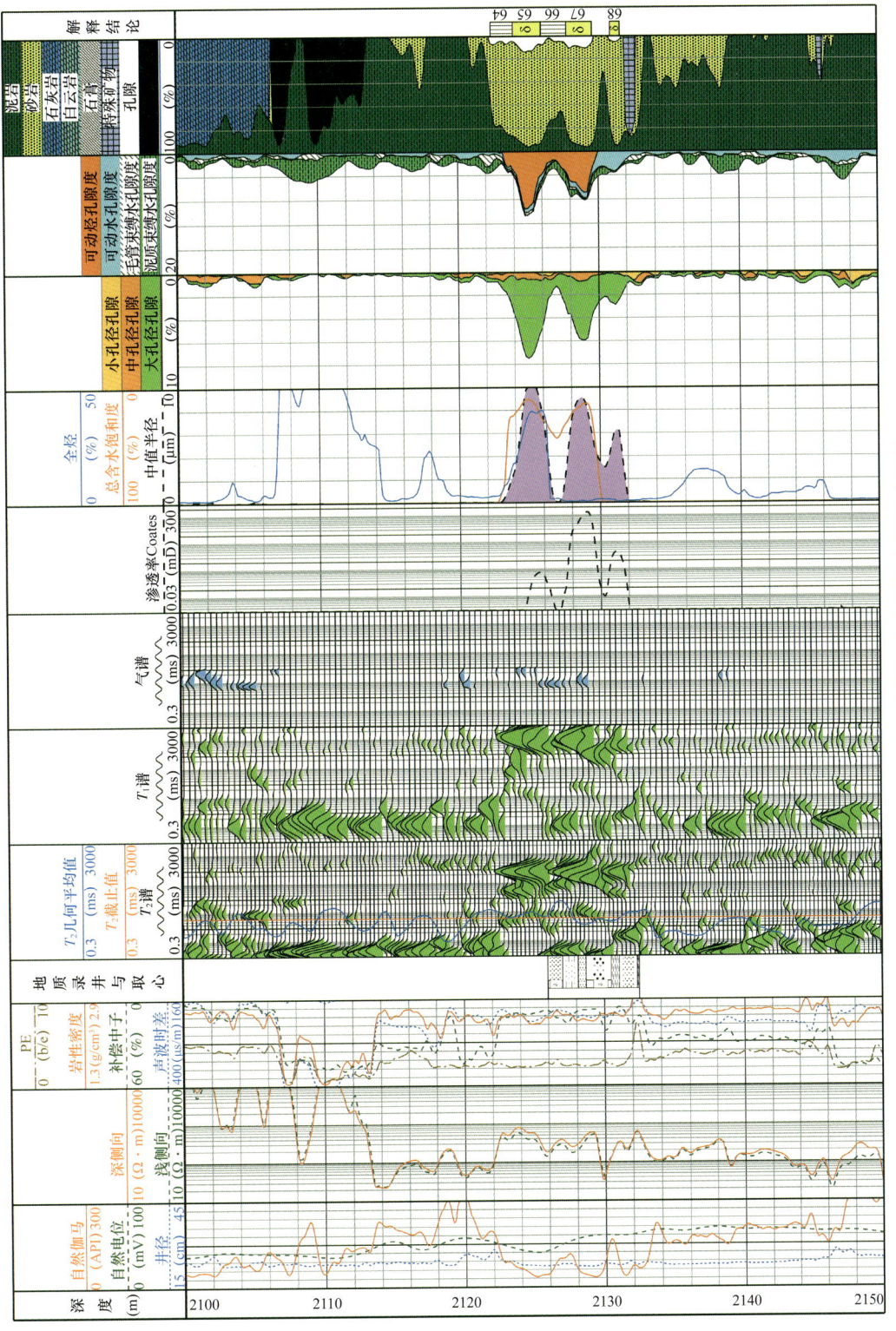

图 2-3 宜 X 井本溪组核磁共振测井解释成果图

※ 效果验证

对本溪组2124.0~2126.0m、2128.0~2128.0m井段射孔压裂，试气获日产气 $18.7351 \times 10^4 m^3$、无阻流量 $81.2327 \times 10^4 m^3$ 高产工业气流。核磁共振测井在致密砂岩储层参数计算、孔隙结构评价及气水识别方面发挥了良好应用效果。该井本溪组获得高产，进一步证明了该区本溪组勘探潜力，也是继石盒子组、山西组主要勘探层系之后的储量接替层系。

二维核磁共振测井在阜康凹陷致密砾岩储层综合解释中的应用

※ 简要背景

康探 X 井是新疆油田在新疆维吾尔自治区阜康市境内部署的一口风险探井，构造位置位于准噶尔盆地中央坳陷阜康凹陷。钻探目的是探索阜康凹陷二叠系上乌尔禾组一段断层—岩性油藏勘探潜力及含油气性，主探二叠系上乌尔禾组（P_3w），兼探侏罗系头屯河组（J_2t）、三叠系韭菜园组（T_1j）、二叠系芦草沟组（P_2l）。该井设计井深 5450.0m，完钻深度 5550.0m，完钻层位为石炭系（未穿）。

※ 问题及解释要点

该井位于阜康凹陷东斜坡，是东部地区由富烃凹陷周缘凸起带走向凹陷区进行深层油气勘探的第一口井，邻井资料少，可对比性差，测井解释难度大。该井二叠系上乌尔禾组一段钻遇规模砂体，岩性粗（主体为砂砾岩），储层储集空间主要为剩余粒间孔和原生粒间孔，层内赋存流体性质复杂，岩屑、气测及井壁取心均未见明显油气显示，利用测井资料精准评价储层物性和判断流体性质面临着技术挑战。

※ 新技术、新方法应用

为有效地解决储层精细评价和流体性质识别的难题，对该井测井系列进行了选择优化，除常规测井必测项目外，加测了核磁共振测井。由于该井是低孔低渗储层，核磁共振测井设计采用了双等待时间、单回波间隔的 D9TW 差谱模式进行采集，基于水与烃（油、气）的不同激化速率和纵向恢复速率，利用不同等待时间的回波信号之差来识别油、气、水层。

T_2 谱形态能够较好地反映岩石的孔隙结构特征，通过不同的 T_2 截止值，可以对储层泥质束缚体积、毛管束缚体积、可动流体体积进行准确评价。尤其是利用一维拟合二维核磁共振测井资料，可以准确识别储层中的流体性质。T_1—T_2 模式：把 T_1 和 T_2 一起综合分析，在二维平面中展示出来（T_2，T_1）。天然气位于红色虚线交叉位置附近，具有很高的 T_1/T_2；油的分布范围相对较广，与油质黏度、气油比有关，油基钻井液滤液或轻质油具有较大 T_2，随着油质变稠，其 T_2 向减小的方向移动；随着气油比的增加，T_1/T_2 逐渐增大；水的分布区域则位于 T_1/T_2 较小的位置，其值的大小依赖于所存在空间的孔隙尺寸，如图 2-4 所示。

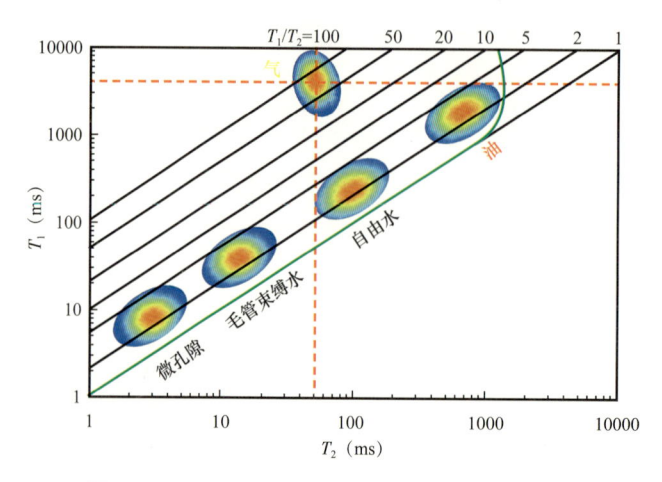

图 2-4　T_1—T_2 模式二维核磁共振测井解释图版

针对流体判别难题，还采用了声电测井曲线叠置、声波弹性参数等多种常规方法，结合二维核磁共振测井，综合提高了储层流体性质识别的准确性。

※ 主要认识

基于测井资料的精细解释和综合评价（图 2-5），认为该井油气层处于二叠系上乌尔禾组一段的中部，深度 5110.0～5124.0m，岩性为砂砾岩，常规测井显示物性较好，计算孔隙度 10.0%，电阻率较高，为 30.0Ω·m，且层内物性好的层段对应电阻率升高。核磁共振计算总孔隙度 11.5%，有效孔隙度 6.5%，可动孔隙度 3.5%，渗透率 0.2～0.68mD，储层孔隙结构显示大孔占比达 40%。核磁共振测井处理成果显示，T_2 谱呈双峰特征，可动峰分布较宽，拖曳现象明显，T_2 谱峰结束位置达 2000ms，差谱信号强；二维核磁共振处理 T_1—T_2 模式分析图显示，该段 T_1 为 800ms，T_2 为 500ms，信号点位于可动烃信号区域，储层含油性明显（图 2-6），核磁共振测井解释含油饱和度 50%。声波曲线和电阻率曲线叠置，包络面积大，反映储层有机烃含量高；泊松比有明显降低趋势，表明储层也具有含气特征。

基于上述测井处理解释成果，综合分析认为 5110.0～5124.0m 井段含油气性好，测井综合解释为油层。

※ 效果验证

对二叠系上乌尔禾组一段 5116.0～5121.0m 井段进行射孔，厚度 5.0m，采用 16 孔/m，实装 80 弹，采用套管压裂，使用瓜尔胶压裂液 587.0m³，加陶粒 40m³，加砂比 14.72%，试油，获日产油 132.01t、日产气 $1.119×10^4$m³。该井的高产验证了核磁共振测井精细评价储层孔隙结构、二维核磁共振测井识别流体性质的准确性。康探 X 井是阜康凹陷从凸起带走向深层凹陷区第一口获高产油层井，展现了上乌尔禾组砂砾岩储层巨大的勘探潜力，使准噶尔盆地展现出东西并进的勘探新格局。

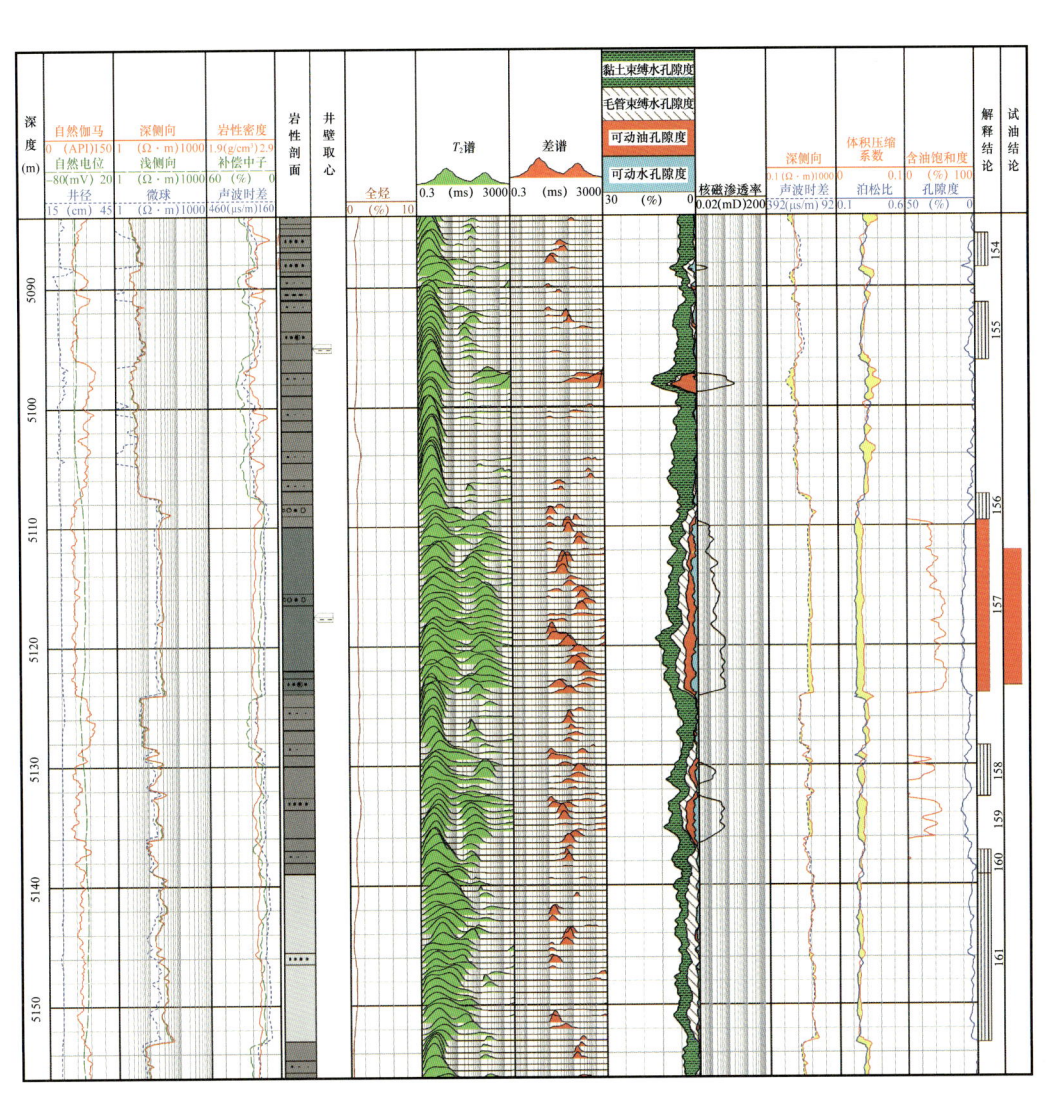

图 2-5 康探 X 井测井解释成果图

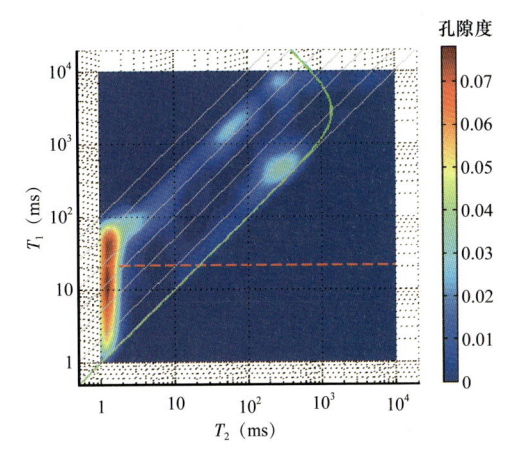

图 2-6 康探 X 井二维核磁共振测井解释成果图

声波远探测测井在东道海子凹陷致密砾岩储层评价中的应用

※ 简要背景

滴南 X 井是位于新疆维吾尔自治区阿勒泰地区福海县境内的一口预探井，构造位于准噶尔盆地中央坳陷东道海子凹陷；钻探目的是探索滴南 X 井东二叠系上乌尔禾组 2 号岩性圈闭的含油性，验证砂体控藏模式，扩大乌尔禾组油气发现规模；目的层为二叠系乌尔禾组油藏，设计井深 3980.0m，完钻井深 3980.0m，完钻层位为二叠系下乌尔禾组。

※ 问题及解释要点

该井所在区域为致密砾岩储层，储层孔隙类型较复杂，有原生粒间孔、粒间溶孔、粒内溶孔、粒缘缝及微细裂缝等，具有裂缝、基质孔、溶蚀孔多重孔隙类型，孔隙结构复杂，储层物性准确表征难。区域上受断裂带控制，邻井试油油层、油水同层、含油水层均有，纵横向油水关系复杂，油藏认识不清，常规测井响应特征差异小，储层流体识别难。

※ 新技术、新方法应用

由于区域内储层为致密砾岩储层，呈现低孔低渗的特征，储层孔隙结构复杂，仅依据常规测井曲线分析储层孔隙结构、识别储层流体性质难度大，故该井在常规测井的基础上加测了核磁共振测井、电成像测井、阵列声波测井（表 2-3）。

表 2-3 滴南 X 井测井信息表

测井系列及项目	测量井段（m）	曲线质量判定	钻井液体系	测井日期
MAXIS 常规测井	3409.2～3983.5	优	类型：钾钙基聚合物 电阻率：0.27Ω·m 温度：20.0℃	2019.9.9
声波扫描测井（Sonic Scanner）	3409.2～3983.5	优		
微电阻率成像测井（FMI）	3409.2～3983.5	优		2019.9.10
核磁共振测井（CMR）	3650.0～3983.5	优		

滴南 X 井上乌尔禾组储层岩性为非均质性较强的砂砾岩，基质孔隙小，结合邻井实验压汞资料进行核磁共振伪毛管压力曲线的计算，评价储层的孔隙结构特征。该区域次生孔隙对储层产能有较大贡献，加测电成像测井评价近井筒次生孔隙发育程度，尤其是斜交缝与直劈缝的发育情况；电阻率高低主要受砾石含量及颗粒大小控制，因此建立了基于电

成像的视地层水电阻率谱特征的流体识别方法。阵列声波测井资料主要是利用横波远探测处理技术，对井周弱反射信号进行提取，经过波幅补偿及偏移成像后，识别井周30m范围内的裂缝发育情况，对裂缝的产状、密度、纵向延伸高度等参数进行精细评价；同时，计算地层岩石力学参数、预测地层破裂压裂，为后期压裂改造提供技术指导。

※ 主要认识

3731.7～3743.6m井段解释油层3层，电成像测井显示岩性为砂砾岩，分选较好，常规测井曲线电阻率大于50Ω·m，密度在2.55g/cm³左右，声波时差213μs/m，核磁共振总孔隙度7.5%，有效孔隙度4.0%，可动孔隙度1.6%，渗透率0.006mD，核磁共振伪毛管压力曲线提取的孔隙结构特征显示储层以中—小孔为主，大孔较少，整体上基质物性较差，采用核磁共振测井实现了储层物性及孔隙结构的准确评价（图2-7）。电成像测井解释成

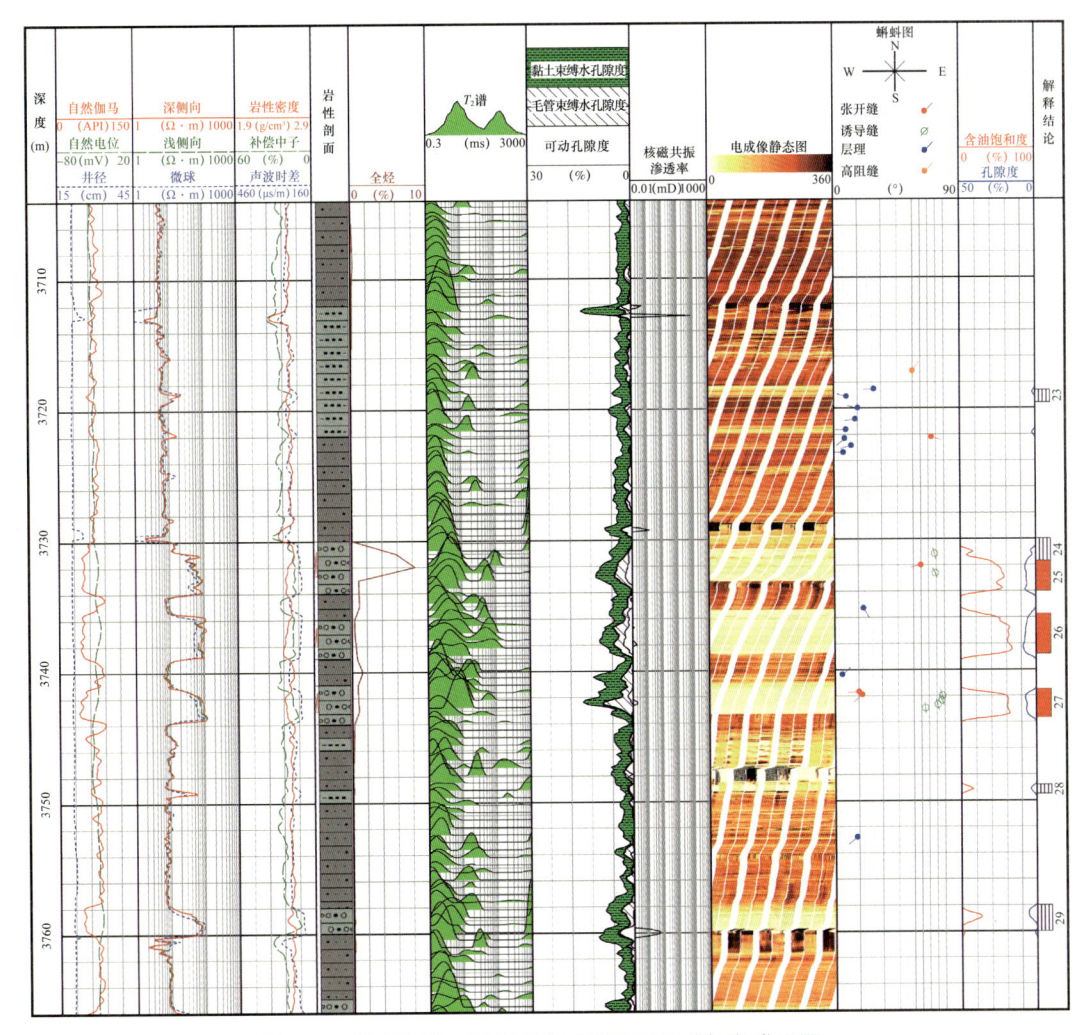

图2-8 滴南X井二叠系乌尔禾组二段测井解释成果图一

果反映近井筒裂缝欠发育，储层段仅发育 3 条斜交缝，但从声波远探测测井处理结果显示，井旁 5~20m 内发育多组高角度裂缝（图 2-8），裂缝角度大于 80°，为直劈裂缝，纵向延伸高度 3~10m，确定该段储层为基质裂缝双重孔隙特性；利用快横波方位及诱导缝走向判断，现今水平主应力方向为北西—南东向，而井旁裂缝反射信号在近南北方向最强，显示裂缝走向与主应力方向夹角小，指示地层裂缝有效性好。电成像测井处理的视地层水电阻率特征呈现多峰、靠右分布范围较宽的油层特征，结合声电测井曲线叠置，出现明显的包络面积，反映该段含油性较好。综合分析认为，储层基质孔隙中含油且井旁裂缝发育，能够获得较好的产能，测井综合解释为油层。

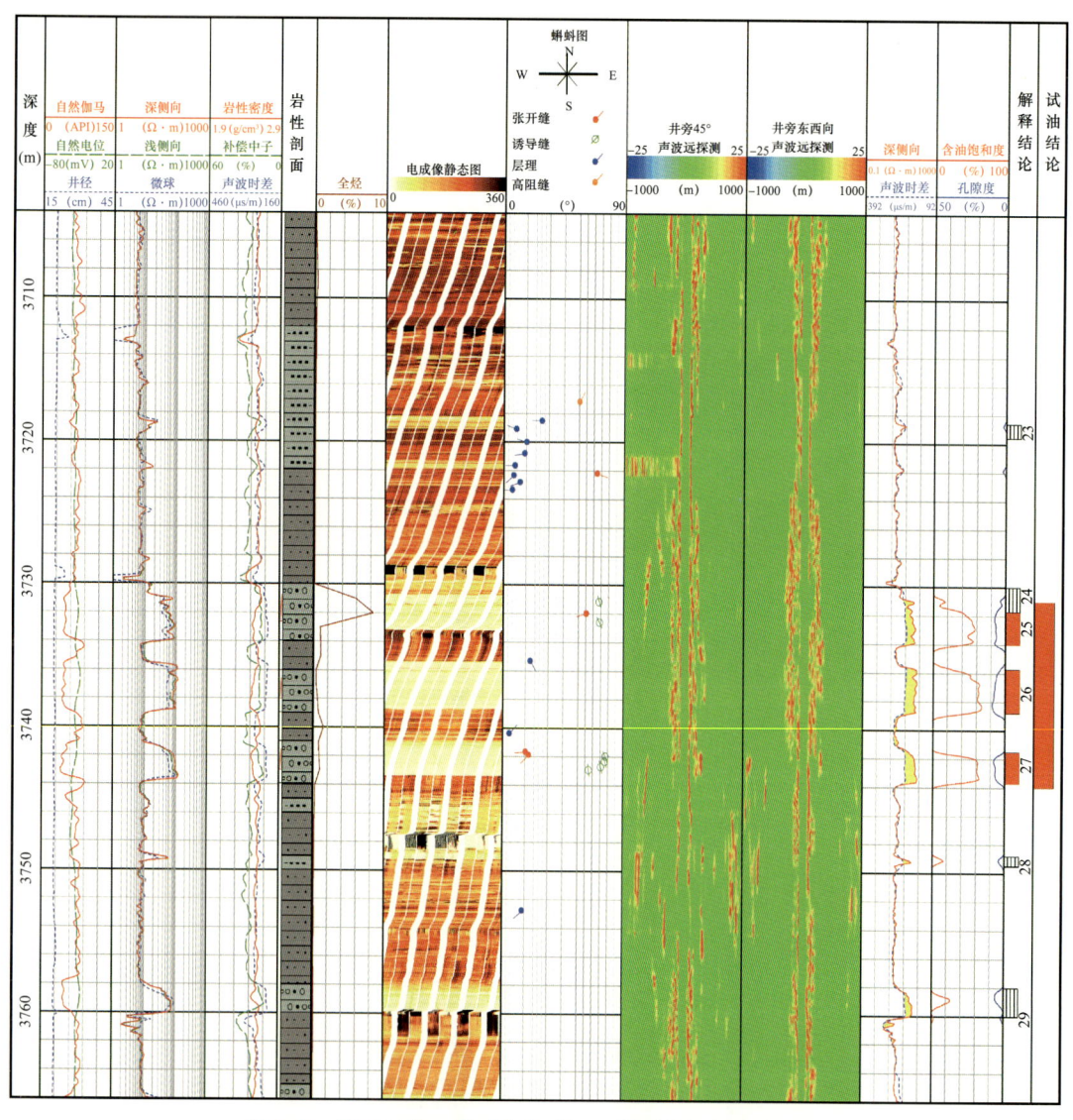

图 2-8　滴南 X 井二叠系乌尔禾组二段测井解释成果图二

※ 效果验证

对该井二叠系上乌尔禾组二段 3731.0～3744.0m 井段进行试油，射孔井段 3731.0～3738.5m、3741.5～3744.0m，采用 2 级压裂，使用压裂液 1264m^3，加砂比 14.0%，测试获日产油 339.11t，日产气 2.798×10^{4}m^3，累计产油 1956.47t 以上，验证了电成像测井与远探测声波测井的"井眼＋井周"特色评价技术对储层裂缝准确识别的效果，对裂缝型储层产能预测奠定了坚实的基础。滴南 X 井是目标区块发现井滴南 X 井突破后的第一口超百吨高产井，东道海子凹陷沉寂 7 年后重焕生机，落实了滴南 X 井区上乌尔禾组油藏规模，测井技术为目标区块探明储量及产能部署提供有力的技术支撑。

电成像测井在准噶尔盆地东部碎屑岩储层的综合应用

※ 简要背景

石钱X井是位于新疆维吾尔自治区昌吉州奇台县的一口预探井，构造位于准噶尔盆地东部隆起石钱滩凹陷北次凹。该井勘探目的为探索石钱滩凹陷石炭系巴山组烃源岩，兼探含油气性，并查明石钱滩凹陷巴山组烃源岩品质。该井设计井深4700.0m，完钻深度为4537.65m，完钻层位为上石炭统巴山组。

※ 问题及解释要点

该井勘探程度较低，邻井油气显示和产油层位于石炭系巴山组，石钱滩组录井无显示、气测无异常，测井曲线反映无含油气性，对该井横向对比造成一定困难。该井在石钱滩组见到含气—荧光级显示和气测曲线异常，由于显示段井眼扩径严重，核磁共振测井资料质量受到一定影响。从岩心分析资料来看，大部分取心段分析孔隙度小于5%，局部孔隙度5%~6%。另外，三孔隙度曲线受扩径影响导致难以判断裂缝发育状况，该井含油气性评价存在困难。

※ 新技术、新方法应用

综合该井录井、井眼状况、常规测井曲线、核磁共振测井及微电阻率扫描成像测井资料分析，3889.0~3921.0m储层为裂缝型储层，评价储层的关键在于裂缝发育状况，因此建立了以三孔隙度曲线为划分基础，结合双侧向测井和电成像测井资料综合评价裂缝发育情况，并参考气测曲线评判含气性的综合解释评价标准。将孔隙度较高、裂缝较发育、气测显示活跃的井段解释为气层，孔隙度较低、裂缝发育差、气测显示弱的井段解释为干层，介于二者之间的储层解释为差气层。

该井电成像测井采用国产MCI仪器，测量井段为3577.0~4156.0m，包含了全部油气显示段。该井石钱滩组虽然核磁共振测井显示物性较差，但从电成像测井动、静态成像图来看，导性裂缝发育，仍为主要优势储层，电成像测井成果图显示3913.0~3918.0m井段低角度裂缝发育，局部存在中—高角度裂缝，电成像测井成果与岩心取心描述对应性较好（图2-9）。

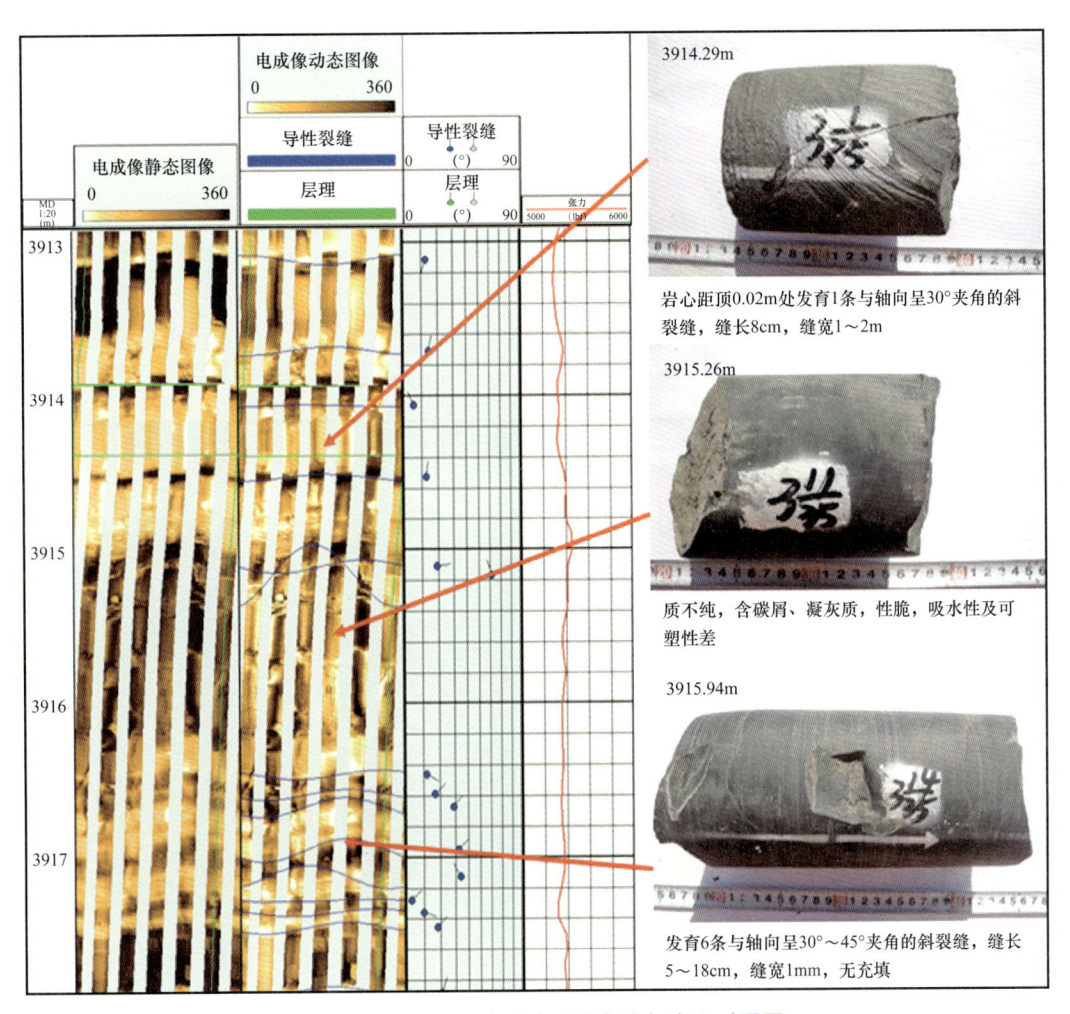

图 2-9　石钱 X 井电成像测井曲线与岩心对照图

※ 主要认识

57～63 号储层（3889.2～3921.0m 井段）为同一砂体，录井岩性为荧光含气砂砾岩、细砂岩，气测异常明显增高，组分齐全，甲烷含量较高，全烃最高峰值为 32.3%，对应甲烷含量为 22.4%，自然伽马相对低值，中子和密度曲线受扩径影响资料仅供参考，声波时差受井况影响小，平均声波时差小于 205μs/m，基质孔隙度发育差，3890.0～3910.0m 井段核磁共振测井受井眼扩径影响仅供参考，参照 3914.0～3918.0m 井眼状况较好井段核磁共振测井成果，T_2 谱双峰特征呈双重孔隙类型，黏土峰远高于可动峰，可动峰分布较宽，为 30～200ms，幅度较低，具有一定有效孔隙度，有效孔隙度以毛管孔隙为主，平均小于 4%，可动孔隙度占比较低（图 2-10）。

电成像测井成果显示，3890.8～3918.6m 井段发育有不同程度裂缝，根据裂缝发育程度划分气层或差气层（图 2-11、图 2-12），电成像测井表征岩性和裂缝特征如下：

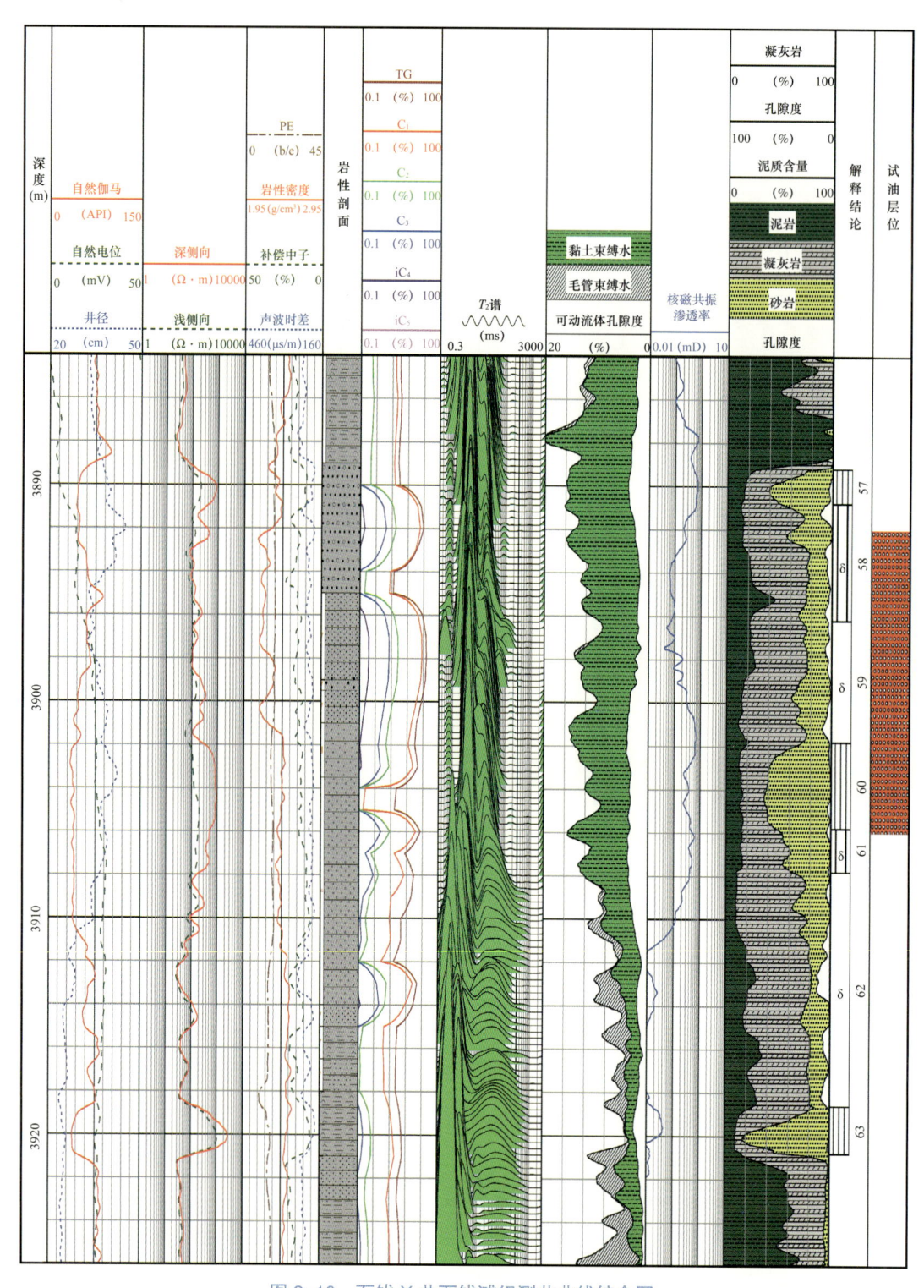

图 2-10 石钱 X 井石钱滩组测井曲线综合图

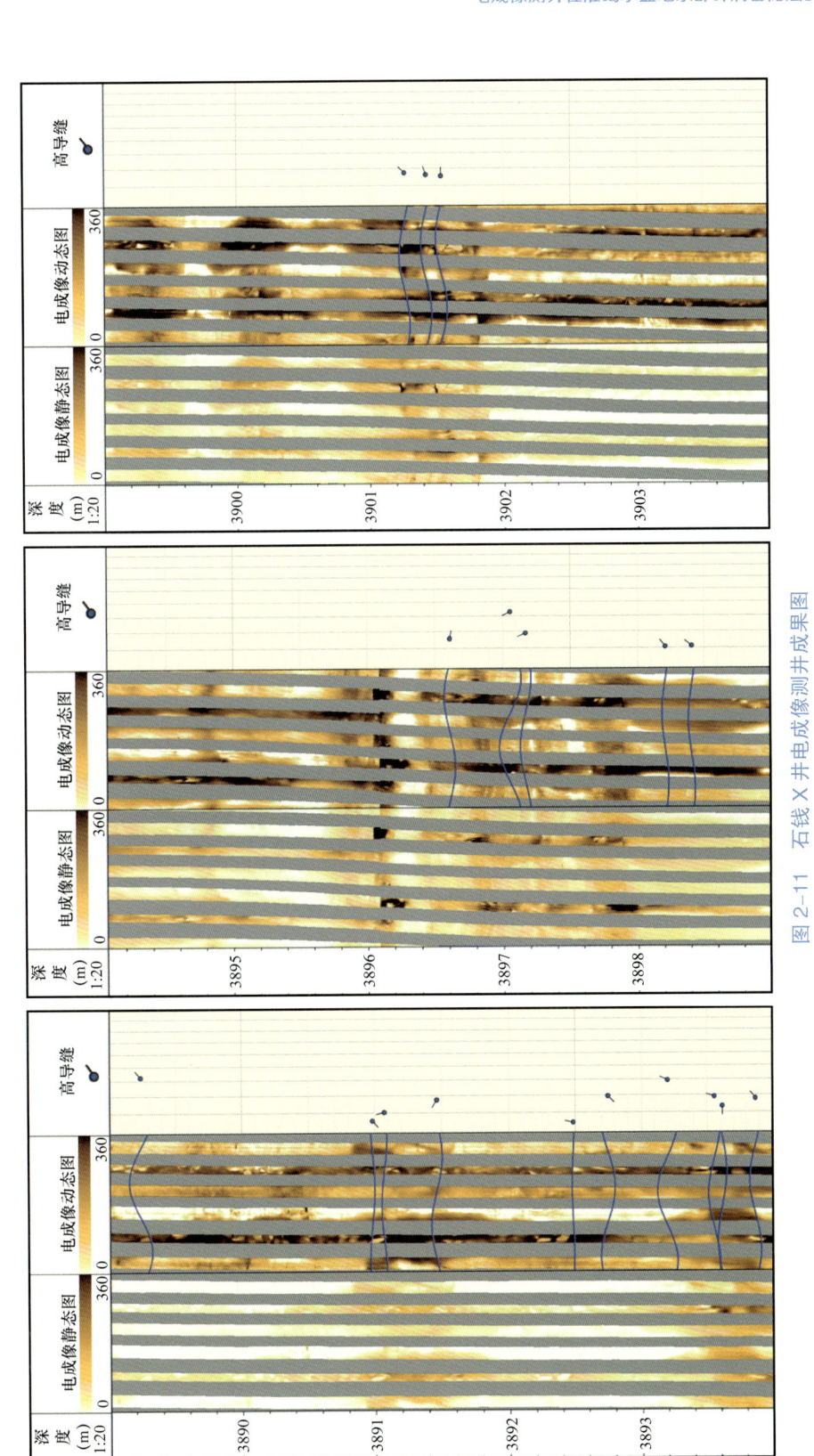

电成像测井在准噶尔盆地东部碎屑岩储层的综合应用

图 2-11　石钱 X 井电成像测井成果图

59

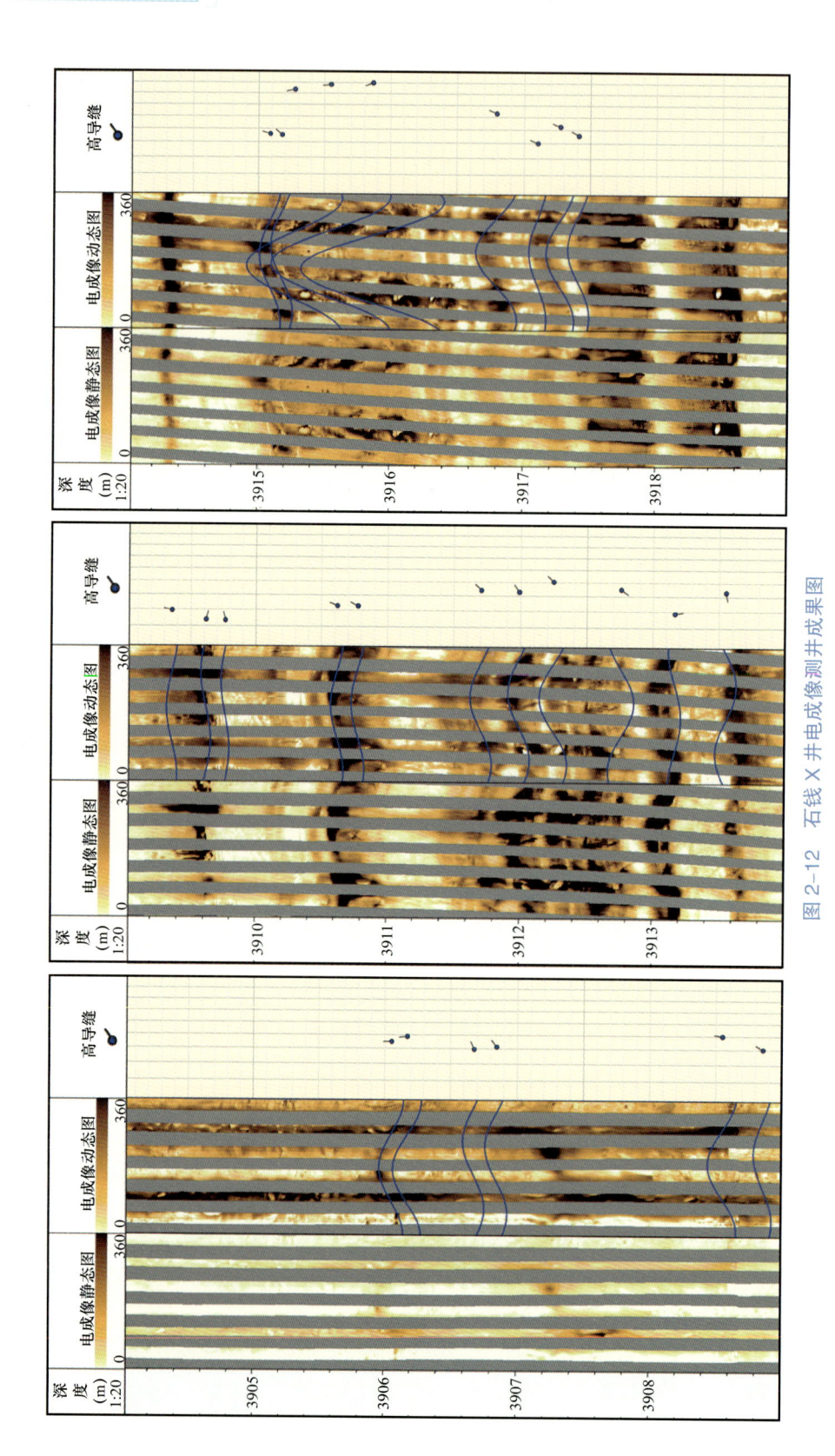

图 2-12 石钱 X 井电成像测井成果图

3889.0~3894.0m井段电成像测井曲线显示砾石特征明显（动、静态图显示暗色背景下亮色颗粒），多条低角度裂缝较发育，平均裂缝密度为2条/m，在低伽马、三孔隙度曲线显示岩性致密、电阻率曲线高阻井段裂缝几乎不发育。3894.0~3899.0m井段电成像测井受井况影响，粘卡严重，张力明显增大，极板粘卡井段对应图像模糊，张力曲线相对正常井段局部可见砾石结构和低角度缝。3899.0~3908.0m井段电成像测井张力曲线正常，见不等粒砾石发育，3901.0~3902.0m、3906.0~3907.0m井段电阻率曲线下降明显位置发育少量低角度裂缝，双侧向电阻率曲线高阻井段裂缝几乎不发育。3908.0~3918.0m井段电成像测井质量较好，常规电阻率曲线呈中—低阻，对应电成像测井动、静态图上低角度裂缝大量发育，裂缝密度为3条/m，且裂缝张开度局部较大。

根据裂缝发育情况结合该井解释评价标准，在裂缝密度较大井段，即3896.2~3901.8m、3907.8~3918.6m井段，解释为气层；3890.8~3896.2m、3905.8~3907.8m井段裂缝密度相对较小，解释为差气层。

※ 效果验证

对石钱X井3892.0~3906.0m井段射孔试气，使用6mm油嘴求产，获日产天然气$6.3\times10^4m^3$，试气结果证实了测井解释结论的准确性，同时也反映出国产MCI电成像测井和MRT核磁共振测井资料能够实现对复杂储层孔隙结构评价和流体性质的精准识别，资料精度高、值得信赖。该井勘探成功标志着准东探区石炭系石钱滩组获得重要突破，开辟出一个新的油气战略接替区。

"核磁共振测井＋阵列感应测井"在巴彦淖尔复杂孔隙结构储层中的应用

※ 简要背景

兴华 X 井是华北油田在内蒙古自治区巴彦淖尔市境内部署的一口预探井，构造位置位于河套盆地临河坳陷兴隆构造带。钻探目的是预探兴华 X 井圈闭临一段、临二段含油气性，主要勘探层位是古近系临河组（E_3l）。该井设计井深 4860.0m，2020 年 10 月 30 日完钻，该井钻遇良好油气显示，完钻深度 4890.0m，完钻层位为古近系临河组（未钻穿）。

该区域勘探程度低，储层埋藏较深，孔隙结构复杂。已钻井主要集中在斜坡外带，临华 X 井见到良好的油气显示。兴华 X 井位于斜坡中带圈闭高部位，具有两套成熟烃源岩供油，油源条件更好，处于油气运聚有利区带。该井的成功为落实兴隆构造带有利区带含油气性和构造圈闭的可靠性、实现区域滚动突破有重要意义。

※ 问题及解释要点

兴华 X 井所在临河坳陷兴隆构造带为勘探新区，邻井隆 X 井、临探 X 井和临华 X 井相对应的层位均见到良好油气显示，但由于勘探程度较低，区域基础资料缺乏，油源、成藏因素不清，除临华 X 井获得高产油流外，出油井少；区域地层水矿化度为 102480～121580mg/L，造成电阻率低；纵向上储层物性变化大，远物源沉积的储层岩石类型、孔隙结构多样。测井电性特征响应规律复杂，导致油层电阻率差异大，常规测井油层识别与解释评价难度大，严重制约该区油藏认识和勘探突破。

兴隆构造带临河组储层对比关系较好，横向分布较稳定，将临一段、临二段细分为 8 套油组，临一段和临二段下亚段砂体发育，储层物性好，发育大量中—高孔、中—高渗储层；临二段上亚段为湖侵期沉积，砂体不发育，储层物性较差，但仍有少量较好的储层。测井岩性为细砂岩剖面，从测井曲线上看，临二段上亚段部分储层电阻率低，为 1.3～2.0Ω·m，电阻率较低且阵列感应测井曲线存在负差异特征，区域上油、水识别难度大。

※ 新技术、新方法应用

针对该区域深埋弱成岩储层孔隙结构复杂的评价难点，提出了基于 T_2 谱多分量孔隙结构表征新思路，利用移谱含油指数定量评价，结合阵列感应测井的径向侵入特征，直观反应储层含油性，形成了基于"核磁共振测井+阵列感应测井"的孔隙结构量化表征与油层识别及评价技术。

为了划分储层产能级别，首先优选出多尺度参数构建多参数综合评价指数。其中 T_2 几何平均值 T_{2g}，最大孔喉半径 R_d，中孔孔隙度 ϕ_2、大孔孔隙度 ϕ_3 之和（$\phi_2+\phi_3$）与储层产液能力成正比关系，小孔孔隙度 ϕ_1、束缚水饱和度 S_{wi} 与储层产液能力成反比关系，建立储层综合评价指数 CZ，其计算公式为：

$$CZ = T_{2g}R_d(\phi_2 + \phi_3)/(\phi_1 S_{wi}) \tag{2-3}$$

式中：T_{2g} 为 T_2 几何平均值，ms；R_d 为最大孔喉半径，μm；ϕ_1 为核磁共振计算的小孔孔隙度，%；ϕ_2 为核磁共振计算的中孔孔隙度，%；ϕ_3 为核磁共振计算的大孔孔隙度，%；S_{wi} 为核磁共振计算的束缚水饱和度，%。

储层流体性质评价主要通过阵列感应测井径向侵入特征结合核磁共振测井移谱构建含油指数识别，在淡水钻井液（$R_{mf}>R_w$）条件下，水层段的阵列感应测井侵入特征常表现出高侵特征，而油层段则常为低侵特征，另外也会在过渡带出现低阻环带的情况。通过提取目的层阵列感应测井 6 条曲线的特征值，在临河坳陷古近系临河组制作了阵列感应电阻率径向变化的模式图（图 2-13），用于研究油水层径向侵入变化规律，辅助定性识别油水层，通过径向电阻率剖面的精细描述识别油气水层，准确性明显提高；针对高矿化度地层水、盐水钻井液（$R_{mf}<R_w$）的影响，阵列感应测井的径向侵入特征不能完全反映储层油水特征。依据侧向测井和感应测井原理的不同，采用双侧向测井—高分辨率感应测井联测技术，对储层流体性质进行有效识别（图 2-14）。

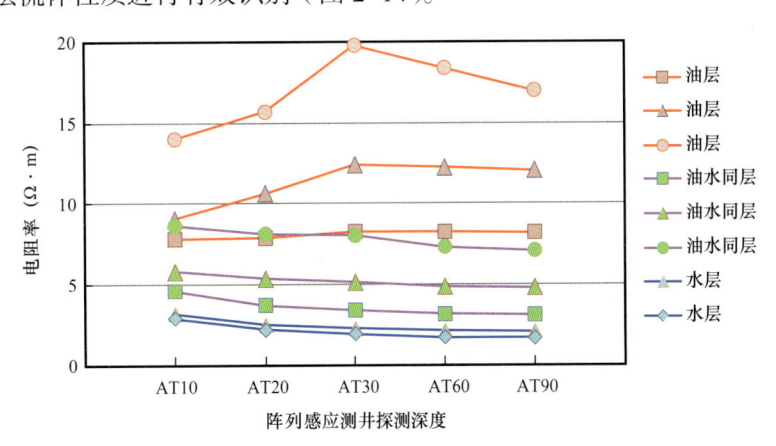

图 2-13 阵列感应测井径向变化模式图

由于区域内目的地层孔隙度一般大于 12%，根据油、水扩散系数的差异，基于核磁共振谱形收缩程度，采用核磁共振移谱法构建移谱含油指数，更有利于储层流体性质识别。增强扩散法是利用中质油（1mPa·s＜黏度 η＜50mPa·s）与水的扩散差异来确定中质油所占据的孔隙体积的一种方法。通过选择适当的磁场强度 G 和回波间隔 T_E，可以设定油相

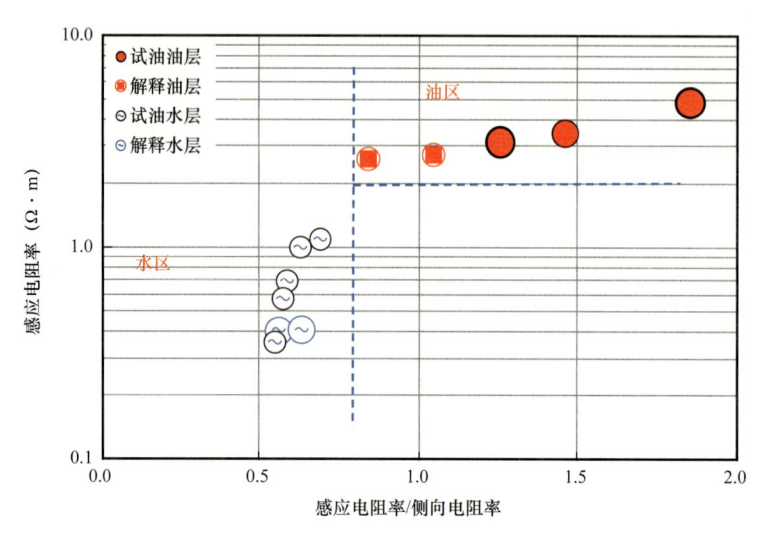

图 2-14　阵列感应测井—高分辨率侧向测井联测流体识别图版

和水相的 T_2 上限值,从而将油与水的 T_2 分布分开。通过对油峰进行面积积分得到移谱含油指数（图 2-15）：

$$S_o = C \frac{\phi_o}{\phi_D} \times 100\% \tag{2-4}$$

式中：S_o 为含油指数；C 为无量纲量,和地区有关；ϕ_D 为有效孔隙度；ϕ_o 为含油孔隙度。

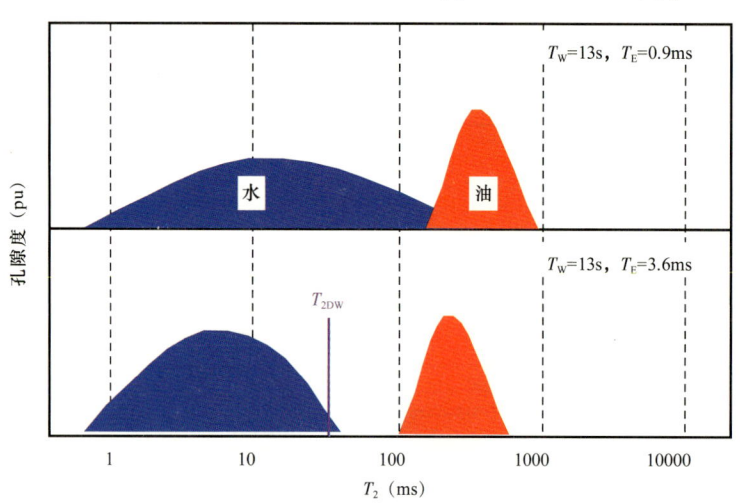

图 2-15　核磁共振移谱法流体识别示意图

为了便于该油区勘探开发,将储层分为 4 种类型：Ⅰ类储层为高产层,Ⅱ类储层为自然产能层,Ⅲ类储层为低产层,Ⅳ类储层为干层。依据储层类型划分标准,结合核磁共振测井得到的移谱含油指数,建立储层综合评价指数—含油指数交会图（图 2-16）,与试油资料相结合,为储层级别划分与产能预测模型建立,提供更为可靠的依据。

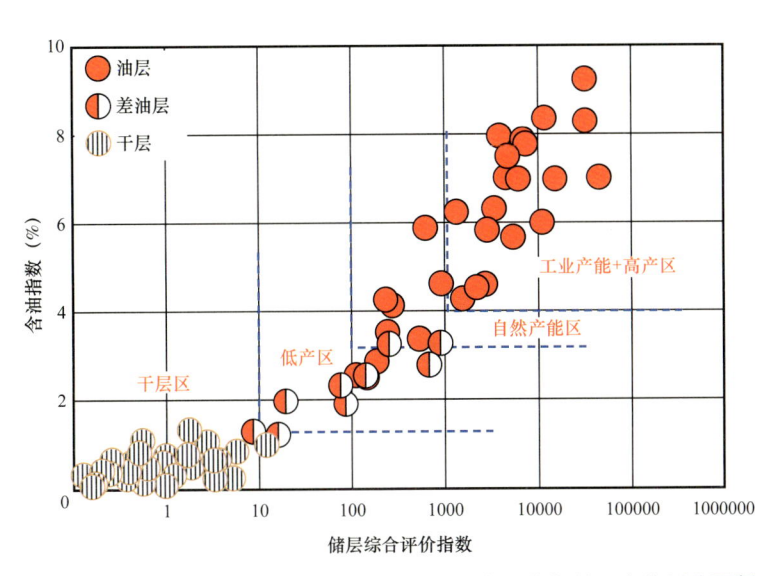

图 2-16 核磁共振测井储层综合评价指数—含油指数储层产能划分图版

兴华 X 井在常规测井的基础上加测了核磁共振测井。该井使用 MRIL-P 型核磁共振测井仪，测量模式设计采用了双等待时间、双回波间隔的 D9TWE3 差谱、移谱模式进行采集。

※ 主要认识

该井在 4100.0m 以浅深层利用"核磁共振测井＋阵列感应测井"评价技术，解释出高品质 I 类油层 117.8m，准确刻画了储层孔隙结构，明确了储层物性控油特征。临一段 III 油组 132 号、133 号层常规测井反映为典型油层特征（R_t 为 5～15Ω·m），核磁共振测井计算的孔隙结构指数高，计算的含油指数和阵列感应测井径向侵入特征都指示了较好的含油性，在储层产能划分图版上落在工业产能及高产区；临二段 V 油组 199～201 号层电阻率较低，常规测井曲线难以识别流体性质（R_t 为 1.3～5Ω·m），从核磁共振测井资料看 200 号、201 号层孔隙结构以小孔发育为主，计算的孔隙结构指数较低，但 199～201 号层核磁共振移谱法含油指数较高，在储层产能划分图版上落在自然产能—高产区域，证明该套储层虽然物性稍差、束缚水含量增高，但仍具有较好的含油性，提升了油层解释准确性（图 2-17）。

从测井特征上看，临一段、临二段油层电阻率差别大。临一段含油储层核磁共振测井分析以中大孔隙为主，岩性纯、物性好、电性高；临二段含油储层核磁共振测井分析孔隙结构发生变化，局部中—小孔隙，束缚水含量增高，电性较低。因此认为临一段物性好，为高阻高品质油层，临二段储层孔隙结构较差，为高束缚水低阻油层。

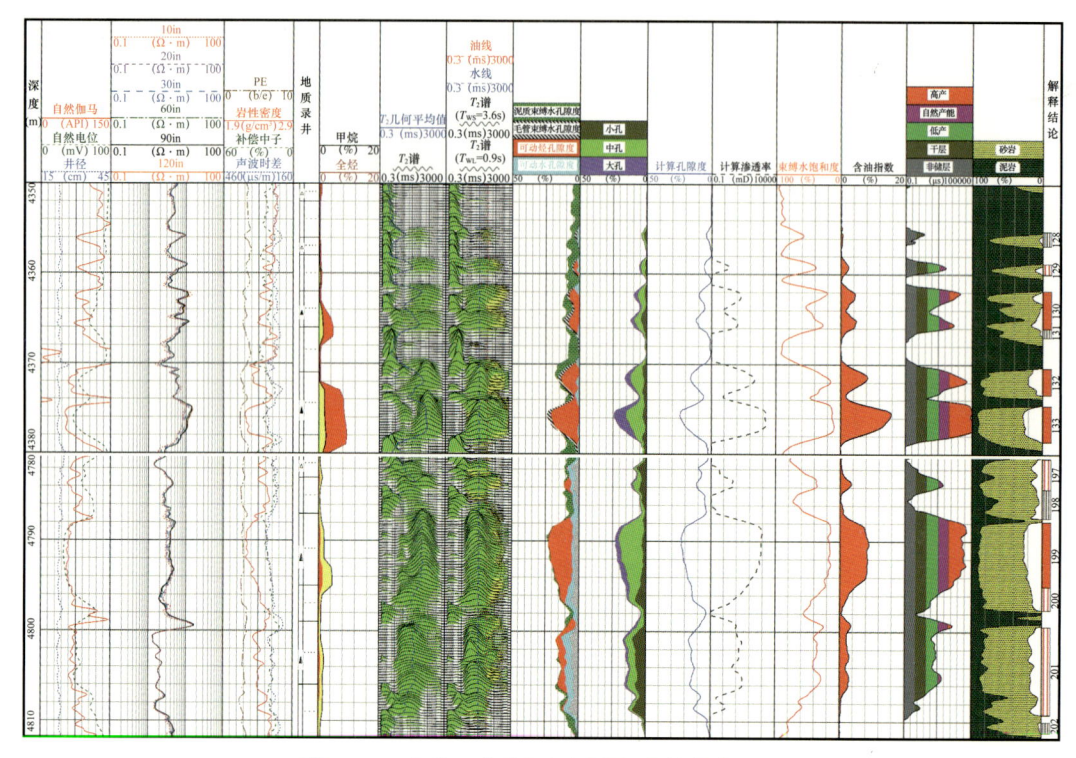

图 2-17 兴华 X 井临河组测井解释综合成果图

※ 效果验证

对兴华 X 井临一段 4370.4~4373.4m、4374.6~4378.6m 井段射孔，使用 4.8mm 油嘴油单放喷，获日产 274.08m³ 高产油流。"核磁共振测井＋阵列感应测井"对兴隆构造带深埋储层储集物性精细表征与油层分级评价技术识别油层效果好，测井综合评价技术助力兴华 X 井勘探的成功。该井成功勘探证实了临河组圈闭可靠，储层发育，整体含油性好，实现了该区带上升盘整体连片的重大突破，对区域下一步的勘探提供了强有力的技术支撑，为进一步扩大临河坳陷中北部兴隆构造带的含油气范围提供依据。

成像测井在海拉尔盆地复杂砂砾岩储层综合评价中的应用

※ 简要背景

赫 X 井是大庆油田按照"加强新区新领域风险勘探"思想指导下，针对海拉尔盆地赫尔洪德凹陷西次凹塔木兰沟组部署的一口预探井。其部署目的是探索塔木兰沟组断块圈闭含油气情况，同时兼探赫尔洪德凹陷烃源岩发育情况，评价资源潜力和含油气远景，主要目的层位是塔木兰沟组。该井设计井深 3430m，2019 年 12 月 2 日开钻，2020 年 6 月 11 日于井深 3700m 完钻，钻井过程中在塔木兰沟组见到含油气显示，完钻层位塔木兰沟组（未穿）。

该井为赫尔洪德凹陷的第二口预探井，具有近物源、多物源、相变快、断裂系统复杂的断陷盆地特点，具有岩性复杂、孔隙结构复杂、流体识别难等难点。

※ 问题及解释要点

海拉尔盆地贝尔湖坳陷赫尔洪德凹陷勘探程度低，只在 20 世纪 80 年代钻探了两口井：一口地质井赫 X1 井、一口探井海参 X 井，在南屯组岩心录井见 0.4m 荧光粉砂质泥岩，试油 12 层均为水层，钻遇塔木兰沟组上部未见含油气显示。包鲁都尔向斜赫 X1 井南屯组揭示到丰度较好的泥岩，但成熟度低。本区二维地震资料质量较差，勘探程度较低，对该区的构造等方面认识不清，所以赫 X 井的钻探存在一定的风险性。

海拉尔盆地属于断陷盆地，具有多物源、近物源、快速堆积的特点，受火山作用影响，岩石从成分到结构变化均较大，造岩矿物类型多样、凝灰质成分普遍存在、储层岩性及孔隙结构复杂；赫尔洪德凹陷勘探程度低，邻区红旗凹陷属于低孔特低渗储层，塔木兰沟组缺乏岩心分析资料，该区未建立油层解释标准；地震反射特征呈现杂乱和连续两套反射特征，根据地震资料及邻区红旗凹陷钻探情况，预测可能为火山岩与沉积岩互层沉积；综上所述，储层岩性解释、流体性质识别成为测井评价面临的最大难题。

※ 新技术、新方法应用

依据前期海拉尔项目研究成果，形成了针对不同层组的测井系列优化建议，赫 X 井在常规测井的基础上，加测了电成像测井、阵列声波测井、核磁共振测井、自然伽马能谱测井、地层元素测井。

应用电成像测井资料对钻井取心进行校深，塔木兰沟组第七、第八筒岩心岩性主要为砂质砾岩、泥质粉砂岩、粉砂质泥岩和凝灰质粉砂岩，岩心 3429.1m 以浅岩性为砂质砾岩，其下为泥岩、泥质粉砂岩和粉砂质泥岩，与成像测井图像3434.1m相对应，第七、第八筒岩心参照成像测井图像下放5.0m，如图2-18所示。取心下放完刚好位于3428.0～3434.2m储层底部，建议在3428.0～3434.2m进行井壁取心，实际取心5颗，获油斑级岩心4颗。

  以常规测井曲线及自然伽马能谱测井曲线为基础，应用电成像测井及元素测井从结构、矿物组分进行岩性识别，塔木兰沟组岩性中上部在砂岩、砂砾岩的基础上含有不等量的火山岩成分，以高阻凝灰为主，底部为火成岩。应用自然伽马测井曲线和硅元素建立了塔木兰沟组砂岩和火成岩识别图版。从图版看，砂岩硅的干重大于0.3kgf/kgf，火成岩小于0.3kgf/kgf。应用TAS图版，结合岩心分析定名，识别出火山岩以中性火成岩和中—酸性火成岩为主。应用以上成果识别出284号层（3428.0～3434.2m）岩性上部为粗砂岩，下部为砂质砾岩，如图2-19所示。

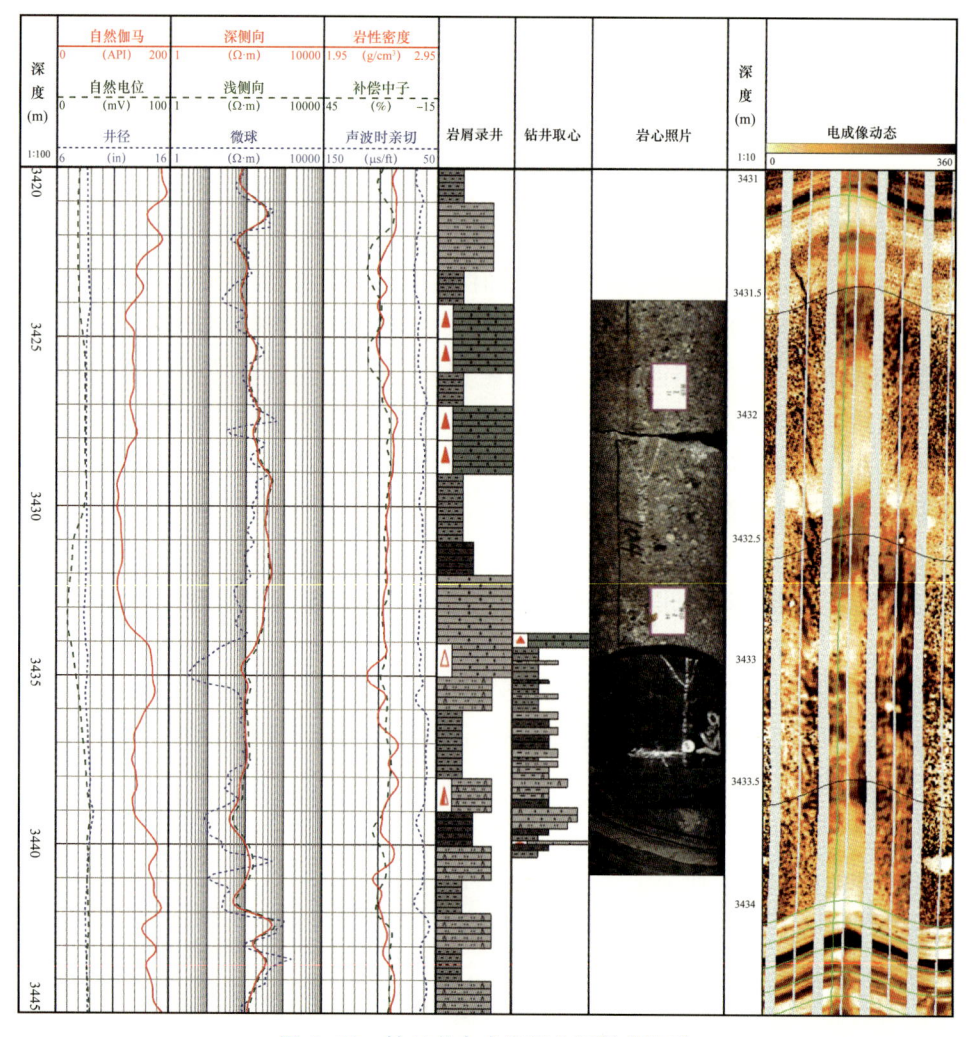

图2-18　赫X井电成像测井解释成果图

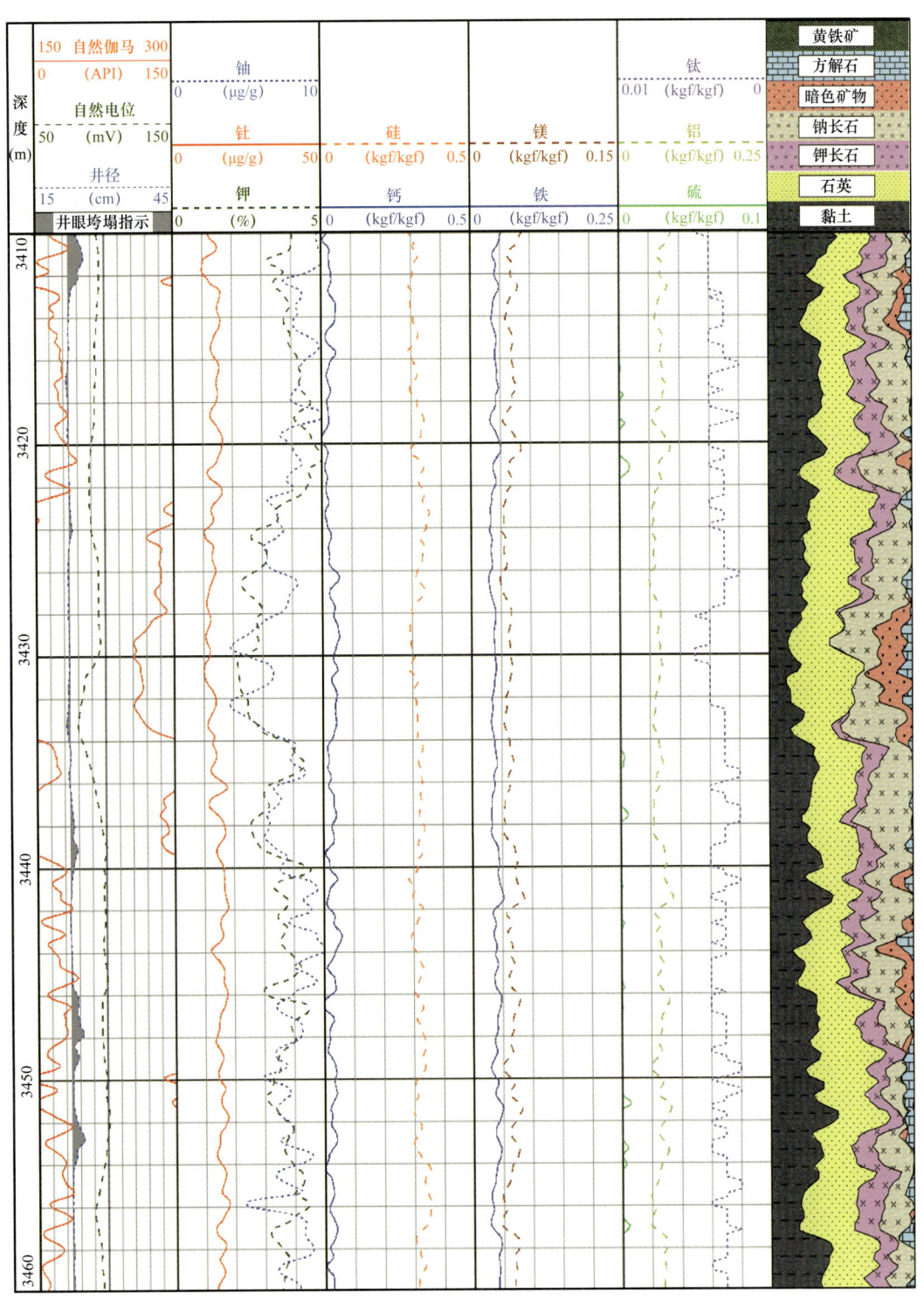

图 2-19 赫 X 井地层元素测井解释成果图

应用核磁共振测井评价储层有效孔隙度及孔隙结构特征。核磁共振测井解释成果显示284号层为赫X井评价最好的储层，核磁共振有效孔隙度最大为8.0%，可动流体孔隙度为5.0%，渗透率约为0.3mD，岩心全直径分析孔隙度为8.7%，渗透率为0.18mD，为低孔特低渗储层，虽然物性较差，但储层以大孔径组分为主（大于128ms占1/2以上），可动流体部分占有效孔隙74.6%，显示孔隙结构较好（图2-20、图2-21）。

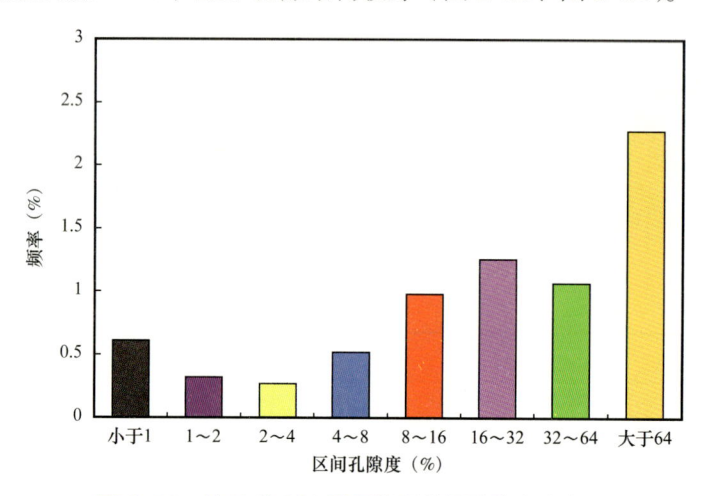

图2-20 赫X井284号层核磁共振孔隙度分布图

常规测井处理成果显示，该层物性整体较差，从上往下物性呈逐渐变好的趋势，电阻率曲线无明显变化，深侧向电阻率为351.0Ω·m，含油饱和度为55%，反映储层具有含油特征。

应用电阻率和孔隙度交会图版识别流体性质，结合成像测井解释成果，综合分析认为该套储层物性较差，常规压裂很难达到工业产能，284号层综合解释为差油层。地层元素测井成果图显示该层脆性矿物含量平均为82.0%左右，应用阵列声波处理成果的岩石力学参数，显示该层破裂压力为57.0MPa，闭合压力为56.0MPa，认为284号层可压性强，建议大规模压裂求产，以获得高产。

※ 主要认识

针对勘探新区新层系的赫尔洪德凹陷塔木兰沟组岩性复杂、物性差，仅依据常规测井曲线开展岩性识别、有效储层划分和流体性质识别难度大。邻井海参X井塔木兰沟组以岩性为安山岩、闪长岩，储层物性差，录井未见含油气显示，测井解释以干层为主。赫X井塔木兰沟组284号层，应用地层元素测井、电成像测井、自然伽马能谱测井结合常规测井曲线，准确识别岩性，核磁共振测井成果显示储层有效孔隙度平均为8.0%，可动流体孔隙占比74.6%，反映储层孔隙结构较好，录井见含油显示，应用成像测井技术提升了油层解释准确性。

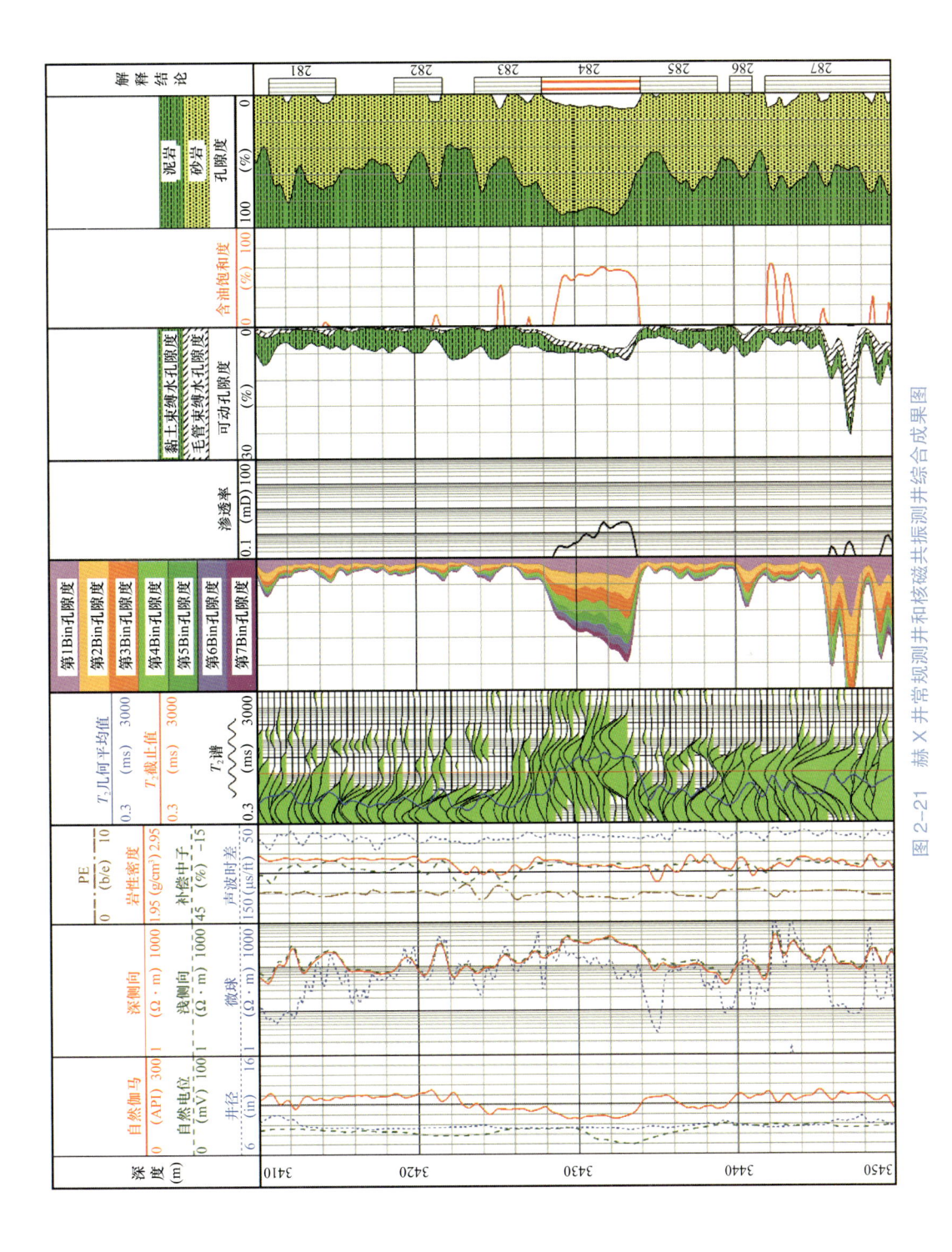

图 2-21 赫 X 井常规测井和核磁共振测井综合成果图

以 284 号层的孔渗条件分析，常规试油难以获得工业油流，需要采用压裂工艺进行储层改造，使用成像测井的井径、方位等数据，及阵列声波测井各向异性成果确定地层最大水平主应力方向主要为北东（50°）—南西（230°）方向，测井计算破裂压力为 57.0MPa，闭合压力为 56.0MPa，为压裂改造提供准确的岩石力学参数。

※ 效果验证

赫 X 井于 2020 年 9 月 9 日—10 月 16 日，在 3428.0~3433.0m 井段射开厚度 5.0m，采用缝网压裂工艺，全井累计打入基液 1480m³、酸 6m³、柴油 45m³、纤维 110kg、粉陶 5m³、40~70 目陶粒 40m³、30~50 目陶粒 27m³、发泡助排剂 60m³，压后水力泵排液求产，获日产油 5.26t 的工业油流。成像测井对储层岩性识别、孔隙结构评价具有较好的应用效果，测井综合评价技术助力赫 X 井勘探成功。该井的突破不仅发现了新的含油气凹陷，更加展示了新层组塔木兰沟组广阔的勘探前景，凹陷区分布面积达 8543km²，综合评价具有 2.5×10^8t 的资源潜力，对区域下一步勘探提供强有力的技术支持。

CPLog 全系列测井助力博孜区块低阻低对比度油气层评价

※ 简要背景

博孜 X 井是塔里木油田勘探事业部在新疆维吾尔自治区阿克苏地区沙雅温宿县部署的一口评价井，构造位于塔里木盆地库车坳陷克拉苏构造带克深断裂带博孜 15 号构造东翼；设计井深 5047m，2020 年 9 月 20 日完钻，完钻井深 5020.0m，目的层位为白垩系巴什基奇克组、巴西改组，完钻层位为白垩系舒善河组。该井钻探目的是进一步落实北翼断层封堵性，评价博孜 X 气藏规模；获取钻井地质资料，为该区构造地质建模、地震速度场研究、油气藏特征研究提供资料和依据；搞清白垩系巴什基奇克组和巴西改组储层纵横向变化情况。

※ 问题及解释要点

博孜 X 井工况复杂，录井过程中共提供异常预报 28 次，其中悬重异常 26 次（挂卡 7 次、遇阻 19 次）、池体积异常 2 次（溢流 1 次、井漏 1 次），测井过程中分别在不同井深处遇阻 5 次。采用了中油测井 CPLog 高温高压小井眼测井仪，其耐温耐压指标为 170MPa、175℃（20h），适用最小井眼 5in，成功采集了阵列侧向、阵列感应、放射性等常规测井资料及微电阻率扫描成像测井（MCI）、阵列声波测井（XMAC-F1）资料，且资料质量全优，推动了国产测井仪器在三超井中的应用。博孜区块属低孔、超低渗储层，因储层岩性、孔隙结构复杂等原因导致该区油气层电阻率与水层电阻率差异小，流体性质识别困难。

※ 新技术、新方法应用

针对博孜区块储层评价难点，采用阵列侧向测井、阵列感应测井联测及岩性扫描测井、声波测井、电成像测井多信息集成，准确评价岩性划分储层，识别流体性质。侧向测井、感应测井联测识别流体性质的机理如下。

侧向测井（电流式、串联电路）——电流式用欧姆定律：

$$R_{\log}=R_\mathrm{m}+R_\mathrm{t}+R_\mathrm{i} \qquad (2-5)$$

感应测井（线圈式、并联电路）——线圈式用电磁感应原理：

$$\frac{1}{R_{\log}} = \frac{1}{R_{m}} + \frac{1}{R_{t}} + \frac{1}{R_{i}} \tag{2-6}$$

式中：$R_{\log}$ 为测量电阻率；R_{m} 为钻井液电阻率；R_{t} 为地层真电阻率；R_{i} 为侵入带电阻率。

对于油气层段，侧向电阻率与感应电阻率曲线基本重合或有很小的差异；对于水层段，侧向电阻率和感应电阻率差异明显。

※ 主要认识

博孜 X 井目的层顶部电阻率较高，均大于 10Ω·m，基质孔隙度大于 5%，岩性扫描测井评价结果显示岩石为石英砂岩，钙质含量较高；电成像测井显示裂缝发育，阵列声波测井的斯通利波幅度衰减较弱，各向异性较弱，指示裂缝有效性差，泊松比、纵横波速比在 4843m 以深无含气指示；深侧向测井、深感应测井在 4843m 以深差异明显，指示含水。综合分析，电阻率较高原因有两方面：一是物性差；二是钙质含量高，非油气响应特征。因此，该段储层测井综合解释为含气水层。

第 4 层深感应电阻率 7.8Ω·m，孔隙度 7.3%，电成像测井成果图上可见 2 条裂缝，但斯通利波幅度衰减非常弱，深侧向测井曲线和阵列感应测井深探测电阻率曲线基本重合，指示储层物性较差，气测有含气显示，阵列声波测井纵横波速度比有一定的含气指示，综合解释为差气层。

物性最好的第 8 层受井眼影响相对较小，基质孔隙度平均为 8%，物性最好的储层段孔隙度 11.2%，深感应电阻率明显降低，为 4.2Ω·m，气测显示最好，但岩性扫描测井显示钙质含量比较高（会使电阻率升高）；电成像测井曲线显示裂缝发育，阵列声波测井的斯通利波幅度衰减较弱，各向异性较弱，指示裂缝有效性差，阵列声波测井纵横波速度比无含气显示，侧向电阻率/感应电阻率差异明显，指示为含水，该层综合解释为含气水层（图 2-22）。

※ 效果验证

在 4838~4885m 井段压裂测试，连续"油管+氮气气举"，气举深度 2800m，泵压 7.750MPa，注气量 26450m³/d，油压 0.307MPa，日产液 29.2m³，日产油 0，日产水 29.2m³，测试结论含气水层，证明侧向测井、感应测井联测法在物性较好的低对比度储层流体识别方面效果较好。

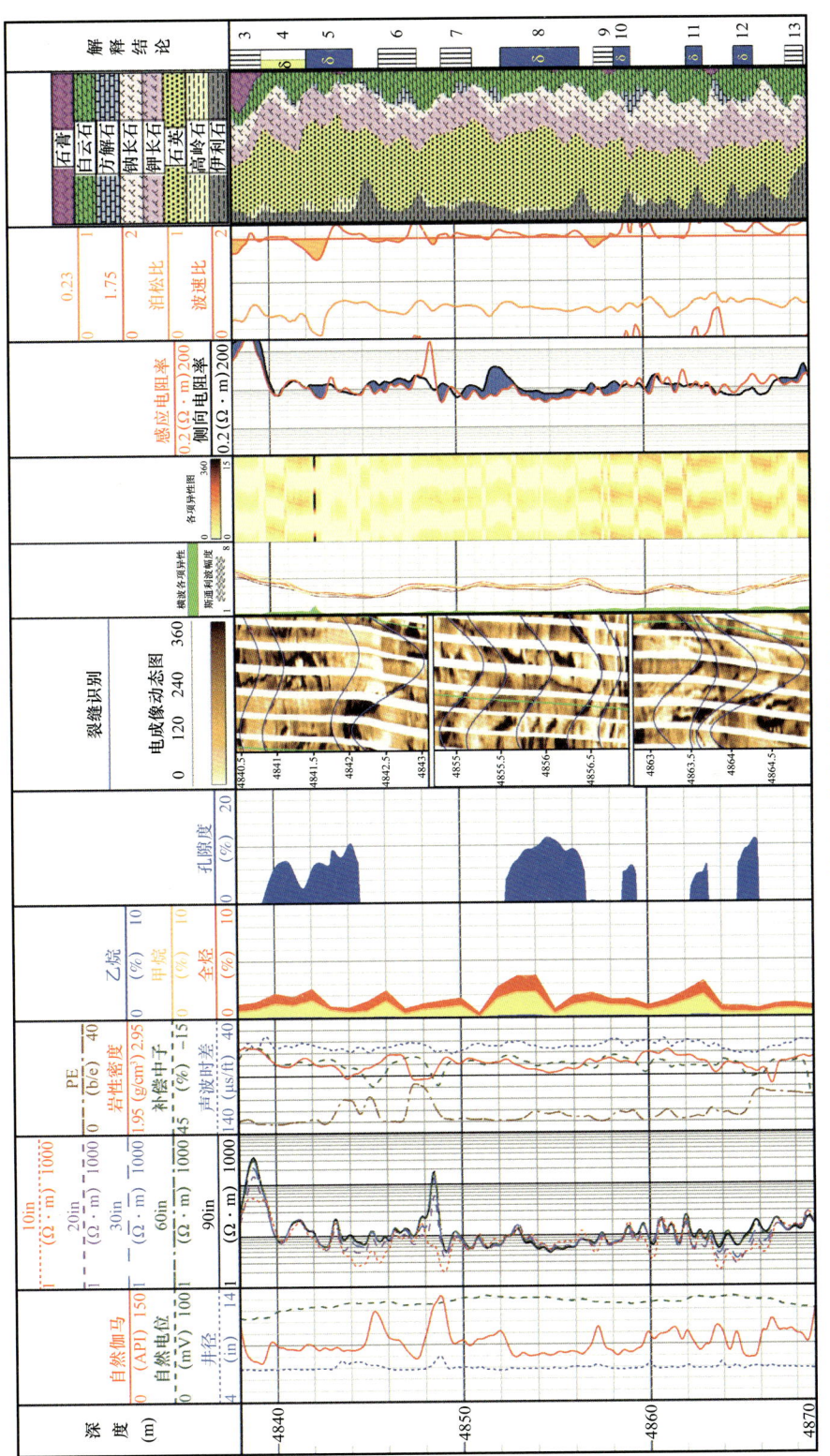

图 2-22 博孜 X 井巴什基奇克组综合评价成果图

海水基钻井液条件下测井资料综合评价技术在埕海油田的应用

※ 简要背景

埕海 X 井是大港油田勘探事业部在河北省黄骅市海域埕海 X1 井东南约 1070m 部署的一口评价井，构造位置为埕海油田埕海 X 区块。该井钻探目的和任务为评价埕海 X 区块埕海 X 断块沙二段、沙三段的产能情况。该井目的层为 Es_2、Es_3^1，兼探 Es_1 下油组，设计井深 4408.0m，完钻深度 4429.0m，完钻层位为沙三段。

※ 问题及解释要点

钻井过程中，当钻井液柱压力大于地层孔隙压力，钻井液滤液在渗透压差的作用下，驱替近井筒地层中的原生流体，改变地层流体径向分布，造成地层电阻率的变化，不能真实地反应原状地层信息。

大港油田近海及滩海地区长期大规模使用海水基钻井液钻井，导致复杂井况下由于钻井液侵入造成的低阻或超低阻油气藏，成为储层评价的主要难点，严重影响测井解释成功率。常规测井评价方法着重于响应特征的变化，在早期勘探过程中取得过一定的成效，但随着钻井液盐分含量逐年升高，侵入问题更加突显，应用效果受到较大的局限。埕海 X 井在钻井施工中为提高油层钻遇率，前后经过两次地层对比测井，显示钻井液侵入较深对地层视电阻率影响大，无法准确判断原始地层的电性特征。

※ 新技术、新方法应用

针对海水基钻井液侵入评价难点，需要综合分析侵入规律、控制因素、油气恢复等特征，根据测井响应敏感信息，结合录井资料，提出了集成电阻率校正法、纵向模式判别法、测录井跨学科融合法及套后曲线对比法为一体的、完整的海水基钻井液测井综合评价体系。其中，电阻率校正法将实验数据与测井资料相结合，根据五参数阶跃侵入剖面，建立相应的测井响应方程，进而反演出真实的地层电阻信息。随着钻井液侵入深度增加，该方法的有效性逐渐降低。纵向模式判别法是根据层内非均质性对钻井液冲洗程度的控制作用，造成剩余油分布不均匀现象，在孔隙结构聚类分析基础上，结合岩性校正形成判别因子，定量描述地层特征，突出纵向矛盾性的模式识别方法。测录井跨学科融合法是利用录井资料具有实时性的特点，将储层的测井响应特征与气测派生参数相结合，减小钻井液侵入的影响，形成了跨学科协作的综合评价法。套后测井曲线对比法是依据固井前后同一井段不同时期油气在井筒附近聚集状态不同，对比两次测井曲线识别地层流体性质的方法。该评价体系在大港油田生产评价中取得了良好的应用效果，多口井试油获得高产，为油田整体开发提供了有效的技术支撑。

根据埕海 X 井测井资料，将实验侵入规律认识作为初始条件，通过"数字岩心"图像形态学技术开展钻井液侵入规律理论模拟，得到钻井液侵入过程中地层电性剖面变化模型，为探索储层钻井液侵入机理研究提供关键支撑，如图 2-23 所示。电阻率校正法基于实验分析和"数字岩心"钻井液侵入模拟技术，从微尺度放大到宏尺度模拟实际地层侵入变化规律，针对高分辨率阵列感应测井系列，建立了包括冲洗带电阻率 R_{xo}、侵入带电阻率 R_i、原状地层电阻率 R_t、冲洗带半径 D_{xo}、侵入带半径 D_i 的五参数台阶式侵入剖面（图 2-24）和相应的测井响应方程，进行电阻率反演侵入校正。

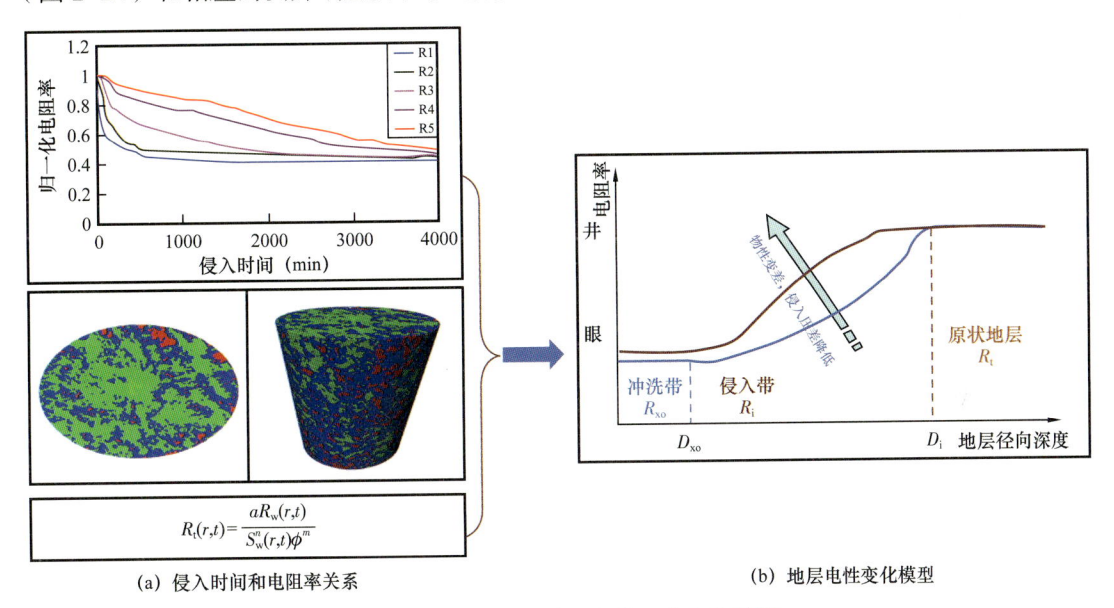

(a) 侵入时间和电阻率关系

(b) 地层电性变化模型

图 2-23 盐水钻井液侵入电阻率变化模型

$$R_t = \frac{R_a - J_{xo}R_{xo} - (J_i - J_{xo})R_i}{1 - J_i} \quad (2-7)$$

式中：J_{xo}，J_i 分别为相应冲洗带深度、侵入带深度对应的横向积分几何因子；R_t 为校正后的地层电阻率；R_a 为视原状地层电阻率。

阵列感应测井曲线通过数值分析，可得到冲洗带电阻率、侵入带电阻率、视原状地层电阻率。横向积分几何因子主要与侵入深

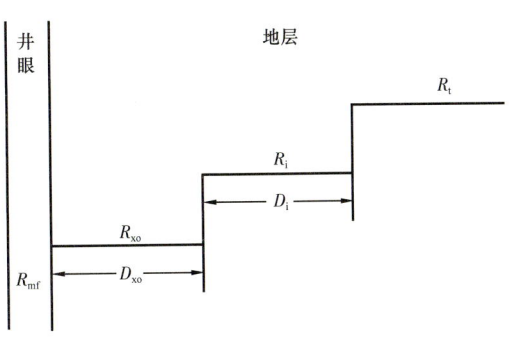

图 2-24 五参数阶跃侵入剖面示意图

度相关（图2-25）。侵入深度的确定是基于实际储层钻井液侵入数值模拟的结果与阵列感应测井响应关系，采用差比法进行：

$$D_i = f\left(\frac{M2Ri\text{-}M2R1}{M2RX\text{-}M2R1}, \frac{\phi}{K}\right) \quad i=1, 2, 3, 4 \quad （2\text{-}8）$$

式中：D_i 为不同探测深度对应的侵入深度，m；M2R1 为 10in 径向探测深度电阻率曲线，$\Omega\cdot m$；M2RX 为 120in 径向探测深度电阻率曲线，$\Omega\cdot m$；M2Ri 分别代表 20in、30in、60in、90in 径向探测深度电阻率曲线。

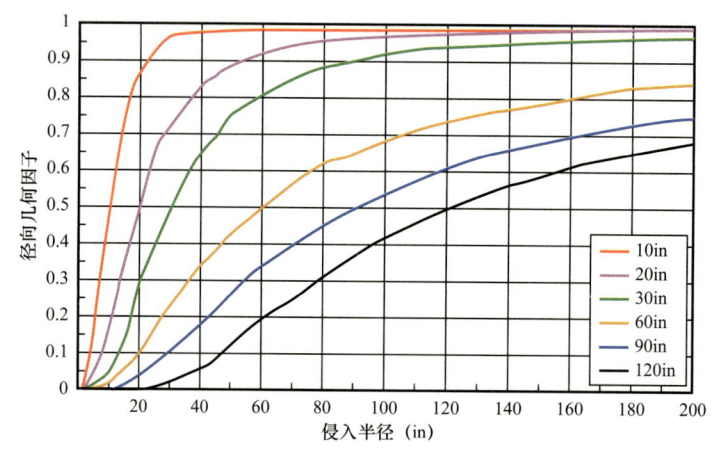

图 2-25 横向积分几何因子与侵入深度关系

钻井液侵入储层是一个复杂的物理过程，研究表明：钻井液滤液电阻率与地层水矿化度共同影响储层电性特征。钻井液侵入储层达到稳定状态以后，储层电阻率的变化主要受 R_{mf}/R_w 控制。当 $R_{mf}/R_w>3.2$ 时，侵入使油层电性增高，测井电阻率会出现低阻环带甚至油层负差异的现象；当 $R_{mf}/R_w \leqslant 3.2$ 时，侵入使油层电性降低，测井电阻率曲线呈现正差异现象。沉积环境和储层特征不同，该变化的分界值也会有所不同。

※ 主要认识

埕海 X 井 62 号层受咸水钻井液侵入影响，深电阻率仅 $8\Omega\cdot m$，高于水层深电阻率（$4\sim 5\Omega\cdot m$），但电阻增大率较小，达不到油层解释标准。通过海水基钻井液电阻率反演侵入校正后，其深电阻率可达 $30\Omega\cdot m$，远高于标准水层的电阻率，因此综合评价为油层，如图 2-26 所示。与 62 号层相比，64 号层岩性偏细、物性略差，校正前后电阻率数值差异偏小，反映该层受咸水钻井液侵入影响要小于 62 号层。该层受钻井液侵入非均质性影响，电阻率曲线形态变化起伏较大，但数值整体较高，物性较好处电阻率高达 $60\Omega\cdot m$ 以上，高于区域油层解释标准，反映储层含油饱满，因此综合评价为油层。

在海水基钻井液的测量环境中，侵入可能会导致储层电阻率大幅度降低，进而直接影响储层测井解释评价的准确性。埕海 X 井在钻井液侵入规律分析的基础上，详细分析电阻率变化特征，结合实际测井曲线，采用海水基钻井液电阻率反演侵入校正技术，有效地反演计算出原状地层电阻率，为储层综合评价提供了可靠的依据。

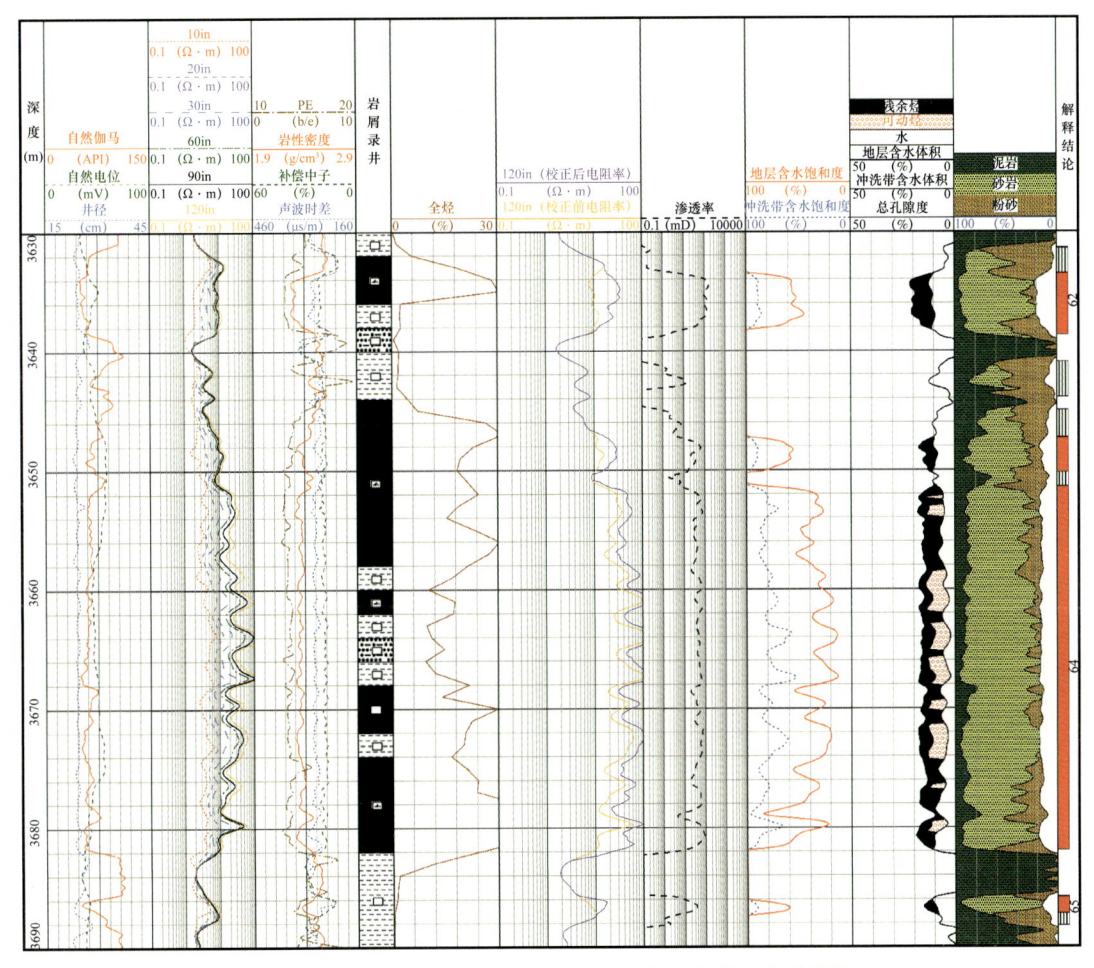

图 2-26　埕海 X 井沙二段上亚段油组电阻率校正法成果图

※ 效果验证

该井对沙二段上亚段 62 号、64 号层（垂深 3076.0~3116.0m）试油，使用 16mm 油嘴自喷，日产油 535t，日产气 $11.4\times10^4\text{m}^3$。该井试油获得特高产，表明通过海水基钻井液电阻率反演侵入校正技术进行电阻率校正，能更为准确地判断原状地层电阻率，可有效开展储层精细评价。同时，也证实了大港油田埕海三区高效升级动用的潜力，为油公司原油增储上产增添了动力。

成像测井在辽河油田滩海咸水钻井液条件下低阻储层流体识别中的应用

※ 简要背景

月探 X 井是辽河油田滩海海域部署的一口风险探井，构造位于盖州滩构造带南段盖南 1 块。该井勘探目的和任务是评价盖州滩断裂带东营组油气含量，探索沙河街组近岸水下扇含油气情况。完钻深度为 4500m，完钻层位为沙三段。

※ 问题及解释要点

该井位于辽河油田滩海东部海月斜坡构造带南段，勘探程度低，构造变化大，地层分布变化大，区域内横向和纵向物性变化大，孔隙结构复杂。钻井采用海水钻井液，钻井液电阻率 $0.09\Omega\cdot m$（20℃），高矿化度钻井液滤液侵入造成常规孔隙度、电阻率关系识别及评价油气层困难。2726.1~2766.0m 井段为东营组，该层为河流相沉积，测井岩性为细砂岩。

从常规测井曲线上看，东营组储层电阻率 $8\sim18\Omega\cdot m$，受高矿化度钻井液侵入影响，电阻率明显降低，区域上无有效油、水识别解释图版，多相流体识别难度更大。

※ 新技术、新方法应用

钻井采用海水钻井液，高矿化度钻井液侵入导致储层电阻率明显降低，双侧向电阻率不能反映原状地层电性特征，且导致油层电阻率与水层电阻率差异小或电阻增大率低，在电性曲线上难以准确划分，仅依据常规测井曲线识别储层流体性质难度大。该井在常规测井的基础上针对流体性质识别问题选择增加阵列感应测井、核磁共振测井、阵列声波测井。阵列感应测井探测深度远大于深侧向测井，在咸水钻井液侵入情况下，阵列感应测井能较好地反映原状地层的电阻率；区域内目的地层孔隙度一般大于 15%，根据区域油、水极化时间及扩散系数的差异，采用核磁共振差谱法可准确获得含油气储层孔隙度，移谱法更有利于储层流体性质识别，核磁共振测井设计采用了双等待时间、双回波间隔的 D9TWE3 模式进行采集；阵列声波测井主要用于地层各向异性评价、岩石力学参数计算等，通过地层各向异性解释可对地层地应力、裂缝发育情况进行评价，岩石物理参数计算可对后期压裂改造提供改造参数指导。由于气、水层在物理性质上的差异，阵列声波测井在储层含气性评价上也有较好应用。

以上成像测井中，阵列感应测井、核磁共振测井、阵列声波测井分别使用了 HDIL、MRIL-P 型、XMAC-II 井下仪器进行采集，处理系统为 CIFLog-GeoMatrix、eXpress 测井综合处理平台。

※ 主要认识

2750.0～2766.0m 井段为东营组，地层水电阻率选取依据邻井的水分析资料，东营组地层水电阻率为 $1.5\Omega\cdot m$，其中 27 层、29 层、30 层 T_2 谱展布较窄，束缚峰相对饱满，长回波间隔 T_2 谱前移较快，形态收敛。根据油、气、水三种流体的移谱特征不同，区域水层移谱拖曳在 100ms，油层的移谱前移较水层有明显的拖曳现象，气层较水的移谱前移更快，对比长回波间隔 T_2 谱特征，可以看到移谱前移较快，符合气层的移谱特征；阵列感应测井深探测电阻率受咸水钻井液影响小，不同探测深度感应测井曲线在泥岩段基本重合，在渗透层从 10in 到 120in 探测深度电阻率曲线均有明显差异，浅探测感应测井曲线受钻井液影响大，电阻率偏低，差异幅度大，深探测感应测井曲线更接近地层真电阻率，利用 2ft 纵向分辨率 120in 深探测电阻率与深侧向电阻率曲线及比值分析，在非渗透层及水层两者基本重合，深探测电阻率与深侧向电阻率比值在 1 附近，而气层深探测电阻率明显大于深侧向电阻率，二者比值大于 1.5；阵列声波测井纵横波速度比明显减小，在 1.55～1.8 之间，反应储层有一定含气性，结合常规测井的物性、电性特征，地层电阻率较高，储层物性较好，且具有一定挖掘效应，综合成像测井认识，认为储层主要流体类型为气，解释为气层（图 2-27）。

第 31 层，T_2 谱展布较宽，拖尾靠后，长回波间隔 T_2 谱达到 200ms，有明显拖曳现象。根据油、气、水三种流体的移谱特征不同，符合油层的移谱特征，阵列感应测井深探测电阻率大于深侧向电阻率，二者比值大于 1.5，结合常规测井的物性、电性特征，电阻率高，储层物性好，挖掘效应不明显，综合成像测井认识，认为储层主要流体类型为油，解释为油层（图 2-27）。

※ 效果验证

该井东营组 2750.0～2755.0m、2758.5～2760.0m、2761.0～2766.0m 试油，使用 7.94mm 油嘴自喷求产，油压稳定 17MPa，求产 2h，折算日产气 136687m^3，日产油 66m^3；使用 11.1mm 油嘴求产，油压稳定 15.5MPa，求产 0.5h，折算日产气 220460m^3，日产油 76.8m^3，验证了成像测井综合解释对储层复杂流体类型的准确识别。

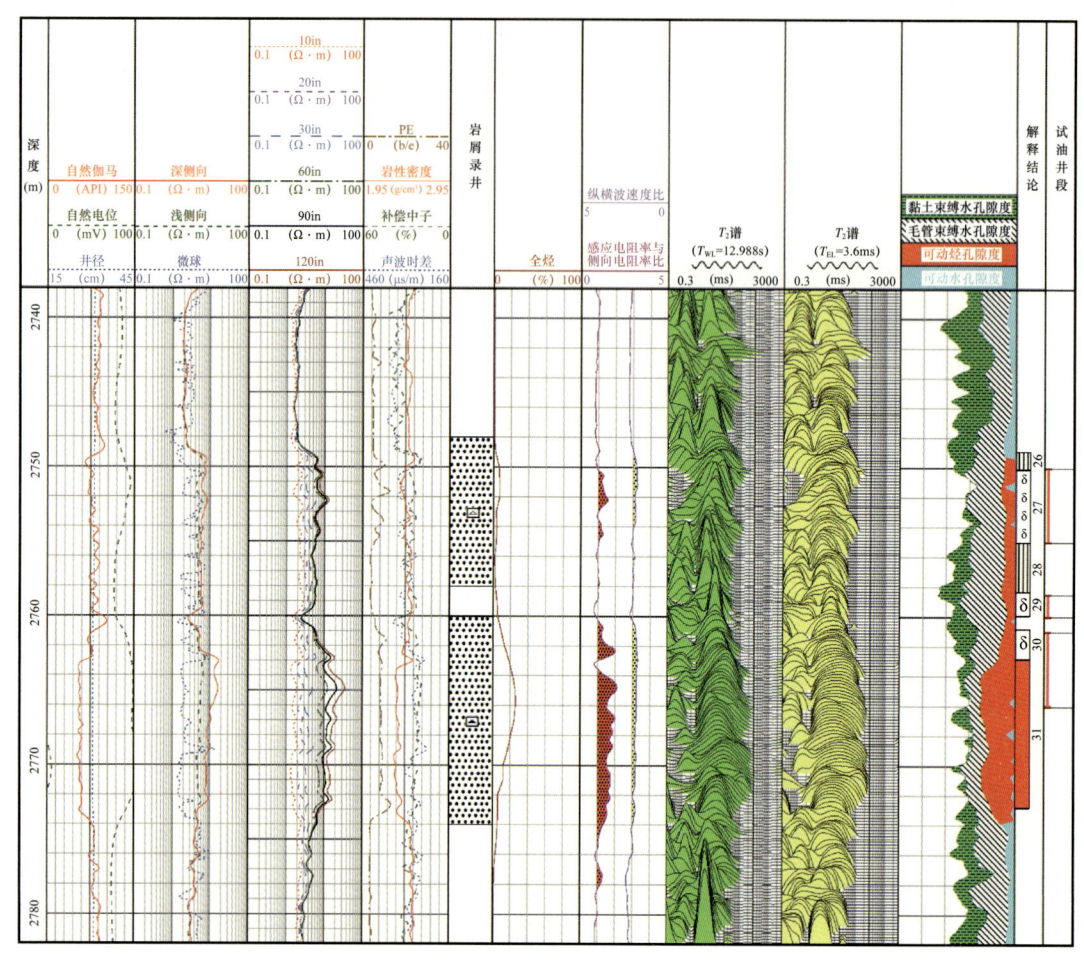

图 2-27 月探 X 井东营组成像测井解释应用效果图

成像测井在伊通盆地致密气储层的综合应用

※ 简要背景

波探 X 井是位于吉林省吉林市永吉县的一口探井，构造位于伊通盆地岔路河断陷的波—太凹陷内。该井钻探目的是预探波—太地区奢岭组一段含油气性，兼顾双阳组二段、基岩含油气性，落实规模储量，完钻井深 4539m。

※ 问题及解释要点

该井位于伊通盆地的二级构造单元波—太凹陷内，双阳组与奢岭组发育近千米优质烃源岩，油气源充足。双阳组受多条北东向正断层控制，凹陷内形成断层—岩性圈闭、岩性圈闭；双阳组二段由泥岩、粉砂质泥岩、泥质粉砂岩及粉砂岩组成不等厚互层。单砂体厚度在 8～12m 之间，最大厚度 18m，储层物性条件较好，孔隙度 5.5%～9.8%，渗透率 0.01～4mD，属特低孔特低渗储层。

该井双三段、双二段砂岩发育，自然伽马值较低，在 45～60API 之间，最高在 90API 左右；电阻率属于低到中等，在 10～50Ω·m 之间，最高为 70Ω·m；砂岩层内中子曲线、密度曲线叠置，有明显的包络面积，密度曲线受井眼影响明显，层内孔隙度变化大，密度在 2.3～2.51 g/cm³ 之间。由于压实作用影响，声波时差计算孔隙度偏低，因此准确计算孔隙度、求准气层饱和度是测井解释要点。

※ 新技术、新方法应用

该井在常规测井基础上，还采集了核磁共振测井、偶极声波测井和地层元素测井资料，解决了该区孔隙度和含气饱和度准确计算的问题。应用地层元素测井资料判断岩性，计算储层骨架参数；应用核磁共振测井资料判断储层物性，再与偶极声波测井结合判断储层含气性。

双三段 207 号层岩性为细砂岩；自然伽马值在 60API 左右，阵列感应测井值在 20～32Ω·m 之间，声波时差 226μs/m，密度 2.45g/cm³，补偿中子测井值 6%。应用地层元素测井确定该层岩性以石英为主，钾长石为辅，含少量方解石和钠长石，应用变骨架参数计算孔隙度为 10%，与核磁共振有效孔隙度一致。核磁共振总孔隙度 12%，有效孔隙度 10%，可动流体孔隙度大于 3.8%，说明该层孔渗条件好；从核磁共振测井图上可看到该层 T_2 谱峰较高，根据移谱重叠差异，判断该层具有含气特征。另外，该层核磁共振孔隙度明显低于密度孔隙度，阵列声波测井的体积模量—泊松比、纵横波速度比—纵波时差重叠有含气性指示，综合分析207号层解释为气层，如图2-28所示。

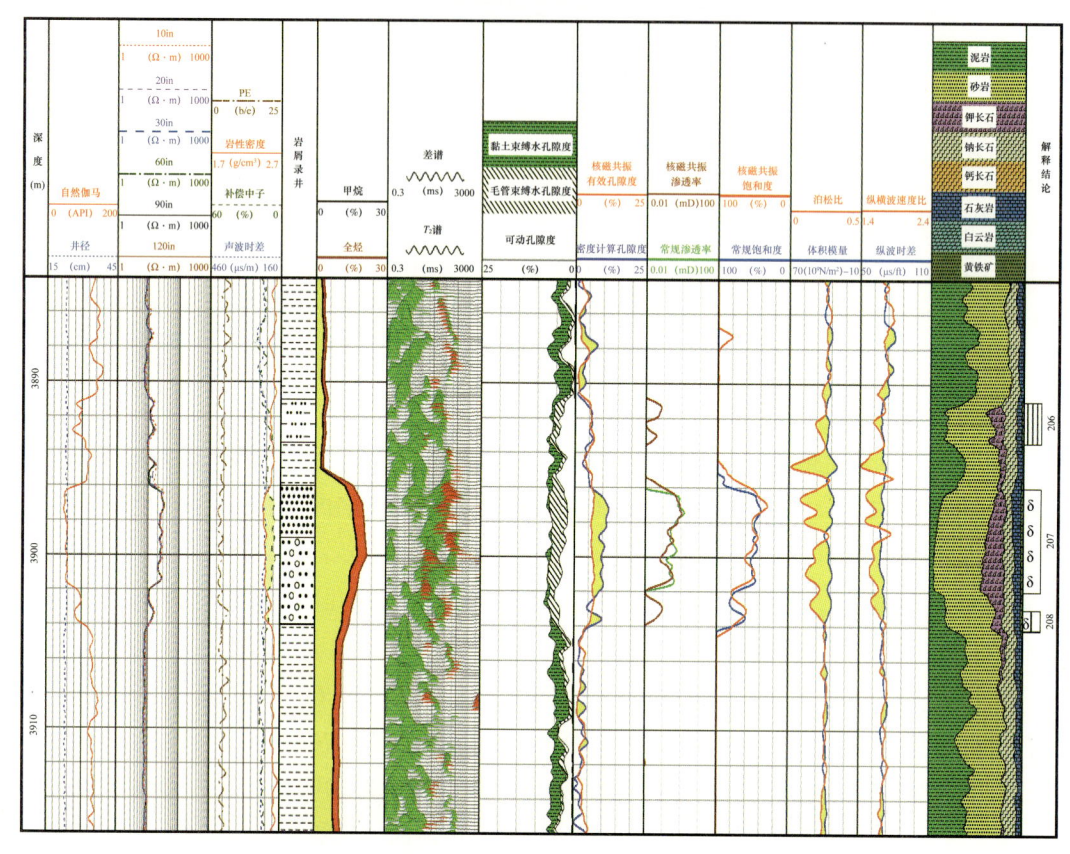

图2-28　波探X井双三段成像测井解释应用效果图

双二段213号、215号、216号层岩性为含砾细砂岩。应用地层元素测井确定上述层岩性以石英为主，钾长石为辅，含少量方解石。其自然伽马值在60API左右，阵列感应测井值在20~50Ω·m之间，声波时差在215~226μs/m之间，密度在2.37~2.45g/cm³之间，补偿中子测井值在3%~8%之间。综合分析得出，这几层井眼扩径、密度较低，利用变骨架参数计算的有效孔隙度和密度孔隙度均高于核磁共振孔隙度。从核磁共振差谱图上可看到有明显的差谱信号，另外阵列声波测井的体积模量—泊松比、纵横波速度比—纵波时差重叠，有含气性指示，综合分析将213号、215号、216号层解释为气层，如图2-29所示。

※ 效果验证

对该井双二段、双三段216号、215号、213号、207号层试油，定产：放喷测气，使用油嘴6mm求产，井口压力13.48MPa，孔板38.1mm，折日产气2.0453×10⁴m³，油少量，累计产水1652.4m³，欠排1464.5m³，返排率53%。验证了成像测井综合解释成果对储层流体性质识别的准确性。

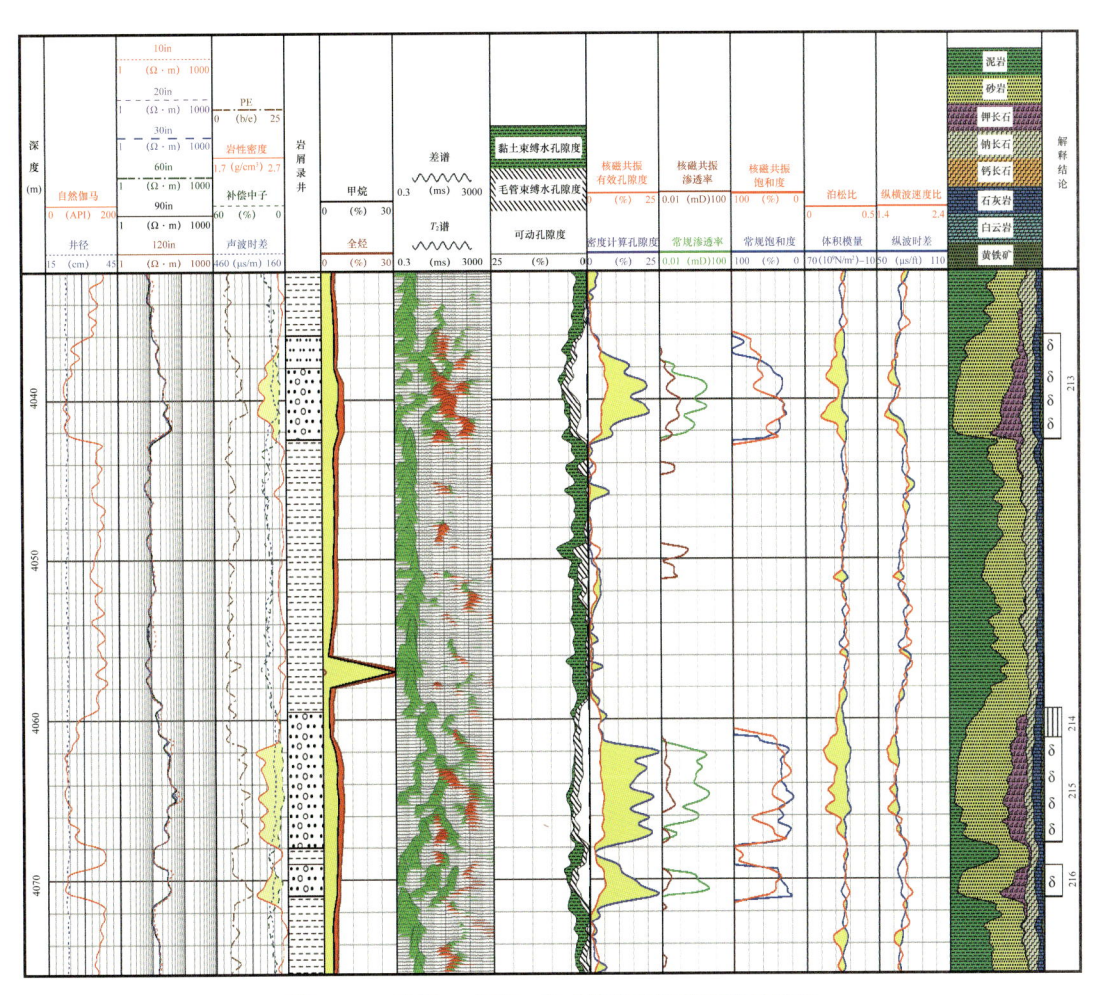

图 2-29 波探 X 井双二段成像测井解释应用效果图

第三章
碳酸盐岩典型应用案例

　　我国塔里木、四川、鄂尔多斯、渤海湾等盆地海相碳酸盐岩储层缝洞发育、组分复杂、非均质性强，部分储层含沥青；柴达木盆地湖相碳酸盐岩则具有灰、云、泥、膏、盐等混积特征。针对碳酸盐岩测井评价面临的"缝洞刻画、孔隙结构评价、产能评价、流体识别"等难题，中油测井推出了"高精度数控一串测＋微电阻率成像＋声波远探测＋阵列侧向为必测项目、地层元素＋核磁共振为选测项目"的碳酸盐岩测井采集系列，基本形成了"井筒—近井眼—井旁"的缝洞定量表征及碳酸盐岩综合评价技术体系，有力支持了碳酸盐岩油藏的勘探开发。

成像测井在鄂尔多斯盆地致密碳酸盐岩储层评价中的应用

※ 简要背景

桃 X 井是长庆油田天然气勘探项目组在陕西省榆林市榆阳区部署的一口预探井，构造位于鄂尔多斯盆地伊陕斜坡。该井钻探目的和任务是查明该区马家沟组马五$_{5-10}$亚段风化壳储层发育及含气情况，兼探盒 8 段、山 1 段储层，完钻井深 3460.0m，层位为马家沟组马五段。

※ 问题及解释要点

该井工区位于毛乌素沙漠区，该区马家沟组上组合普遍发育白云岩储层。溶蚀孔发育程度低，储层致密，孔隙度小于 5%，储集空间类型多，主要为晶间孔，其次为溶蚀孔，局部可见少量膏模孔、晶间微孔和构造裂缝。其中，裂缝储层孔隙度低、产量高；晶间孔储层渗透率低、产量低。溶孔发育的储层孔隙度变化大，渗透率高、产量高。

晶间孔、铸模孔发育对储层的物性影响较大，晶间孔储层渗透率低，铸模孔孔隙直径大，渗透率高。因此该区碳酸盐岩储层物性评价，尤其是渗透率评价是难点。其次高角度裂缝普遍发育，单独基于电阻率进行气水识别存在较大难度。该井马五$_5$亚段（3094.7～3103.6m）岩性为白云岩，岩石成分以白云石为主，常规测井显示马五$_5$储层声波时差 158.62～181.62μs/m，电阻率 188.04～1066.89Ω·m，密度 2.62～2.77g/cm³，显示储层较致密，电阻率中等。准确评价马五$_5$储层的物性及含气性是测井解释要点。

※ 新技术、新方法应用

挖掘系数法的基本原理是碳酸盐岩储层含气饱和度越高，挖掘效应越明显，可以量化挖掘效应，其计算公式为：

$$E_{ve} = \frac{\phi}{\mathrm{CNL}-C} = \frac{\phi}{\mathrm{CNL}-V_{ma}I_{HNma}} = \frac{1}{I_{HNg}+S_w(I_{HNw}-I_{HNg})} \quad (3-1)$$

式中：E_{ve} 为挖掘系数；CNL 为补偿中子测井值，pu；C 为岩性校正参数；ϕ 为孔隙度，%；I_{HNma} 为岩石骨架含氢指数，无量纲；I_{HNg} 为天然气含氢指数，无量纲；I_{HNw} 为地层水含氢指数，无量纲；V_{ma} 为岩石骨架相对体积，%；S_w 为中子测井探测地层含水饱和度，%。

同一气藏的温度和压力基本一致，即天然气的含氢指数基本不变，挖掘系数与含气饱和度呈正相关关系（图3-1）。通过建立储层挖掘系数解释图版（图3-2），可用来进行气层识别。挖掘系数法在低阻气层识别方面具有突出的应用效果。

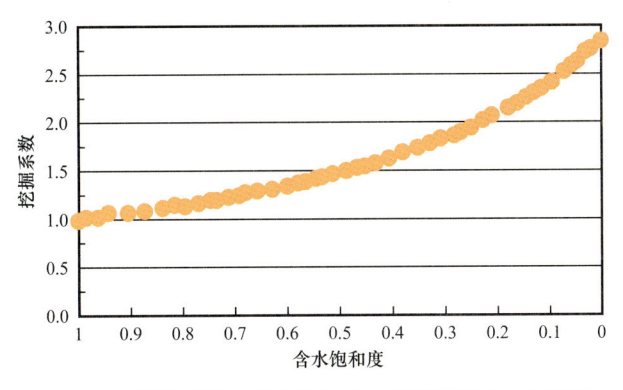

图3-1 挖掘系数—含水饱和度响应图版（I_{HNg}=0.35）

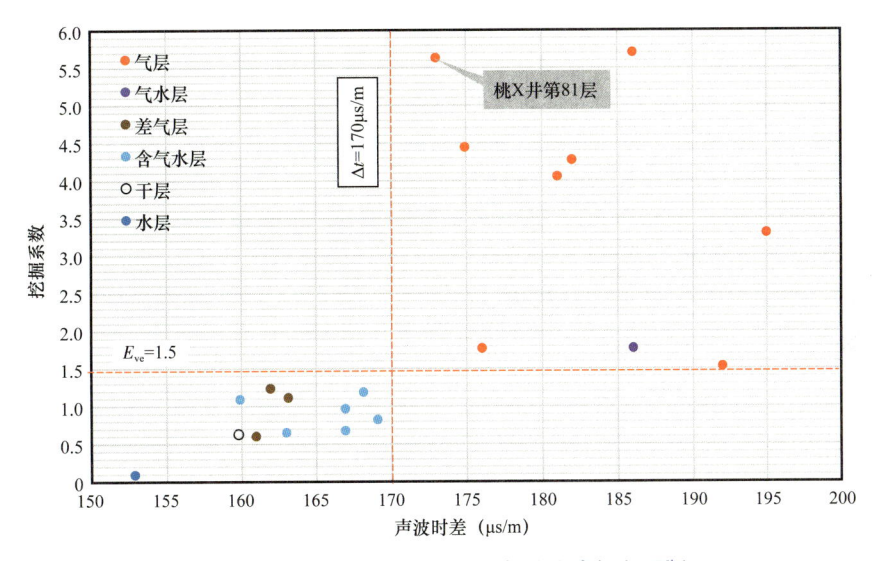

图3-2 致密碳酸盐岩挖掘系数法交会解释图版

该井在常规测井的基础上，加测了电成像测井XRMI。针对下古生界致密碳酸盐岩储层，通过电成像测井进行了储层储集空间参数、物性参数评价，具体参数包括总孔隙度，微孔、细孔、中孔、粗孔、洞5种组分的孔隙度，孔隙直径及分布（孔隙直径谱），储层渗透率。基本原理如图3-3所示。通过电成像测井可准确识别出储层的储集空间类型，进而基于储层储集空间评价的气水识别判断流体性质，如图3-4所示。

应用挖掘系数与储层储集空间评价结合法，即通过挖掘系数E_{ve}的定量计算结果和声波时差范围，再结合储集空间类型的评价结果，参考总孔隙度和电阻率测井值的相对高低，最终判定流体性质，见表3-1。

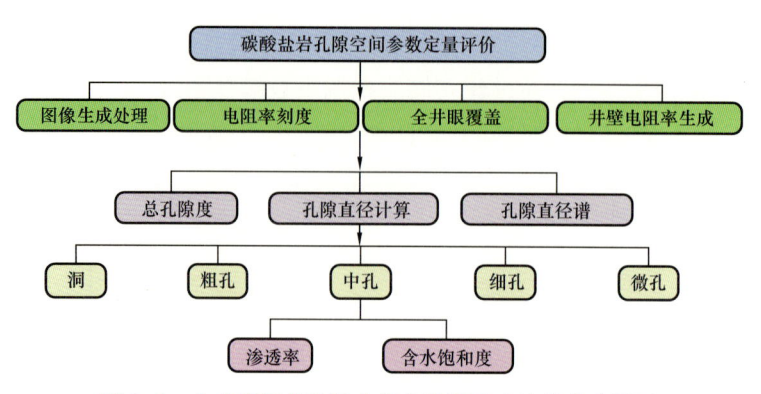

图 3-3　电成像测井孔隙空间参数评价方法技术路线图

储集空间	成像模式	孔隙类型	渗透率（mD）	电成像	岩心照片	流体性质
溶孔	点状模式	基质孔隙	0~2			低产层
溶洞	斑状模式	基质孔隙	2~120			气层
裂缝	线状模式	基质孔隙、裂缝	0.01~100			水层/含气水层
晶间孔	块状模式	基质孔隙	0.001~0.02			干层
层理	层状模式	基质孔隙	0.001~0.02			干层

图 3-4　马五$_5$亚段基于储层储集空间评价的气水识别技术

表 3-1　挖掘系数与储层储集空间评价结合法

挖掘系数	声波时差（μs/m）	总孔隙度	电阻率	储集空间类型	解释结论
≥0.75	>175	高	低	孔洞	气层
		较高	低	孔缝、洞	气水同层
0.75>E_{ve}≥0.5	<175	低	高	晶间孔	差气层
		较高	低	晶间孔、微孔	含气水层
		低	较高	裂缝	
		低	高	晶间孔	干层
<0.5	<175	低	较高	裂缝	水层

※ 主要认识

如图 3-5 所示，马五$_5$亚段 81 号储层具有典型的斑状模式，发育溶蚀孔洞，为该区域气层应有的储集空间类型。电成像测井处理结果显示，孔隙直径谱靠后，表明孔径变大。电成像测井孔隙度 7.52%，粗孔孔隙度 1.43%，中孔孔隙度 5.88%，细孔孔隙度 0.21%，以中—粗孔为主，孔径 297.93μm，孔径法渗透率介于 1～2mD，符合该区马五$_5$亚段气层物性标准。储层电阻率 360.06Ω·m，声波时差 170.45μs/m，计算渗透率 1.58mD，挖掘系数远大于 1.75，平均值为 5.56，挖掘系数法显示储层含气性好，符合气层判别标准。综合解释马五$_5$亚段（81 号层）为气层。

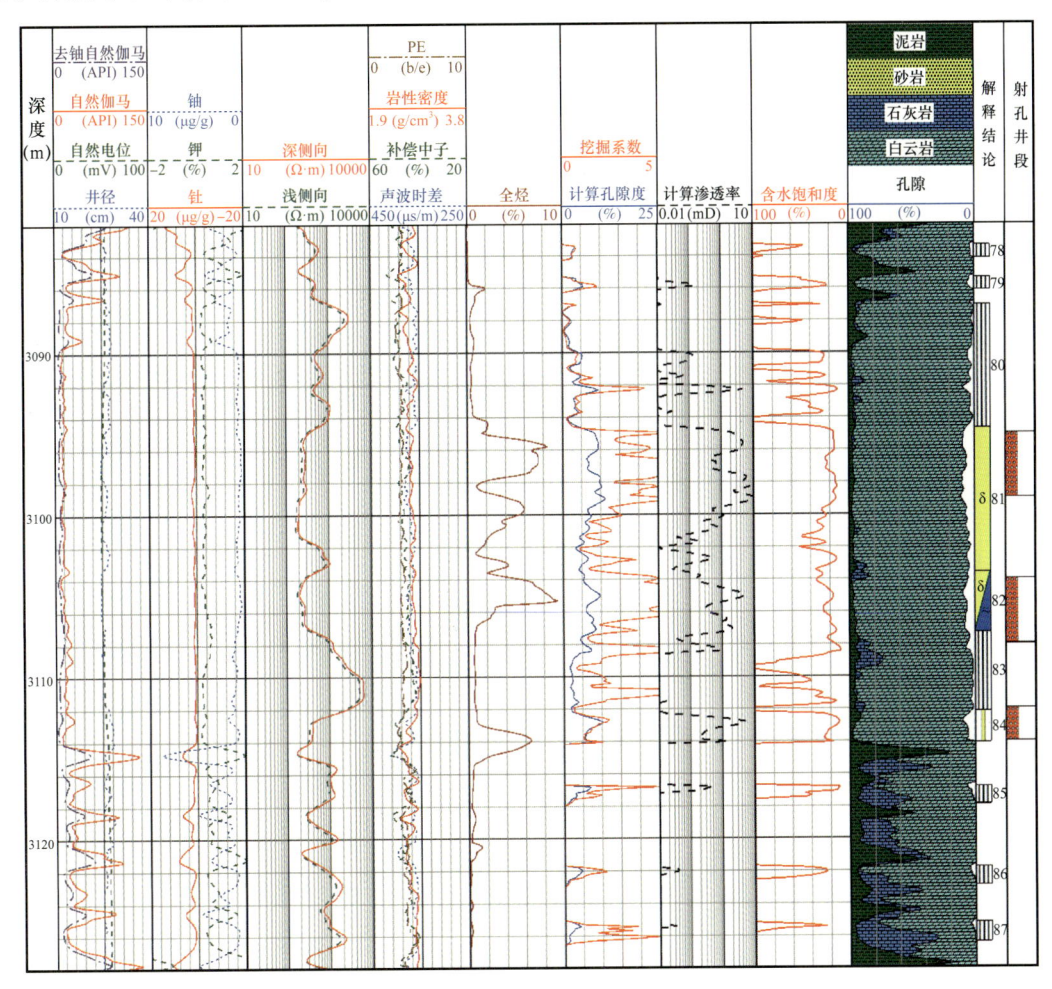

图 3-5 桃 X 井马家沟组马五$_5$亚段测井解释成果图

82 号层与 81 号层相比，总孔隙度相当，电阻率则降低为 268.48Ω·m，E_{ve} 远大于 1.75，平均值为 5.09，电成像测井显示为孔缝型储层，发育 9 条不连续裂缝，裂缝开度介于 1～10μm，为该区域气水同层应有的储集空间类型（图 3-6），综合解释马五$_5$亚段（82 号层）为气水同层。

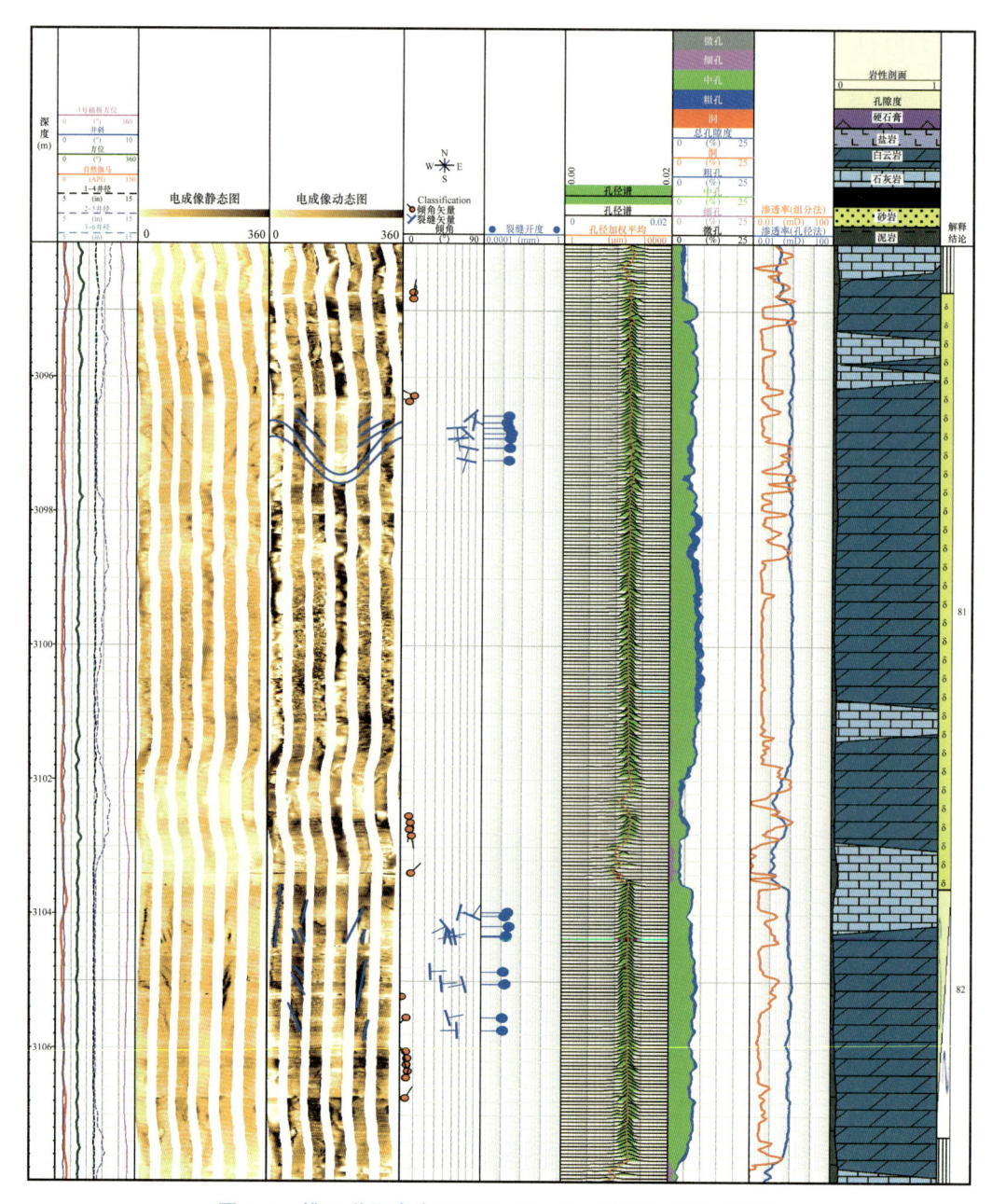

图 3-6 桃 X 井马家沟组马五$_5$亚段电成像测井解释成果图

※ 效果验证

对该井马家沟组马五$_5$亚段 3095.0～3099.0m、3104.0～3108.0m、3112.0～3114.0m 井段射孔酸化压裂，试气获日产气 $5.275×10^4m^3$，日产水 $4.5m^3$，无阻流量 $15.3927×10^4m^3$。结果表明，电成像测井对致密碳酸盐岩储层储集空间参数评价及挖掘系数法识别低阻白云岩气层效果好，该井的成功勘探，向东扩大了桃 X 井区马五$_5$气藏的含气面积。

缝洞连通性评价技术精细刻画震旦系碳酸盐岩储层缝洞有效性

※ 简要背景

合深 5X 井位于四川盆地川中古隆起高石梯构造带上，是大庆油田流转区块部署在重庆市潼南区柏梓镇的一口预探井。高石梯构造以东的台内区域震旦系勘探程度低，震旦系灯四段经历风化岩溶和埋藏岩溶多期次叠加、溶蚀与充填交替作用的成岩过程，受岩性岩相分布和岩溶相带的影响，储层具有强非均质性特征。该区块前期部署了合深 2X、合深 3X 两口探井，合深 2X 井震旦系灯影组酸化压裂后获产气 $0.2 \times 10^4 m^3$，合深 3X 井灯影组酸压未获气，为干层。地质分析认为合深 5X 井灯四段发育藻丘体储层，受"藻丘相+岩溶作用"控制，岩溶作用可能提高储层的物性。勘探目的为探索灯四段台内藻丘体储层发育特征及含气性，该井完钻层位为灯二段，完钻深度为 5825.0m。

※ 问题及解释要点

该井灯四段 5333.8~5346.0m 井段测井解释划分为 2 号储层，如图 3-7 所示。常规测井资料分析，储层平均孔隙度 6.4%，最大孔隙度 10.4%，物性较好；深浅侧向电阻率正差异明显，呈"V"字形降低，最低值为 $205\Omega \cdot m$，而区域产水电阻率值下限为 $300\Omega \cdot m$，低于下限值；阵列声波能量衰减明显，显示储层渗透性较好；中子—声波孔隙度交会面积较大，显示储层含气性较好。低阻碳酸盐岩储层主要由两个影响因素所致：一是地层含水；二是储层物性好、缝洞发育且缝洞连通性好。因此该井缝洞搭配关系评价、缝洞参数准确求取和储层含气性评价是综合解释评价的重点。

※ 新技术、新方法应用

该井在常规测井的基础上，加测了电成像测井。电成像测井采用 FMI 仪器，采集质量优。针对下古生界致密碳酸盐岩储层，通过电成像测井进行了储层缝洞参数评价，具体参数包括小孔、中孔、大孔、溶洞 4 种组分孔隙度，孔隙直径及分布（孔隙直径谱），连通指数等。基本原理如图 3-8 所示。

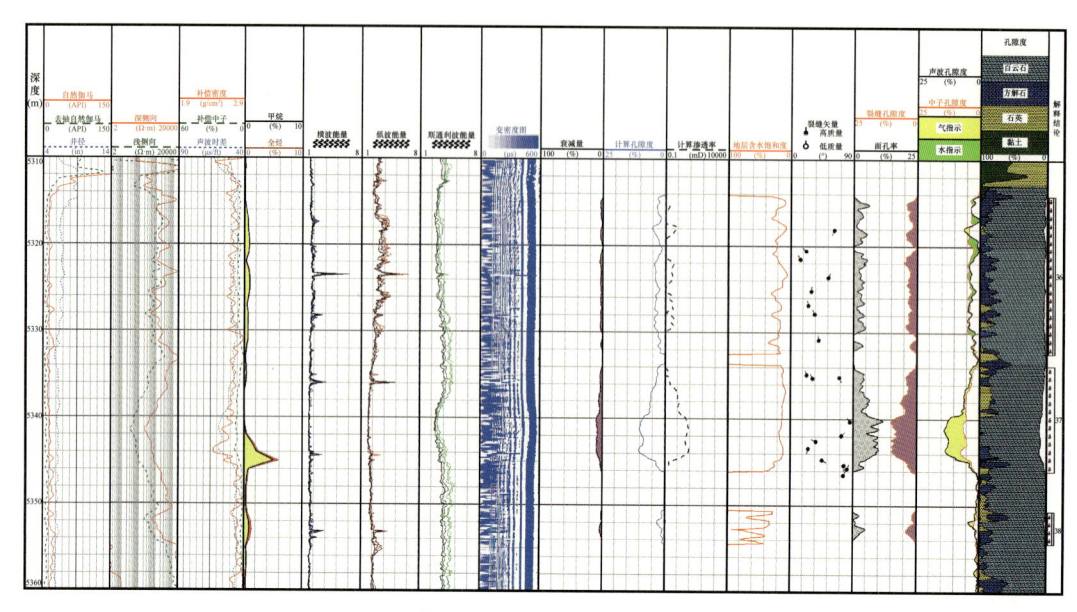

图 3-7 合深 5X 井灯四段测井解释成果图

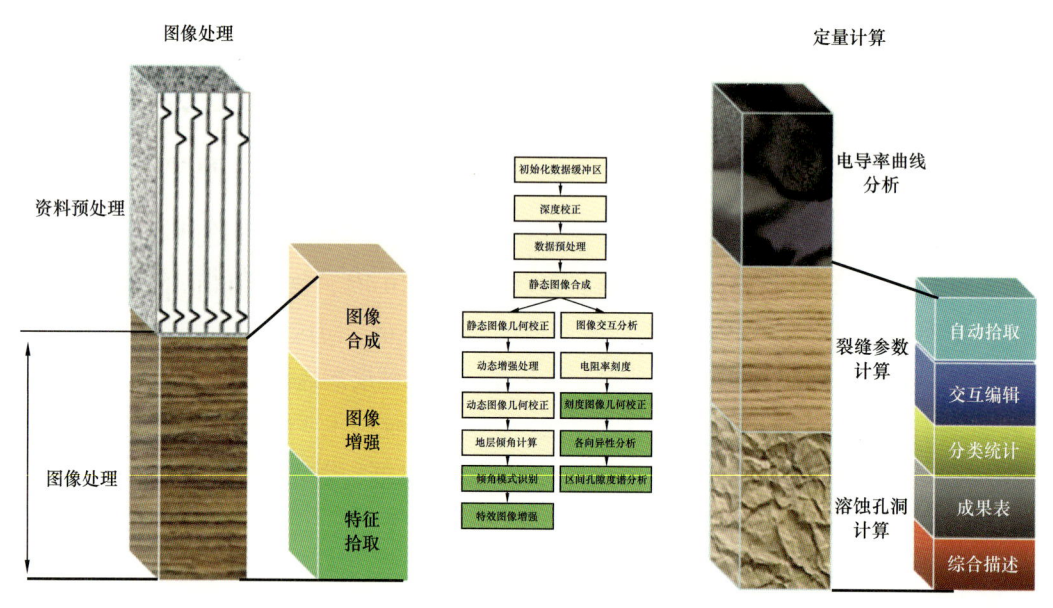

图 3-8 电成像测井缝洞参数评价方法技术路线图

※ 主要认识

如图 3-9 所示，灯四段 5333.8～5346.0m 储层发育溶蚀孔洞和裂缝，以中—大孔为主，平均面孔率 5.9%，局部井段孔隙直径谱后移，显示孔隙直径变大，同时溶蚀孔洞及裂缝均较发育，储层连通性较好。在电阻率较低处，电成像测井显示发育溶洞和裂缝。因此电阻率低值是由于发育溶洞和裂缝，导致钻井液侵入较深引起；连通指数较高，说明储层连通性较好。综合分析，灯四段 2 号层物性和含气性均较好，解释为气层。

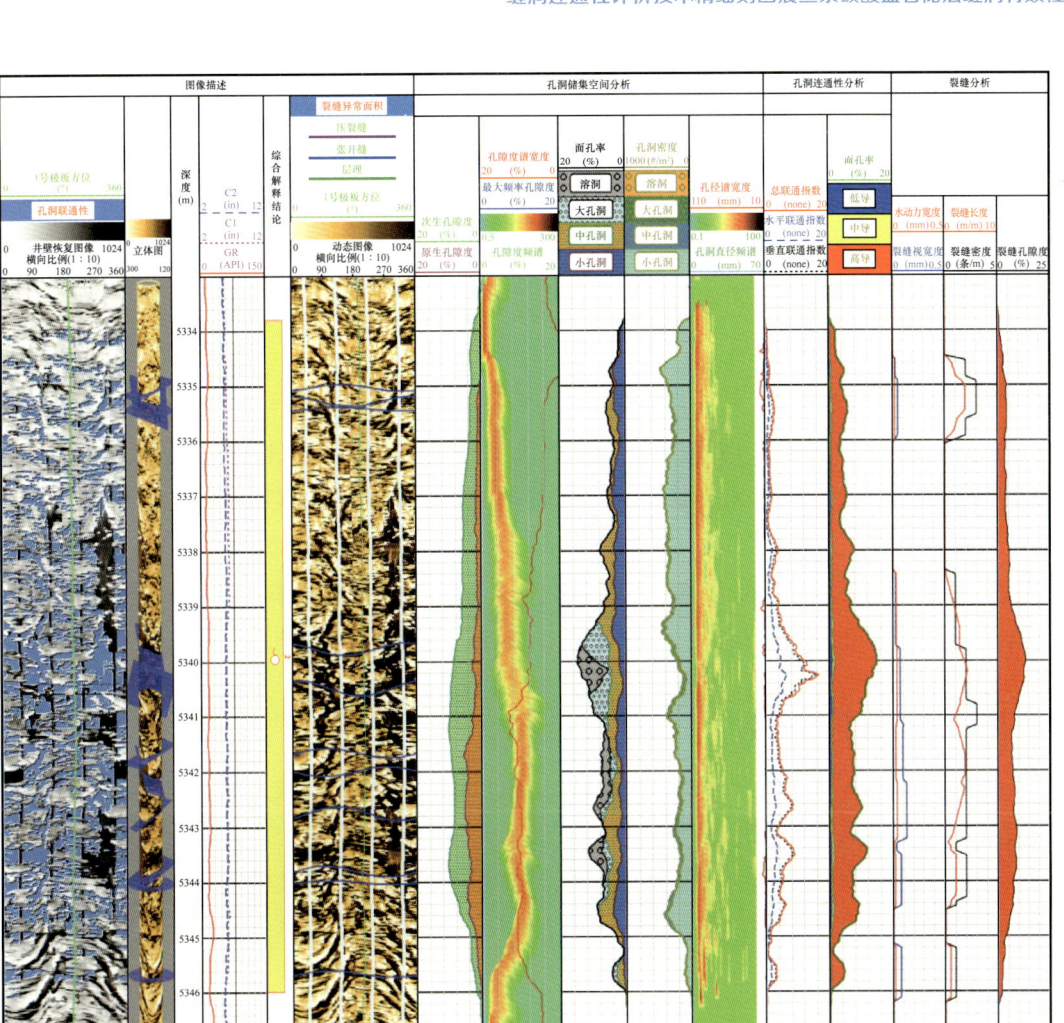

图 3-9 合深 5X 井灯四段电成像测井解释成果图

※ 效果验证

对该井灯四段 5317.0～5347.0m 井段射孔酸化压裂，试气获日产 $120\times10^4\mathrm{m}^3$ 高产工业气流，为大庆油田流转区块在台内震旦系灯影组获得第一口高产井，意义重大。结果表明，电成像测井对致密碳酸盐岩储层缝洞精细刻画及储层有效性评价效果较好。

地层元素测井精准识别川中北斜坡寒武系沧浪铺组白云化储层

※ 简要背景

四川盆地在川中地区、蜀南地区下寒武统沧浪铺组均钻遇过白云岩，但盆地内其他地区尚未见钻遇白云岩的公开报道。角探 X 井是中国石油西南油气田公司为寻求勘探新突破，寻找规模资源接替新领域，针对震旦系灯四段、寒武系沧浪铺组、二叠系茅口组等多层系实施立体勘探，甩开部署的一口风险探井，位于四川盆地川中古隆起平缓构造区龙女寺构造北斜坡八角场构造带上，完钻深度 7766.0m，层位为灯三段。

※ 问题及解释要点

目前仅南充 X 井钻至寒武系沧浪铺组。沧浪铺组岩性类型较为复杂，中、下部发育一套较为稳定的碳酸盐岩层，上覆砂泥岩层，矿物组分包括黏土、方解石、白云石、石英、长石等。因此有效识别角探 X 井地层岩性和矿物种类，更准确地评价储层参数，寻找沧浪铺组有利储层是测井解释评价的关键。

※ 新技术、新方法应用

该井沧浪铺组在常规测井的基础上，加测了岩性扫描测井。分析测量的累计伽马射线谱，通过设置不同的能量窗口，经过处理，将测量的数据拟合成一系列的标准谱，拟合的结果就是地层中铝（Al）、钡（Ba）、硅（Si）、钙（Ca）、镁（Mg）、氯（Cl）、钾（K）、钠（Na）、锰（Mn）、铁（Fe）、碳（C）、硫（S）、钛（Ti）、钆（Gd）等元素的相对含量。应用氧闭合技术将元素相对含量转换成元素绝对含量百分比，根据地区岩性特征，自选矿物类型，利用经验关系式将元素含量转换为矿物体积，如图 3-10 和图 3-11 所示。

岩性扫描测井解释成果（图 3-12）显示沧浪铺组上部主要成分为石英，占 60% 左右，泥岩及云岩含量均在 15%~20% 之间；中、下部以云质灰岩为主，占 70% 左右，底部主要为灰质云岩及云质灰岩，分别占 55%、22%。

※ 主要认识

如图 3-13 所示，沧浪铺组 1 号层（6971.7~6982.3m）、2 号层（6983.6~6993.4m）

为灰质云岩，云化作用较强；储层声波时差分别为 51.3μs/ft、52.8μs/ft，处理平均孔隙度分别为 5.0%、6.8%，物性较好；深浅侧向电阻率差异较大，说明储层的渗透性较好，同时中子、声波孔隙度叠置包络面积较大，说明含气性较好，综合分析均解释为气层。沧浪铺组 3 号层为非均质层，中部泥质含量较重，白云岩含量较 2 号层低；储层上、下部物性较好，中部物性较差，声波时差 51.8μs/ft，处理平均孔隙度 3.0%；深浅侧向电阻率差异较小，说明储层的渗透性相对较差，同时中子、声波孔隙度叠置包络面积较大，说明储层具有一定含气性，综合分析解释为差气层。

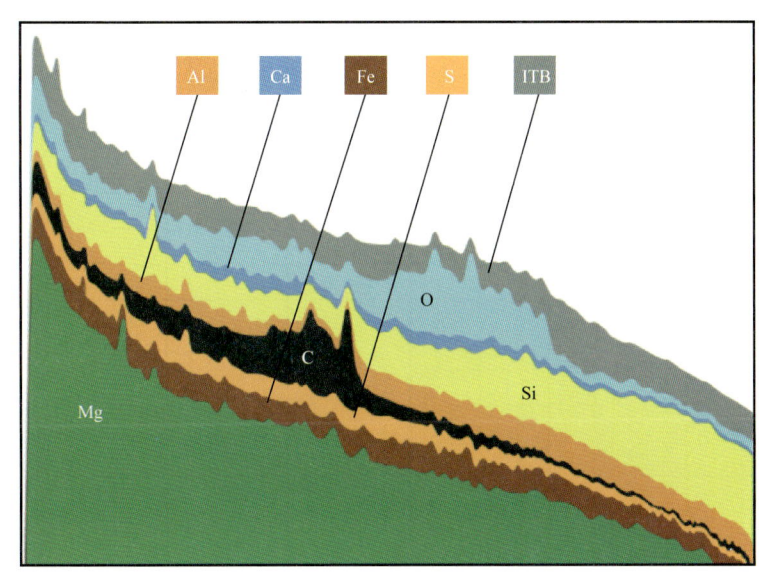

图 3-10 各元素非弹性谱

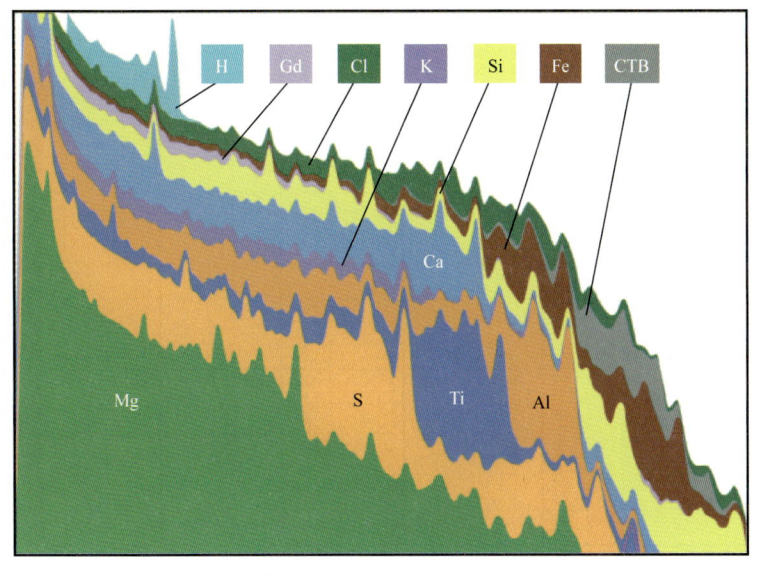

图 3-11 各元素俘获谱

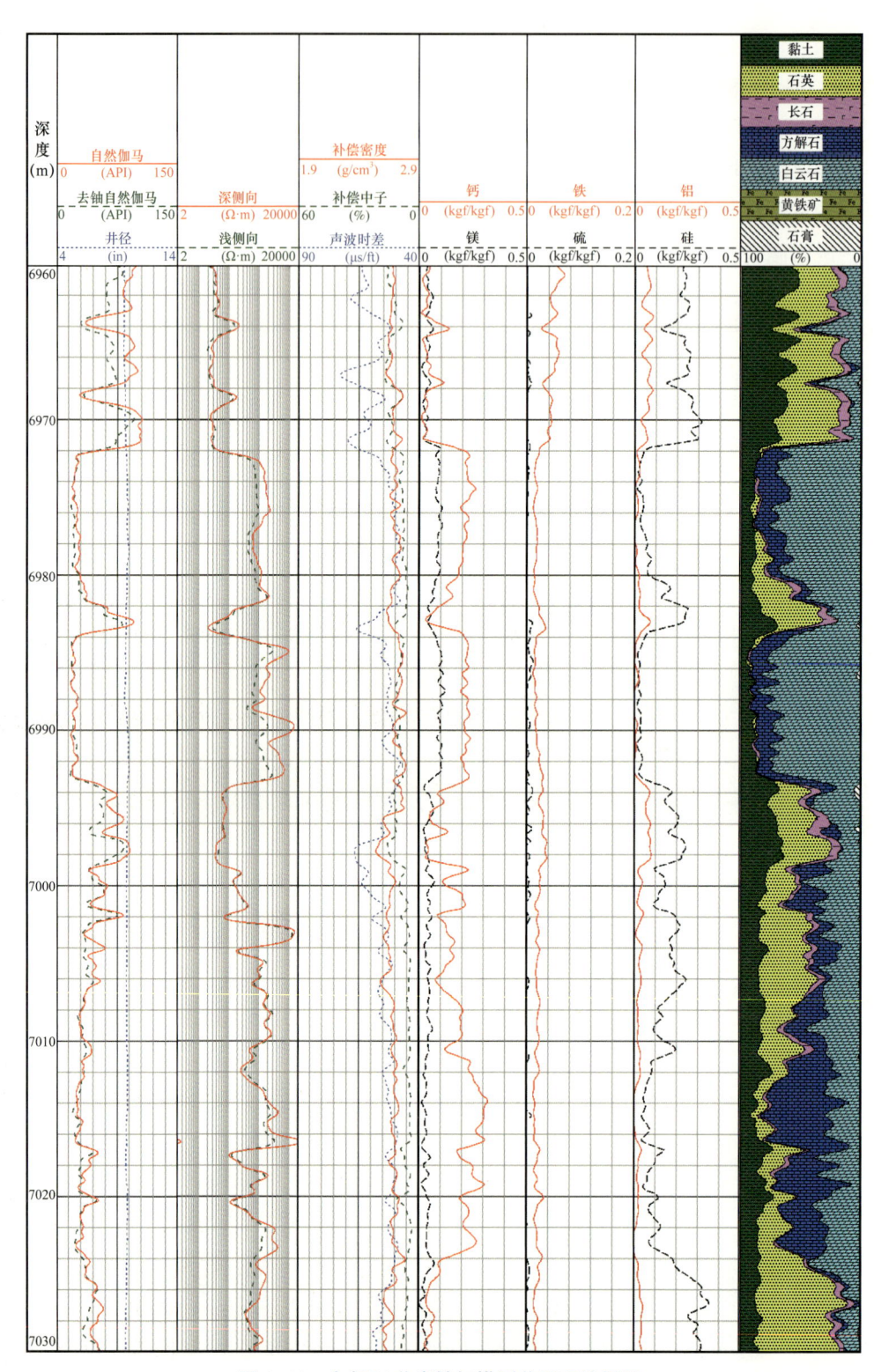

图 3-12　角探 X 井岩性扫描测井处理结果图

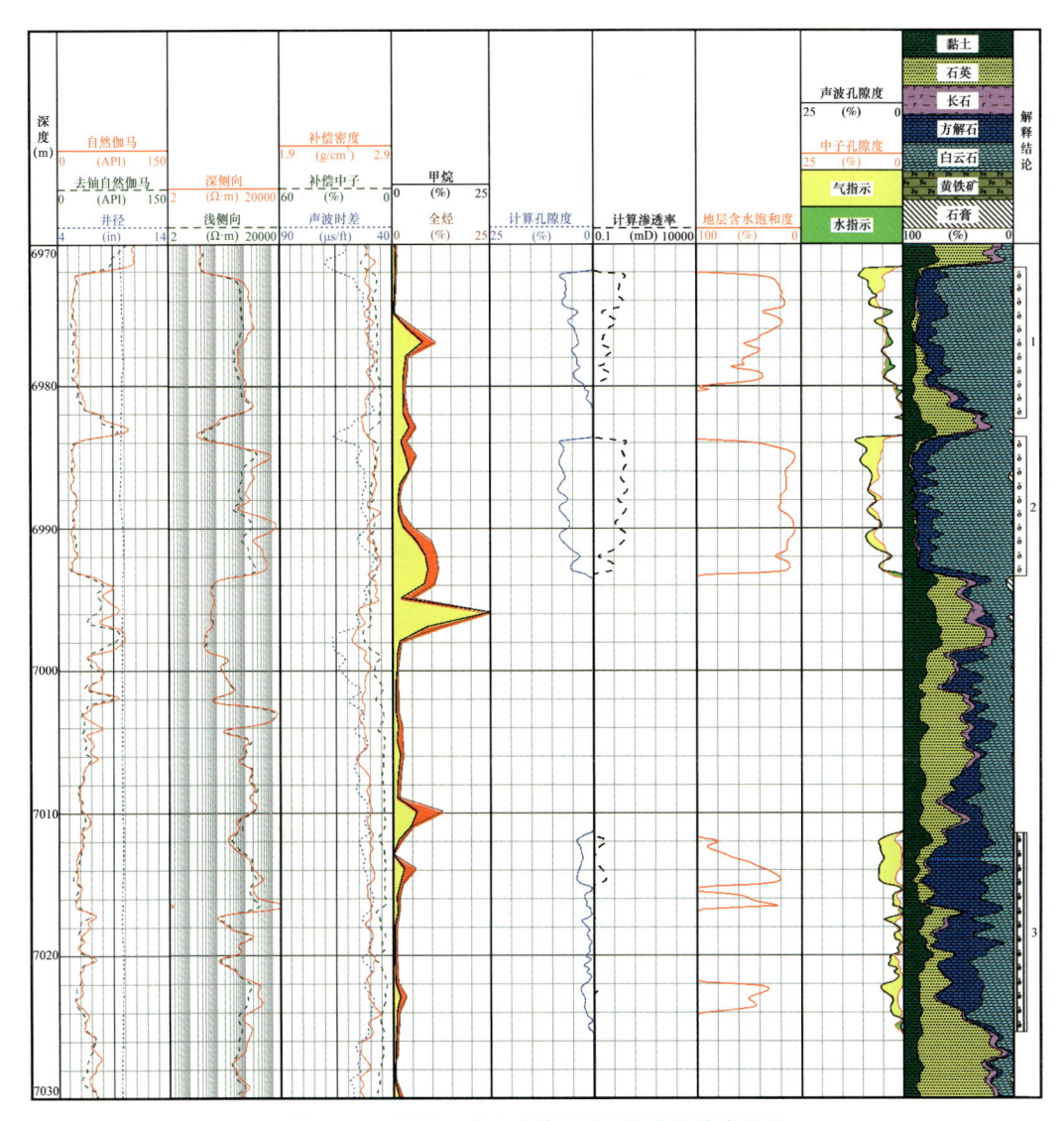

图 3-13 角探 X 井沧浪铺组储层综合评价成果图

※ 效果验证

对该井沧浪铺组 6972.0～7026.0m 井段射孔酸化压裂，试气获日产 $51.62 \times 10^4 m^3$ 高产工业气流，标志着四川盆地沧浪铺组油气勘探首次战略突破，证实川中古隆起北斜坡多层系立体勘探巨大潜力。

成像测井在四川盆地震旦系灯二段丘滩相储层评价中的应用

※ 简要背景

蓬探 X 井位于四川省遂宁市大英县天保镇，是西南油气田公司基于富烃裂陷内灯影组可能发育与高石梯—磨溪地区不同的"上生下储、旁生侧储"式新型气藏的认识、以裂陷东侧蓬莱区块灯二段台缘带为主要目标、兼顾多层系立体勘探部署实施的一口风险探井。该井完钻井深 6376m，钻进过程中见多次良好油气显示，取心证实丘滩相发育。

※ 问题及解释要点

蓬莱地区震旦系—下古生界勘探程度非常低，储层非均质性较强，储层分布控制因素有待深入研究，蓬探 X 井 5734.0～5822.5m 井段划分为灯二段 4 号储层，常规测井资料分析，深浅侧向电阻率较低，最低为 196Ω·m，而区域水层电阻率下限为 300Ω·m，低于下限值；储层物性好，整体电阻率中—低值，储层具有含气特征。因此要求通过综合和特殊项目测井，准确评价储层的岩性、物性、电性和含气性特征是该井储层解释评价的重点。

※ 新技术、新方法应用

该井在常规测井的基础上加测了岩性扫描测井、核磁共振测井、电成像测井和阵列声波测井。该井位于台缘带，溶蚀孔洞与裂缝均较发育，裂缝对储层含油性及后期储层改造均有较大影响，因此加测电成像测井评价储层溶蚀孔洞与裂缝发育情况；阵列声波测井主要用于地层各向异性评价、岩石力学参数计算等，通过地层各向异性解释可对地层地应力、裂缝发育情况进行评价，岩石物理参数计算可对后期压裂改造提供改造参数指导，斯通利波能量衰减对评价裂缝的有效性具有重要作用；另外，由于气、水层在物理性质上的差异，阵列声波测井在储层含气性评价上也有较好应用。核磁共振测井用于计算孔隙度，判别流体性质、分析孔隙结构等。

※ 主要认识

如图 3-14 所示，在 5734.0～5822.5m 井段，储层以白云岩为主，局部含少量的硅质和灰质；从常规测井分析，储层平均孔隙度 4.8%，最大孔隙度 9.8%，物性较好，基质孔隙较发育，电阻率呈尖状降低，深浅侧向电阻率正差异明显，说明储层渗透性较好；从核磁共振测井分析，T_2谱较饱满且展布较宽，呈双峰特征，储层以中—低孔为主，局部见大孔发育，可动流体含量较高；成像成果图（图3-15）可见溶蚀孔洞较发育，能见到大的溶洞，局部见裂缝发育，沿裂缝面有溶蚀扩大现象。从阵列声波能量分析，斯通利波能量衰减较明显，储层渗滤性较好。中子—声波孔隙度重叠法、纵横波速度比法均显示储层具有含气特征，电阻率低值均是溶蚀孔洞和裂缝发育引起的，该层不具含水特征。综合分析认为，该层物性和含气性均较好，解释为气层。

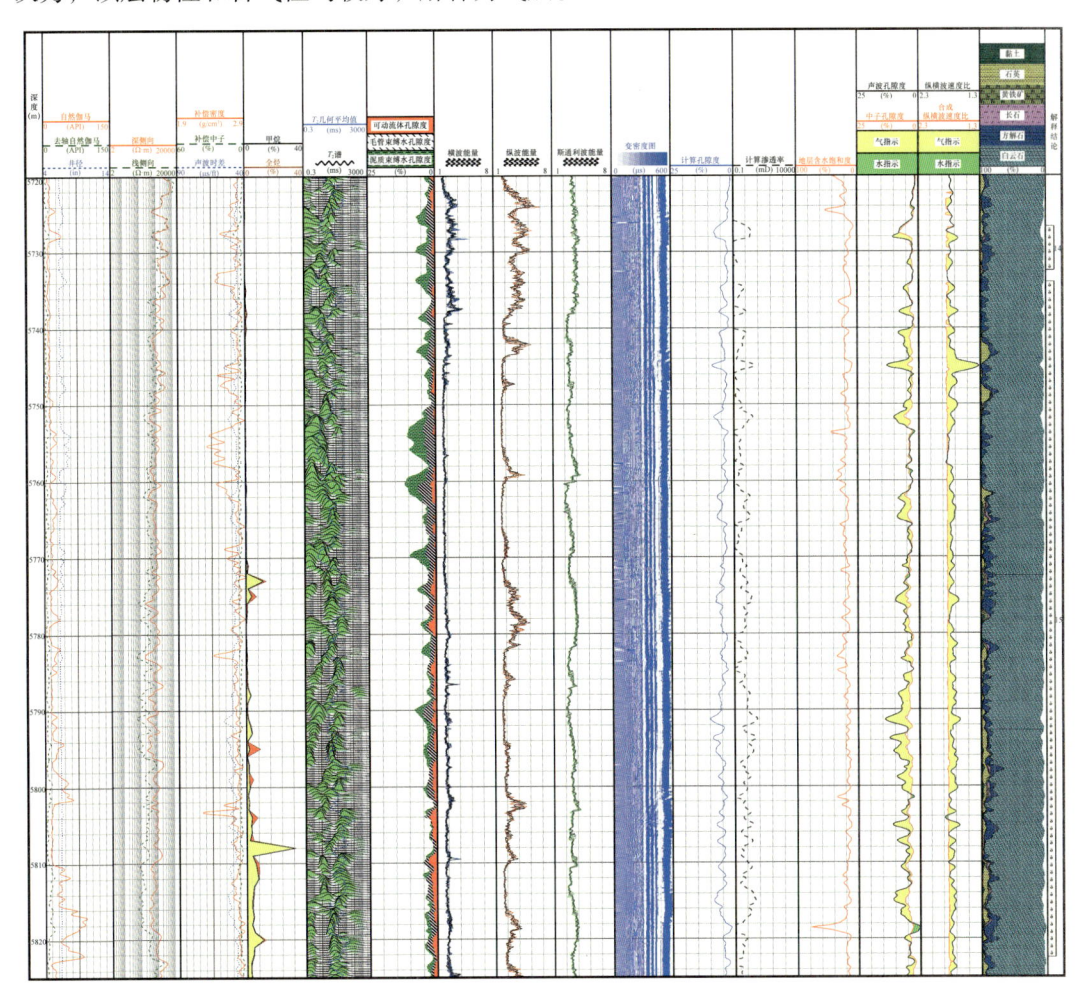

图3-14 蓬探X井灯二段4号储层综合评价图

※ 效果验证

蓬探X井灯二段在5726~5817m井段测试，获日产$121.98×10^4m^3$的高产工业气流，是继高石梯—磨溪地区震旦系灯影组台地相带万亿立方米特大型气田探明后，德阳—安岳裂陷东侧灯二段气藏勘探获得又一重大新突破。该井的突破也进一步展现了德阳—安岳裂陷两侧广阔的勘探前景，展示了大川中地区巨大的勘探潜力。

图 3-15 蓬深 X 井灯二段 4 号储层成像测井解释成果图

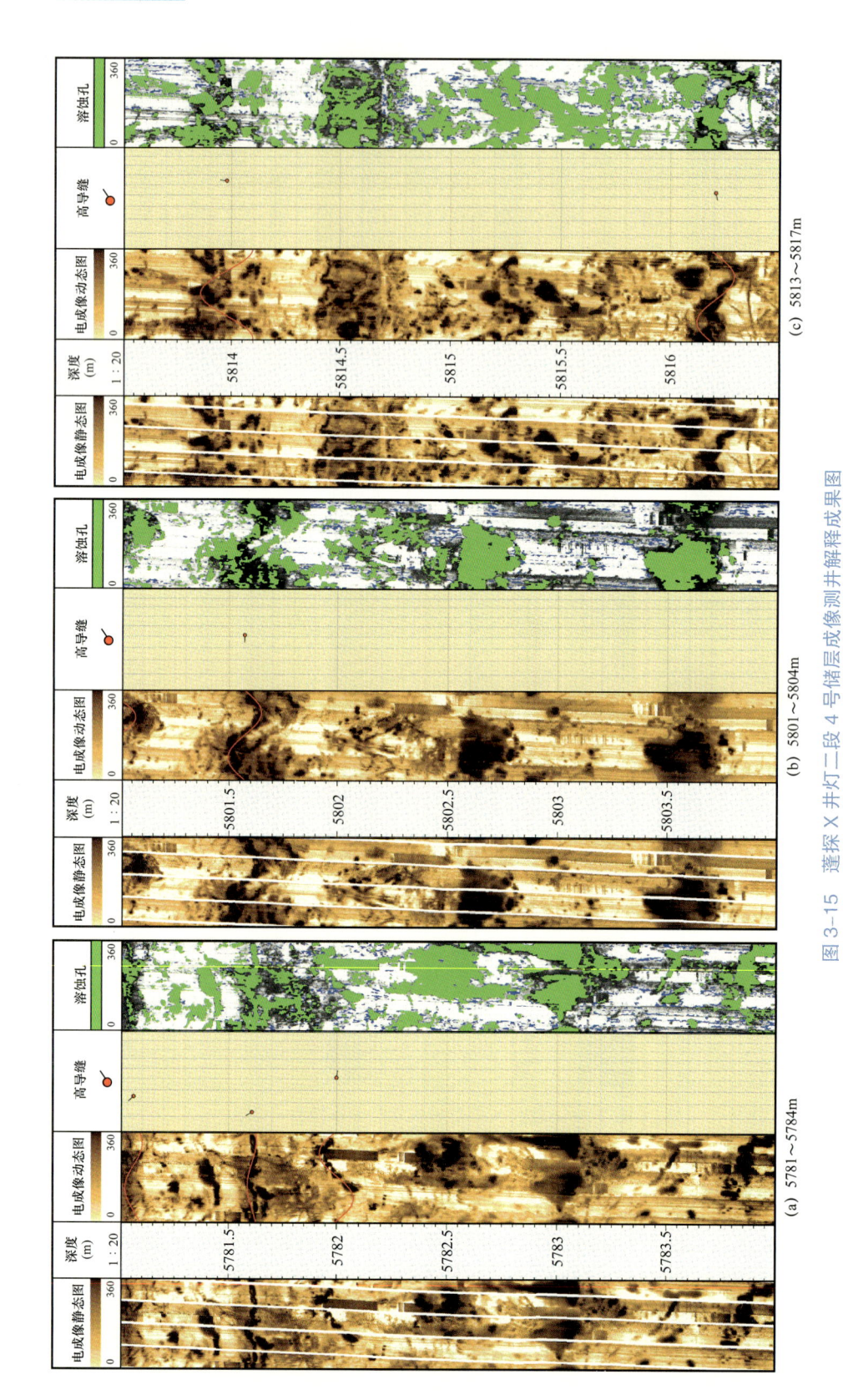

生产测井与电成像测井结合优选确定
碳酸盐岩储气库目标层位

※ 简要背景

铜储 X 井位于重庆市渝北区石船镇，是重庆气矿部署实施的一口先导试验井，构造位置在铜锣峡主体构造高点附近，根据枯竭碳酸盐岩气藏改建地下储气库的地质目标优选原则，选择铜锣峡天口场长兴组气藏作为调峰气田。该井钻探是为铜锣峡储气库钻完井工艺优选、储气库密封性评价提供依据，兼顾后期注采需要。该井完钻井深 2784.7m，目的层位为长兴组。

※ 问题及解释要点

从常规测井分析来看（图 3-16），长兴组储层为石灰岩储层，白云化程度较低，电阻率呈尖状降低，电成像测井成果图（图 3-17）也显示裂缝较发育，斯通利波能量衰减较

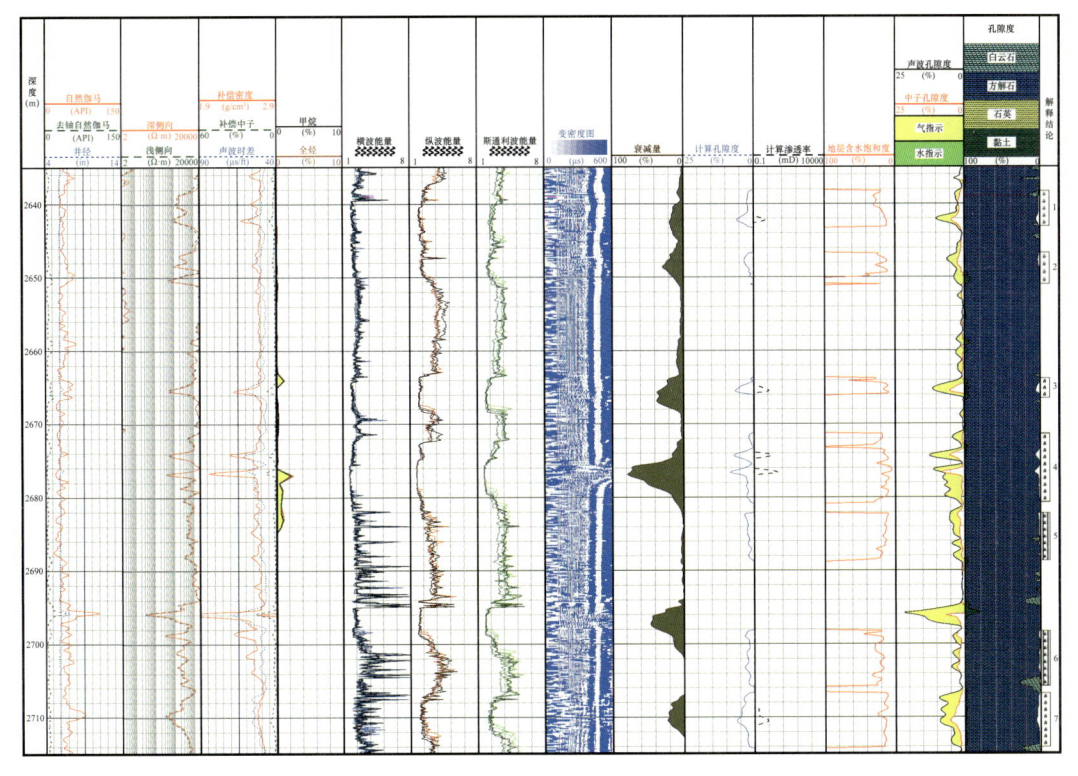

图 3-16 铜储 X 井长兴组储层测井解释成果图

图 3-17 铜储 X 井长兴组储层电成像测井成果图

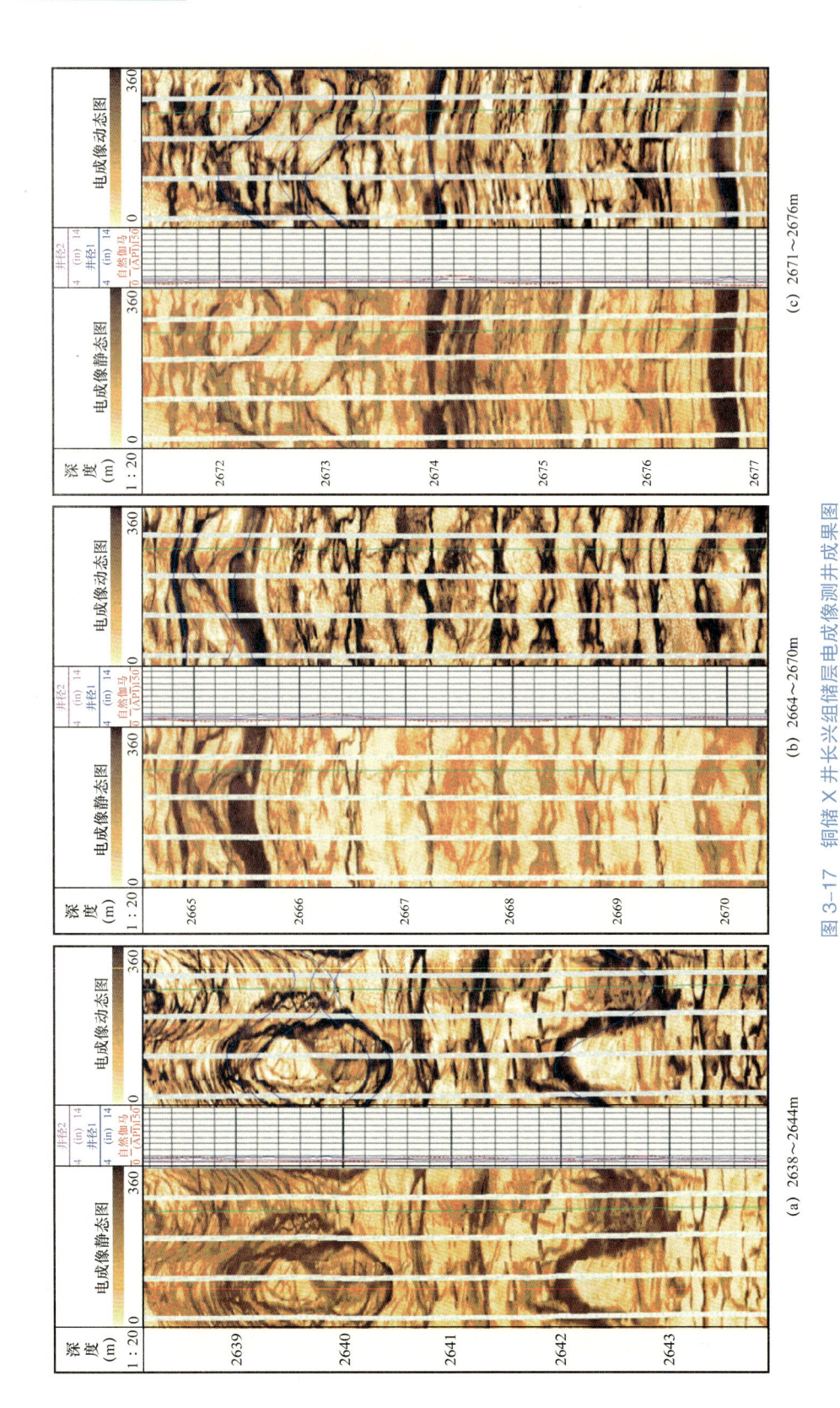

明显，储层渗滤性较好，测井综合解释了 6 个气层、2 个差气层。根据钻井目的，需了解各储层段的气产量，评估各储层段的产能贡献。因此，综合常规测井、阵列声波测井、电成像测井及生产测井等资料，厘清储层差异、评价主力储层是该井解释评价的要点。

※ 新技术、新方法应用

该井在常规测井的基础上加测了电成像测井、阵列声波测井和生产测井。常规测井综合反映该段发育 8 个储层，斯通利波反映 3 号、4 号储层衰减特别明显，电成像测井曲线显示 3 号、4 号层段裂缝发育，裂缝宽度大，并具一定溶蚀特征；测井综合解释了 6 个气层、2 个差气层。生产测井项目包括接箍、自然伽马、温度梯度、微差井温、压力、流体密度、流量，根据所采集到的资料，在解释时根据储层段和实际测井数据，分 7 个产出层段进行解释，通过对全井眼流量计进行刻度，运用 Emeraude 生产测井解释平台，通过综合解释得到总的产出剖面和分层贡献。

※ 主要认识

（1）测井曲线如图 3-18 所示，在动态测井中，分别进行了 5 种测速上下测量，动态测井条件下，井口套压 8.03MPa，地面计量产气量为 $13.332 \times 10^4 m^3$。

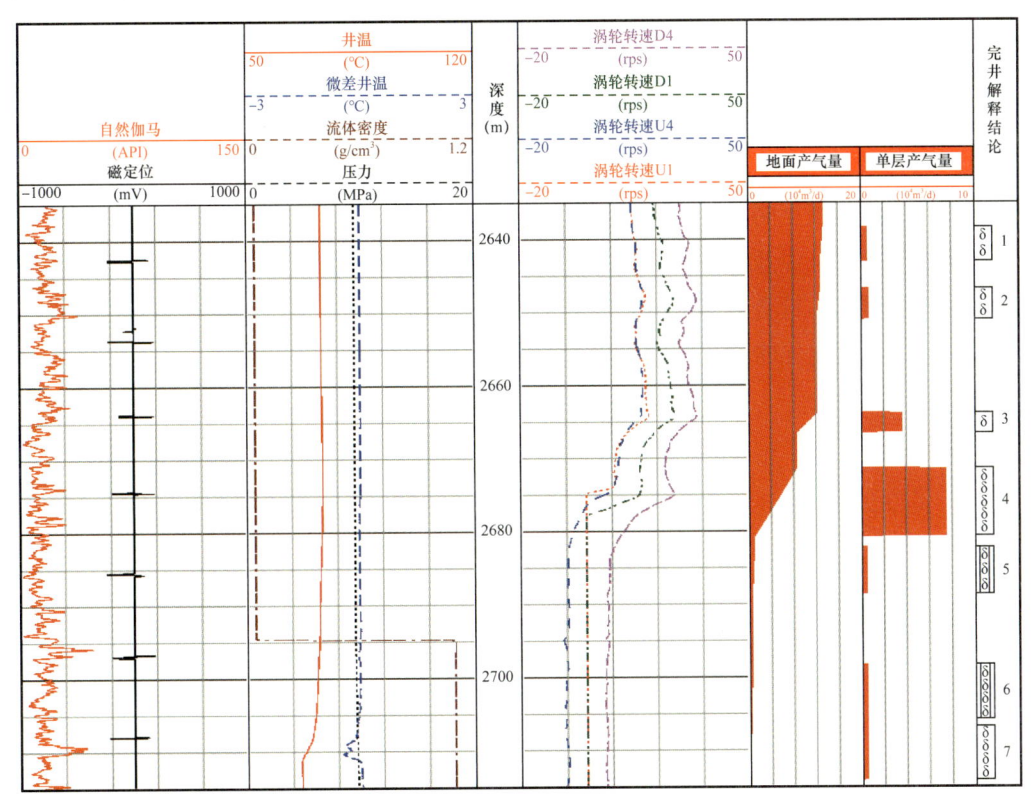

图 3-18　铜储 X 井动态测井曲线图

（2）根据全井眼流量计的响应及其他测井资料，应用 Emeraude 生产测井解释平台解释计算出结果见表 3-2。通过计算可以看出（图 3-18），2671.4～2680.7m 井段（4 号储层）产气量最高，占总产量的 56.02%，2663.8～2666.5m 井段（3 号储层）产气量次之，占总产量的 26.97%，两层为主力产层。

表 3-2　动态测井解释成果表（地面压力条件下）

序号	产出段（m）	产气（$10^4 m^3/d$）	产气占比（%）	备注
1	2638.3～2643.1	0.53462	4.01	
2	2646.7～2651.0	0.6896	5.17	
3	2663.8～2666.5	3.5959	26.97	
4	2671.4～2680.7	7.4691	56.02	
5	2682.2～2688.7	0.4244	3.18	
6	2698.3～2714.1	0.5095	3.82	计算气产量代表的 6 号储层（2698.3～2705.8m 井段）和 7 号储层（2706.8～2714.1m 井段）合计产量
7	2739.9～2742.9	0.1089	0.82	
合计		13.332		

※ 效果验证

生产测井解释结果与裸眼井测井资料相互验证，对比分析认为：产气量最高的 4 号层，有效厚度大、密度明显降低、声波时差增大，双侧向测井曲线尖刺状降低，斯通利波能量衰减最明显，电成像测井反映裂缝发育、裂缝宽度大，因此物性和渗透性最好，生产测井解释产能最高，符合地质和测井特征。通过目的层段生产测井，明确储层段的产能贡献和主力产层，为储气库的目标层段优选提供了支撑。

非均质深潜山双品质压裂选层测井评价技术在碳酸盐岩储层的应用

※ 简要背景

安探 X 井是华北油田勘探部在河北省廊坊市广阳区部署的一口预探井，构造位于冀中坳陷廊固凹陷杨税务潜山构造安探 X 北潜山圈闭。该井钻探目的是评价安探 X 北潜山圈闭奥陶系含油气性，于 2019 年 3 月完钻，完钻深度 5530.0m，层位为奥陶系亮甲山组。该井位于杨税务潜山预测探明储量区，关系到新增探明储量落实与增加。

※ 问题及解释要点

该井位于冀中坳陷廊固凹陷杨税务潜山构造，该区主要目的层为奥陶系，发育有峰峰组、马家沟组及亮甲山组储层，岩性以白云岩、石灰岩为主。整体上储层纵向及横向上非均质性强，储集空间类型多样，以裂缝型、裂缝—孔隙型及孔隙型为主，在优质储层段存在基质孔、裂缝或溶洞的双重或三重孔隙结构，造成储层的孔隙度、渗透率在纵横向分布存在显著差异，表现出物性和储集性的纵横向的各向异性。

该井亮甲山组（5393.0～5530.0m）岩性为白云质灰岩、灰质白云岩、白云岩，常规测井显示储层声波时差平均为 150.2μs/m，电阻率 2338.0Ω·m，密度 2.79g/cm^3，补偿中子测井值 4.5%，计算孔隙度 1.54%，整体上储层电性相对较高，基质孔隙低，双侧向测井曲线的差异性指示该层位裂缝相对欠发育，常规测井资料难以准确评价该段储层特征，对压裂层的选取也具有一定的局限性。如何进行有效储层评价及压裂选层是面临的难题。

※ 新技术、新方法应用

杨税务潜山奥陶系储层纵向及横向上非均质性强，导致侧向测井资料稳定性差异较大，针对这种储层强非均质特征，在原来测井基础上，加测了远探测声波测井、元素俘获测井及旋转式井壁取心测井，满足了对近井眼储层的直观认识；并且成像测井资料处理技术逐步提升，除计算裂缝参数外，提取成像测井孔隙度谱及视地层水电阻率谱，对资料精细化处理，加强了对储层、流体的认识；利用阵列声波远探测测井仪器中采集波列反射信息，能对井外 3～60m 范围内的地层缝洞、断层等构造进行探测和分析，较好地解决了井旁缝洞识别难题，突破"一孔之见"。最终形成了近井筒缝洞精细刻画结合井旁裂缝延伸评价为一体的储层评价和储层品质评价与工程品质评价相结合的压裂层段优选技术体系，其评价思路如图3-19所示。

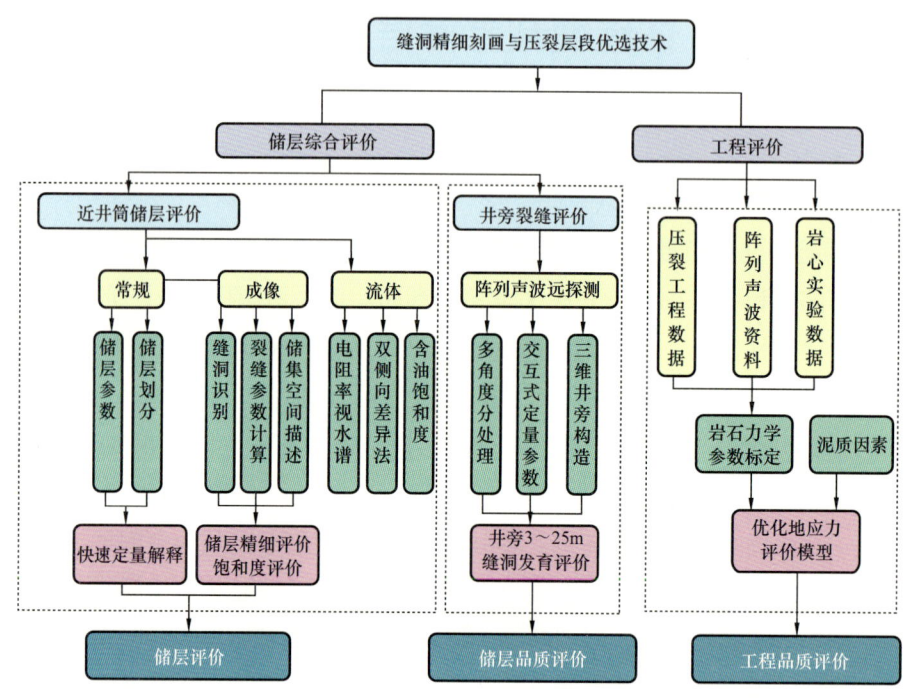

图3-19 奥陶系潜山测井储层评价流程图

基于杨税务潜山奥陶系储层储集空间以裂缝、裂缝—孔隙型为主，具有基质孔隙偏低、非均质性强的特点，提出了"双品质"压裂选层技术，打破压裂选层难点。基于成像测井资料及储层有效厚度、有效孔隙度结合含油饱和度建立评价储层性质的储层品质综合评价指标，综合评价储层性质；将阵列声波测井所提取的岩石物理参数通过优化、规范处理参数，与实验数据进行标定，并赋予不同的权系数，建立了基于阵列声波测井资料岩石力学参数的工程品质模型，实现碳酸盐岩储层段的工程品质自动划分及有效评价。

构建了储层品质综合评价指数，评估储层有效性。通过对储层有效性的主控因素进行分析，表明储层的有效性与岩性、基质孔隙发育程度、储层有效厚度、裂缝发育程度及储层的含油气情况等众多因素有关，单一的储层基质孔隙或者裂缝难以表征储层的储集性能，因此构建了适合河西务奥陶系潜山的储层品质综合评价指数 RQ：

$$RQ = af(\phi, h) + bf(\text{phit\_s}, h) + cS_o \quad (3-2)$$

式中，RQ 为储层品质综合评价指标；a，b，c 为权系数；ϕ 为有效孔隙度；h 为储层有效厚度；phit_s 成像计算的裂缝溶孔发育曲线；S_o 为含油饱和度。

通过主成分分析法确定各项权系数的数值。

构建了工程品质综合评价指数，评价储层可压性。以岩石脆性指数评价为基础，引入最小水平主应力，重新构建了相应的可压裂性预测模型，来指示储层压裂的难易程度。实际应用中选用了脆性指数、最小水平主应力构建了工程品质模型：

$$ZBI = 100 \times \frac{BI - BI_{min}}{BI_{max} - BI_{min}} \quad (3-3)$$

$$ZSH = 100 \times \frac{SH2 - SH2_{max}}{SH2_{min} - SH2_{max}} \quad (3-4)$$

$$ZS = \sqrt{a \times ZBI^2 + b \times ZSH^2} \quad (3-5)$$

式中：BI 为脆性指数；BI_{min} 为区域脆性指数极小值；BI_{max} 为区域脆性指数极大值；ZBI 为脆性计算综合指数；SH2 为最小水平主应力；$SH2_{min}$ 为区域最小水平主应力极小值；$SH2_{max}$ 为区域最小水平主应力极大值；ZSH 为最小水平主应力综合指数；ZS 为综合工程品质指数。

※ 主要认识

安探 X 井亮甲山组储层特征地质录井、井壁取心、气测无含气指示；岩性评价无明显的泥质和高阻隔层，呈块状分布；测井解释的储层有效厚度与孔隙度联合计算的储层指数突出，基于岩石力学参数计算的工程品质指示储层可压性好（图 3-20、图 3-21），成像测井评价储层溶蚀孔洞发育，测井综合解释以Ⅱ类储层为主，属于亮甲山组储层发育的第二种。电成像测井显示亮甲山组 5462.0~5473.8m 储层发育溶蚀孔、微裂缝（图 3-22），计算的总孔隙度为 3.1%，储层厚度大，计算的储能指数在 0.3 左右，说明储层的储集能力较好，同时，视地层水电阻率谱谱形靠后，分布较宽，未见含水指示；远探测阵列声波测井显示该段储层未见明显远端裂缝发育，5462.0~5473.8m 储层段计算的工程品质指数为 65 左右，为二级工程品质，纵向上隔层少，说明压裂易纵向上沟通储层（图 3-22）。

※ 效果验证

对安探 X 井亮甲山组 5462.0~5470.0m 井段射孔 3 层 8m，大型压裂后用 14mm 油嘴放喷，获日产油 12.96m³、气 52×10⁴m³，无阻流量日产气 169.89×10⁴m³，创华北油田单井日产气最高纪录，进一步扩大了杨税务潜山储量规模。成果表明，非均质深潜山双品质压裂优选层综合分析技术对碳酸盐岩储层评价、储集空间识别及压裂选层效果好。

第三章 碳酸盐岩典型应用案例

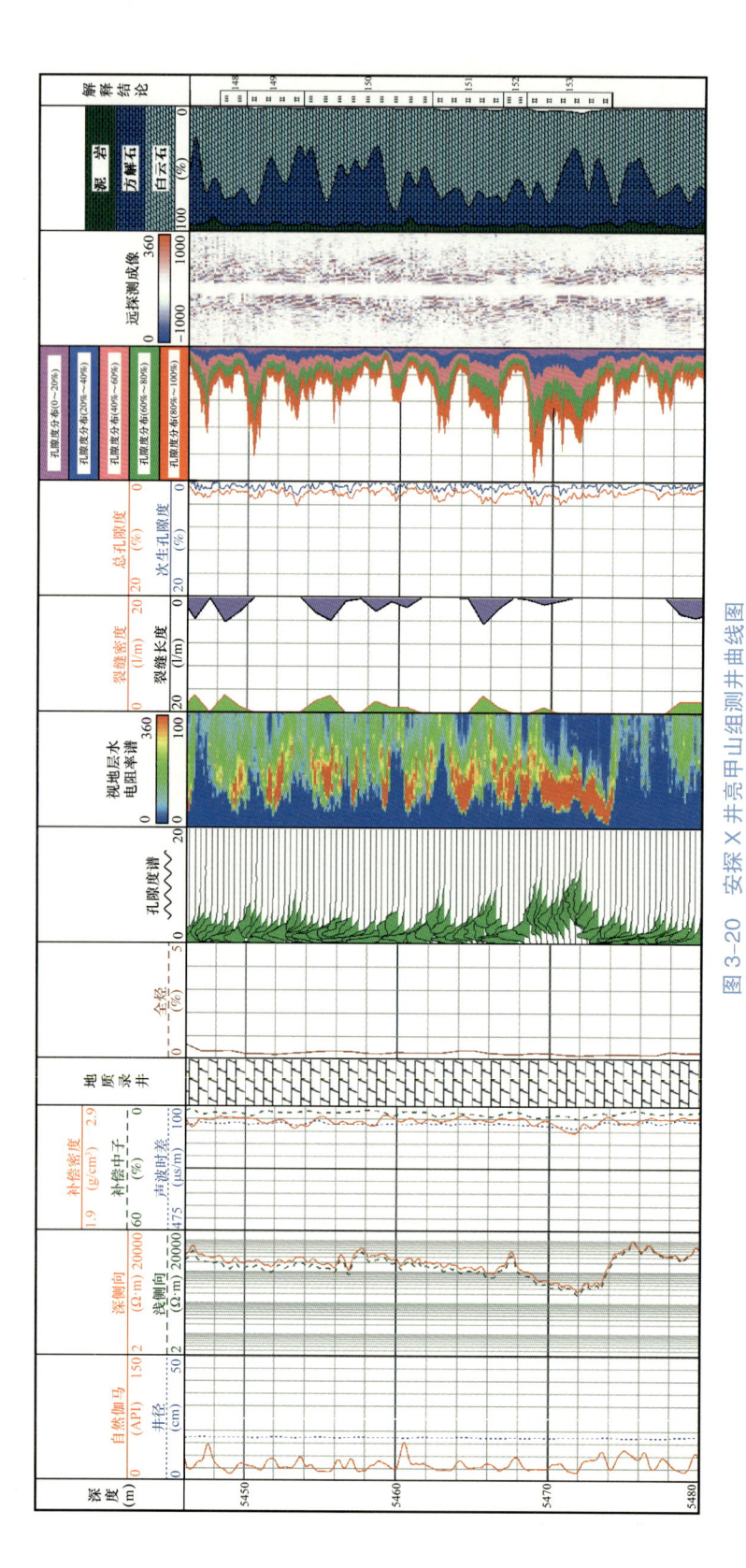

图 3-20 安探 X 井亮甲山组测井曲线图

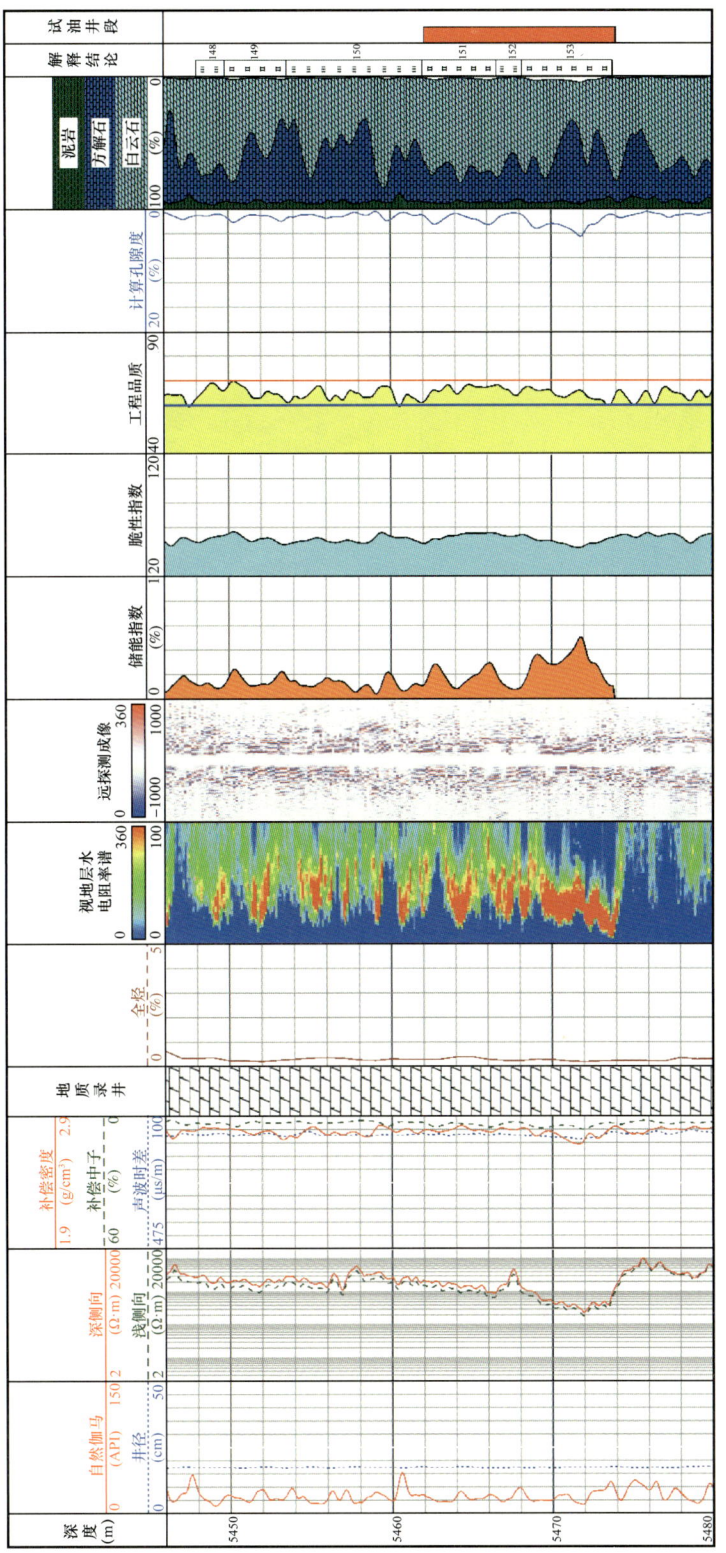

非均质深潜山双品质压裂选层测井评价技术在碳酸盐岩储层的应用

图 3-21 安深 X 井试油层段综合成果图

111

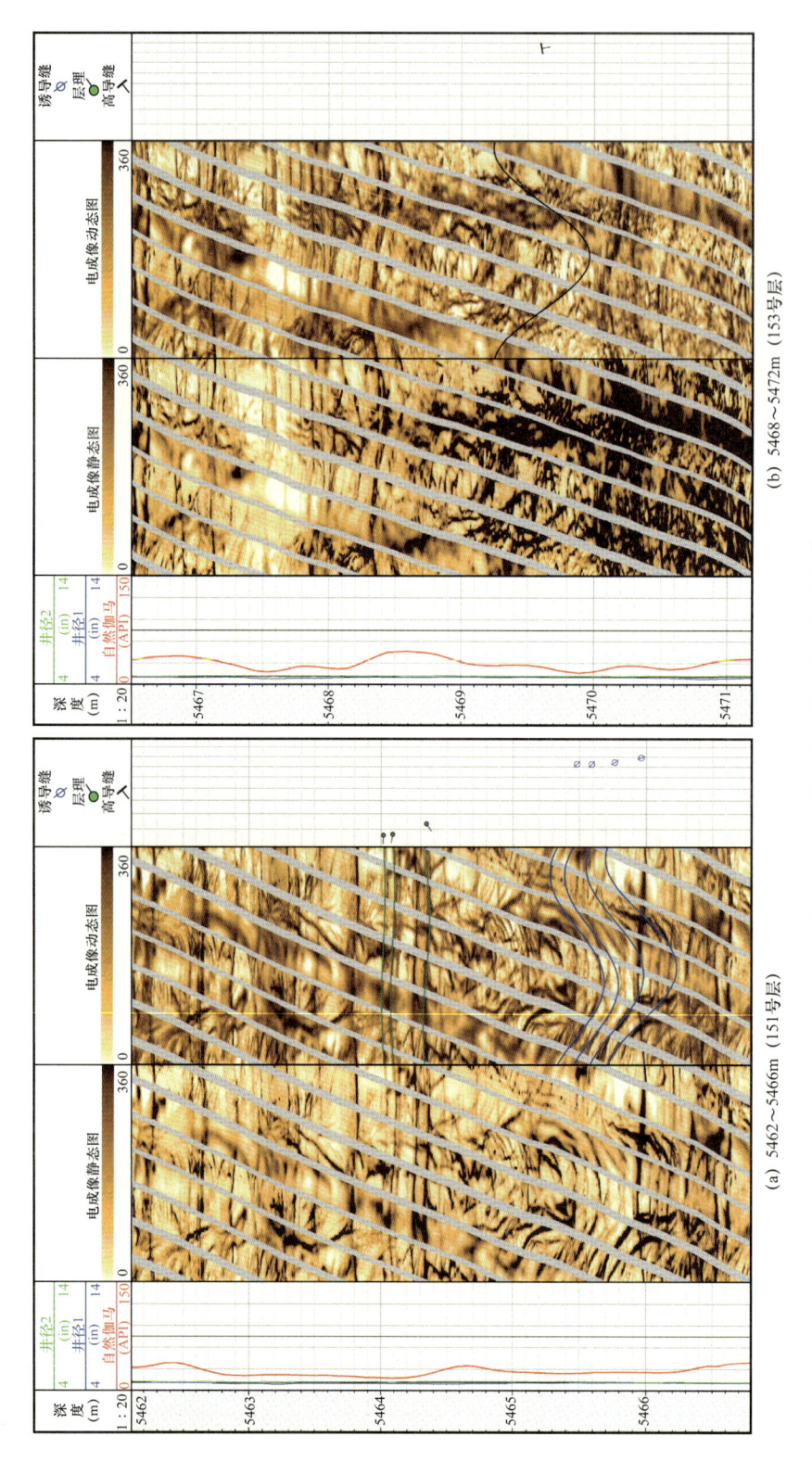

图 3-22 安探 X 井亮甲山组成像测井图

(a) 5462~5466m (151号层)

(b) 5468~5472m (153号层)

随钻方位电阻率成像测井在超深缝洞型
碳酸盐岩储层解释中的应用

※ 简要背景

英西 X 井是塔里木油田勘探事业部在新疆维吾尔自治区阿克苏地区沙雅县部署的一口预探井，构造位于塔里木盆地塔北隆起英买力低凸起南部，英买 2 背斜西南翼。钻探目的是探索评价英买 2 构造主体西部 F_1 X 区域走滑断裂含油气性；加大 $F_1$5 号断裂以西北西向展布断控领域的探索，寻找油气增储上产接替区。该井完钻井深 7380.0m，层位为奥陶系—间房组碳酸岩储层。

※ 问题及解释要点

英西 X 井为一口定向井，完钻井深 7380m，井底温度 153℃，压力 76MPa。自井深 6575m 开始造斜，定向段最大井斜井深 7369.9m，斜度 82.05°；构造圈闭受北西向 $F_1$3 走滑断裂控制，断裂附近岩溶储层发育，钻井工程复杂，施工过程中发生 VSP 重锤落井 1 次、井漏失返 4 次；电缆测井仪器上测至井深 4860m 遇卡，无法采集测井资料，后改用随钻方位侧向电阻率成像测井仪（RIT），成功采集电成像测井资料且资料质量优，克服复杂工程问题；该井 7260m 以深电阻率非常低（8～30Ω·m），流体识别困难。

※ 新技术、新方法应用

中油测井推出的具有自主知识产权的 RIT 能够进行随钻及钻后划眼测井，提供不同方位、不同探测深度的电阻率和高精度电阻率成像，满足地质导向、地层评价需求，减少工程风险，整体达到国际先进水平。其采集的测井曲线质量优，图像清晰，能准确识别多期裂缝、网状缝、高角缝、顺裂缝溶蚀、溶蚀孔洞、溶蚀孔等地质特征（图 3-23）。

通过常规侧向测井、声波时差曲线准确评价储层的电性、物性，通过电成像测井资料准确划分储层类型，结合钻井、录井信息，邻井试采信息，建立测井、地质、钻井、录井多信息集成的解释评价方法。

※ 主要认识

第 9 层，岩性为石灰岩，在物性最好处，基质孔隙度 3.4%，对应的深侧向电阻率 20.3Ω·m；第 10 层，岩性为石灰岩，在物性最好处，基质孔隙度 4.6%，对应的深侧向电阻率 7.5Ω·m；第 14 层，岩性为石灰岩，在物性最好处，基质孔隙度 3.5%，对应的深侧向电阻率 46.5Ω·m（图 3-25）。从岩性、电性、物性看，这 3 个层含水特征明显，用邻井的解释图版验证，也是落在水区（图 3-24），但结合成像测井处理结果、钻井情况分析，第 9 层发育多期裂缝和大的溶蚀孔洞，钻井过程中钻井液漏空失返，气测显示最好，组分全，全烃：2.65%～49.95%，甲烷：0.07%～5.37%，nC_4：2.04%，iC_4：0.89%，iC_5：2.04%；第 10 层，电成像测井解释成果显示，储层发育多期裂缝及顺层溶蚀的孔洞，钻井过程中钻井液大量漏失，气测显示较好，组分全，全烃：2.99%～16.21%，甲烷：0.9%，nC_4：0.95%，iC_4：0.39%，iC_5：0.39%。因此第 9 层、第 10 层电阻率低主要是大量钻井液侵入造成，而非地层水造成，综合解释为油层；第 14 层，整体裂缝、溶蚀孔洞没有上部储层发育，钻井过程中无钻井液漏失，气测显示也相对变差，底部电阻率 8.3Ω·m，说明储层含水，综合解释为含水油层（图 3-25）。

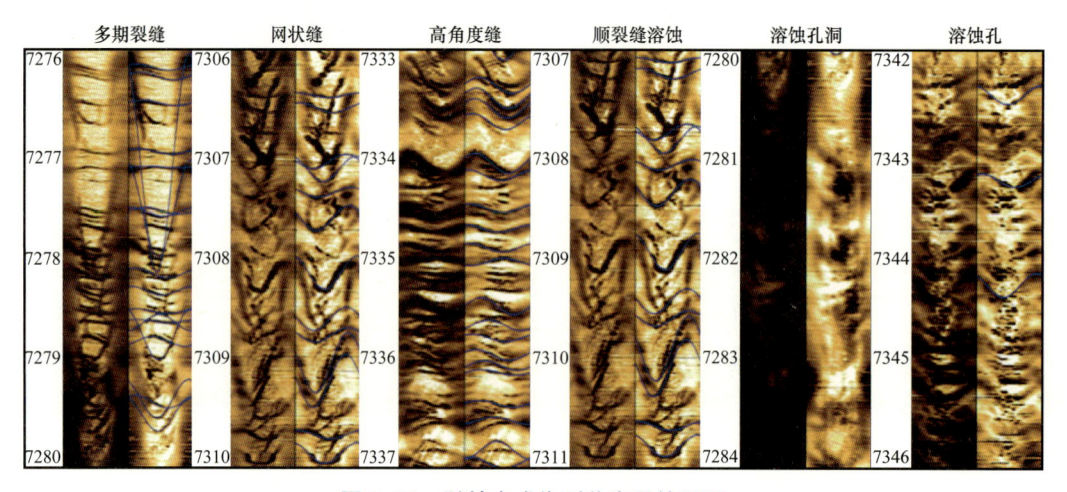

图 3-23　随钻电成像测井应用效果图

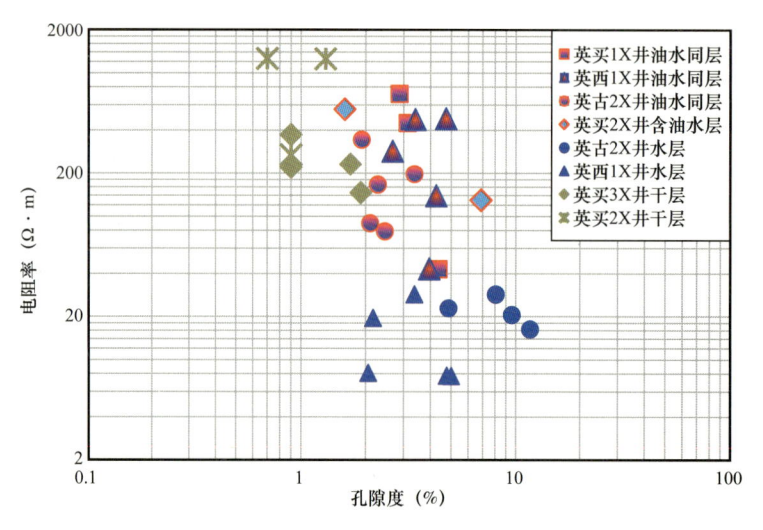

图 3-24　英西 X 井区流体识别图版

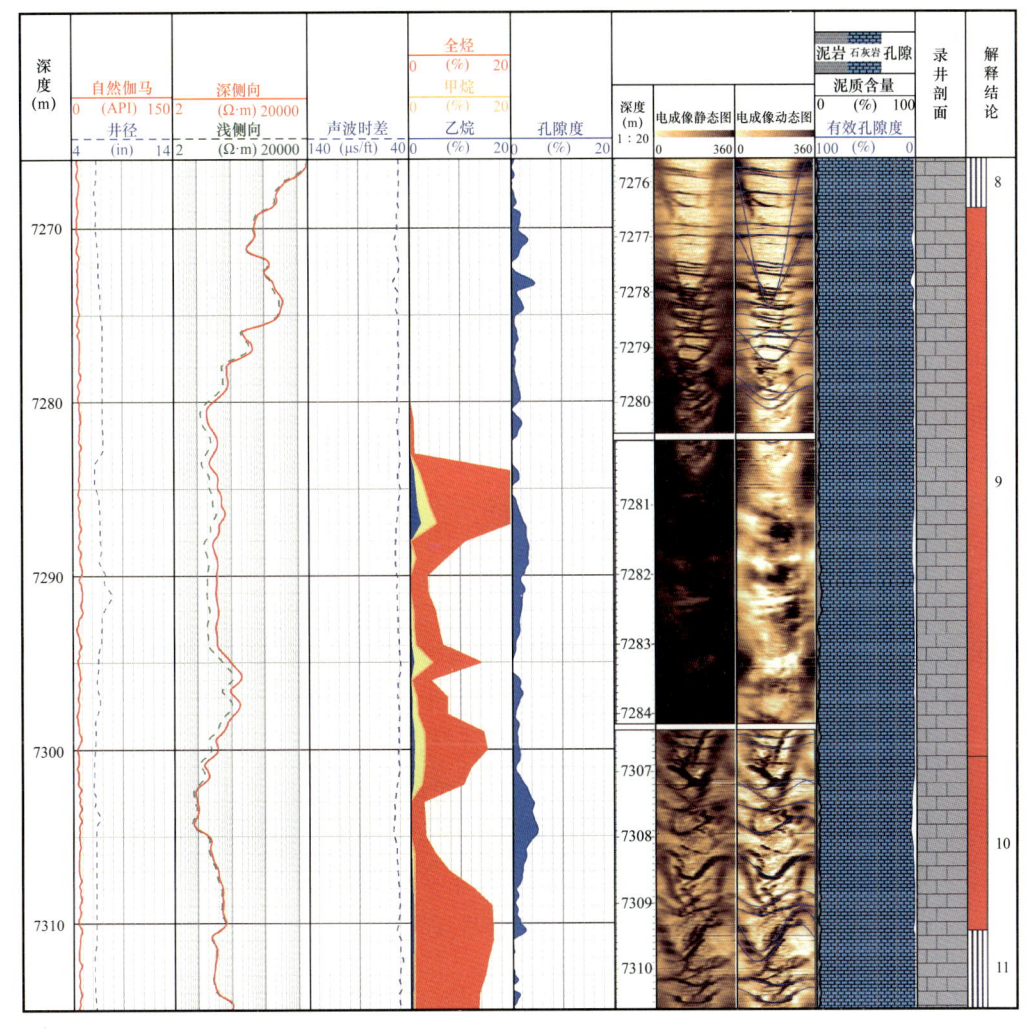

图 3-25 英西 X 井一间房组测井解释成果图

※ 效果验证

7133～7380m 井段常规试油，使用 4mm 油嘴求产，油压 17.351MPa，折日产油 150m³，日产气 2450m³，结论为油层。验证了储层评价的正确性，说明国产随钻电成像测井质量过硬，在超深碳酸盐岩储层裂缝、孔洞识别方面具有很好的应用效果。

CPLog 仪器助力超深白云岩储层评价

※ 简要背景

轮探 X 井是塔里木盆地塔北隆起轮南低凸起寒武系盐下台缘丘滩带的一口风险探井，原设计井深 8500m；目的层为寒武系肖尔布拉克组，钻探目的为探索轮南下寒武统白云岩储盖组合的有效性及含油气性，突破寒武系盐下丘滩体白云岩新类型，开辟轮南油气勘探新领域，推进深部层系勘探进程，寻找油气增储上产接替区。该井完钻井深 8882m，地层为震旦系奇格布拉克组。

※ 问题及解释要点

轮探 X 井井底温度 167℃，压力 135MPa，给测井数据采集带来新的挑战。国产 CPLog 测井系列挑战测井技术极限，经充分组织准备，成功完成 4 趟测井作业，获取了双侧向、放射性、XMAC-F1、MCI 电成像等测井资料，创造了亚洲测井工程新纪录，为新层系——轮南区寒武系盐下白云岩储层测井解释评价的成功提供了有力的技术支撑。

轮探 X 井目的层为寒武系盐下白云岩储层，该层系勘探程度低，邻区钻揭震旦系的井只有雅克 X 井，钻揭中寒武统的井有塔深 X 井、中深 X1 井、中深 X2 井，油气藏类型、油气水关系认识程度低，给储层评价、流体性质识别带来挑战。

※ 新技术、新方法应用

该井成功采集了双侧向、中子、密度、远探测声波、电成像（FMI-HD、MCI）等测井资料，目的层段采集了贝克休斯公司 Flex 元素测井资料。岩性扫描测井能精确评价储层岩石矿物成分和基质孔隙，电成像测井评价井周缝洞发育及连通情况，远探测声波测井用于井旁缝洞发育及横向沟通情况评价。通过对成像测井资料的精细量化处理准确评价裂缝、孔洞发育程度，划分储层类型，借鉴塔里木油田白云岩储层评价标准，建立了该井测井"四性关系 + 成像测井资料"综合划分白云岩储层类型及流体性质识别方法。

※ 主要认识

第一储层发育段（7939.5～7996.0m），属于中寒武统沙依里克组，为该井气测显示最活跃段，全烃：5.64%、甲烷：2.85%；岩性扫描测井处理结果显示该段储层岩性为灰质云岩，常规测井处理的基质孔隙度比较低，平均为 2.5%～4.5%，电成像测井显示储层裂缝欠发育，仅在 7963～7980m 井段发育 7 条高角度裂缝，综合评价该段储层类型为孔洞型、裂缝—孔洞型，物性较差，流体性质以差气为主，其中物性较好的储层有 12 号层，深电阻率 184.3Ω·m，基质孔隙度 6.95%，裂缝孔隙度 0.17%，电成像测井显示发育 2 条完整裂缝和不连续裂缝，可见顺层溶蚀孤立孔，综合解释为孔洞型Ⅱ类储层，解释结论为油层；14 号层，深电阻率 189.5Ω·m，基质孔隙度 4.8%，裂缝孔隙度 0.042%，电成像测井显示发育不连续的裂缝和孤立的溶蚀孔，判断为裂缝—孔洞型Ⅱ类储层，解释结论为气层（图 3-26），电阻率—孔隙度交会落在图版的气区、差气区（图 3-27）。

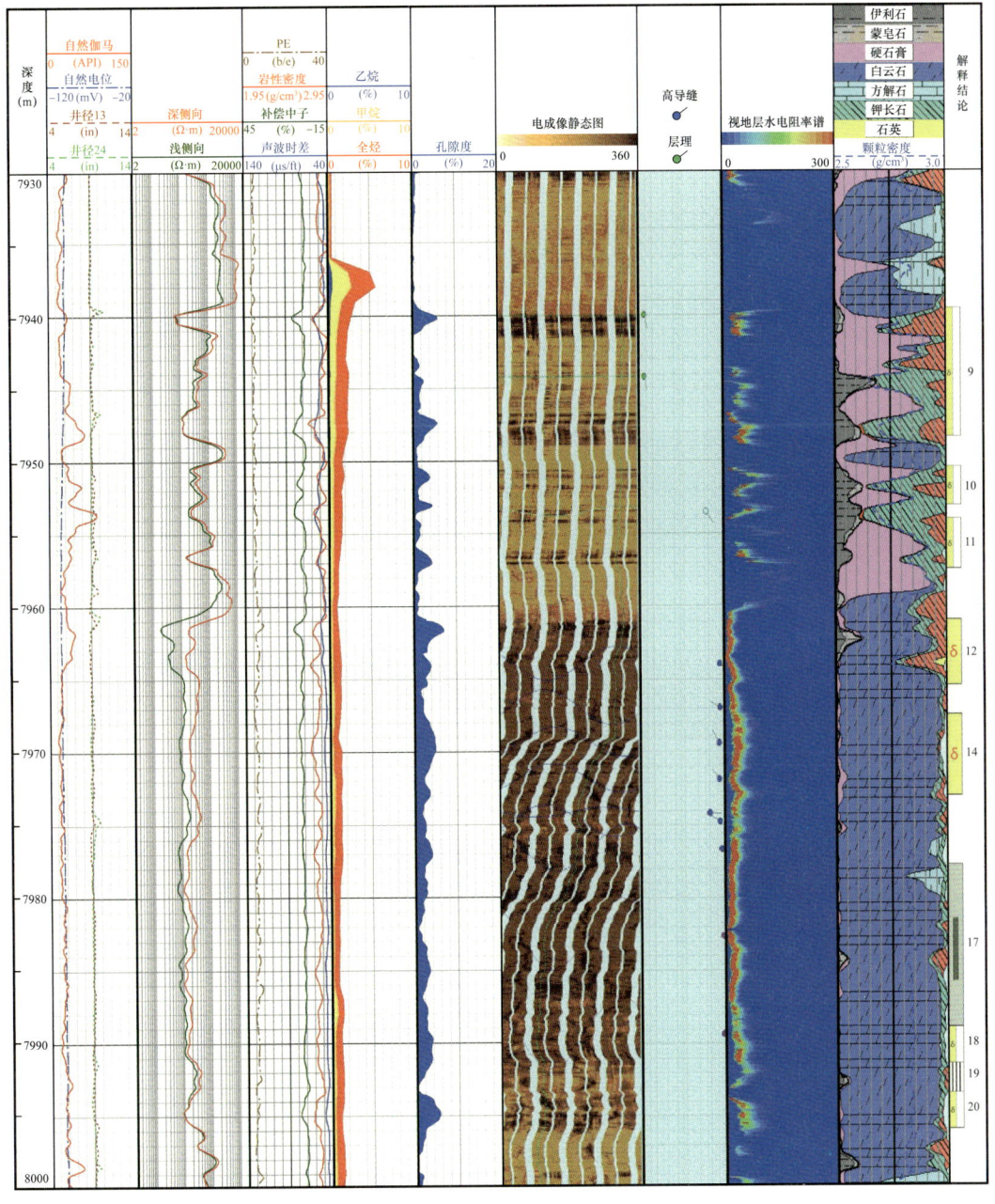

图 3-26　轮探 X 井测井综合解释成果图一

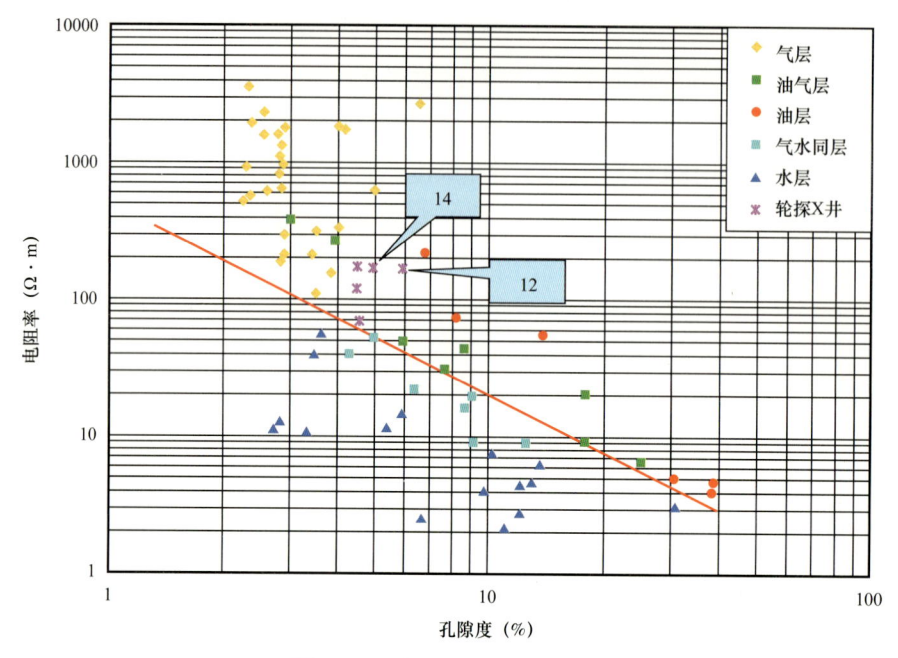

图 3-27　白云岩储层评价图版

第二储层发育段（8203～8260m），属寒武系吾松格尔组，气测显示较差，全烃：2.83%、甲烷：1.58%；岩性扫描测井处理结果显示该段上部岩性为灰质云岩，下部为云质灰岩。23号层，深电阻率 772.3Ω·m，基质平均孔隙度 3.1%，电成像测井曲线显示裂缝不发育，见溶蚀孔洞，综合解释为孔洞型Ⅱ类储层（4.5m/1层）；25号层，深电阻率 367.9Ω·m，基质平均孔隙度 3.7%，裂缝孔隙度 0.032%，电成像测井显示发育不连续的微裂缝和孤立的溶蚀孔，综合解释为裂缝—孔洞型Ⅱ类储层（6.5m/1层），其他基质孔隙度小于 2.0%，裂缝不发育的层段解释为Ⅲ类储层（图3-28），电阻率—孔隙度交会落在图版的差气层区（图3-29）。

※ 效果验证

2020年1月28日对该井寒武系沙依里克组和吾松格尔组 7940～8260m 井段酸化测试，使用 6mm 油嘴求产，油压 13.801MPa，折日产油 90.7m³、日产气 21498m³，测试结论油层，验证了测井解释认识。成像测井新技术、新方法在轮探X井的成功运用，改写了液态石油赋存深度极限认识，开辟塔里木盆地超深层油气勘探新领域，为勘探开发向深层推进积累了宝贵经验。

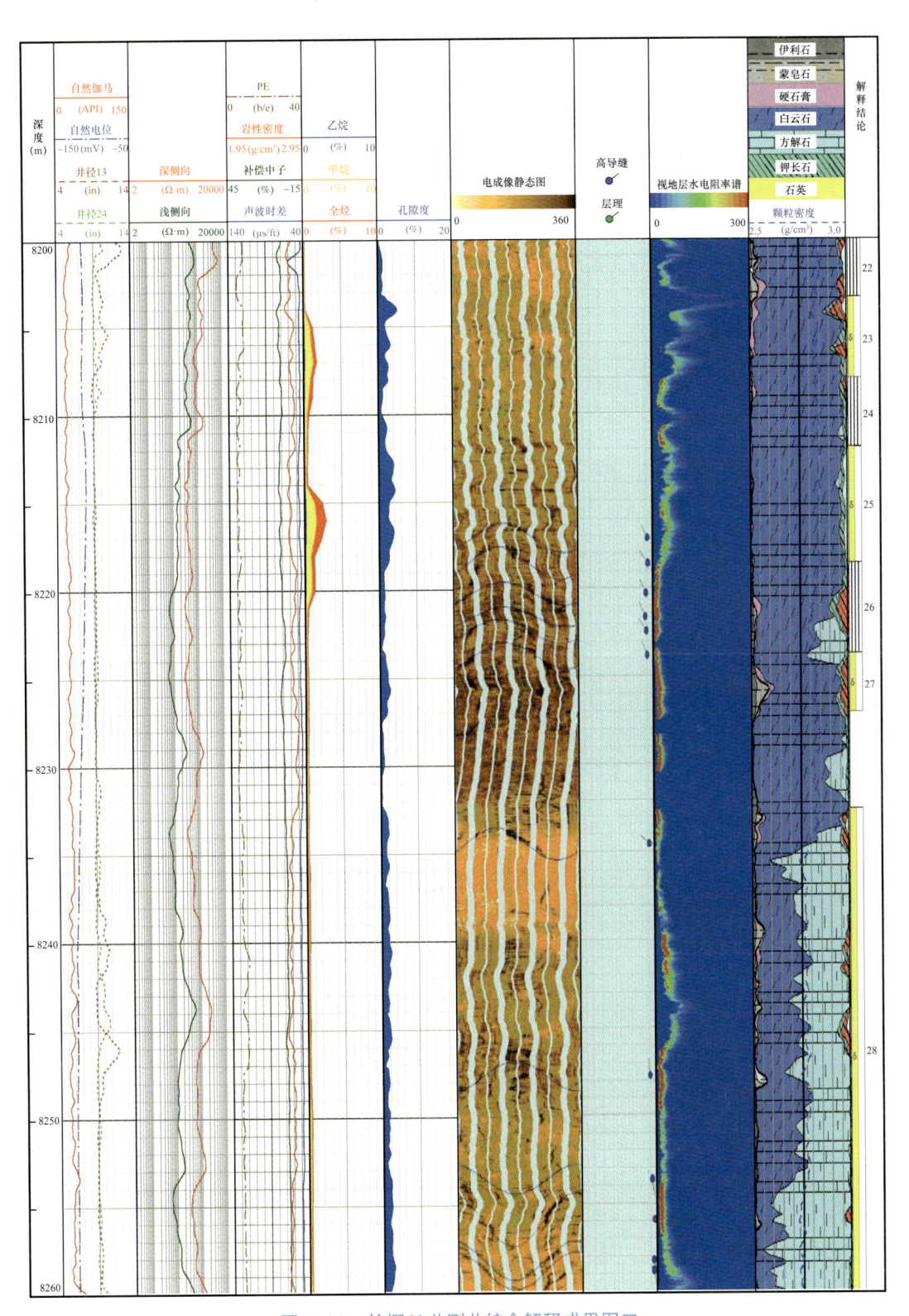

图 3-28 轮探 X 井测井综合解释成果图二

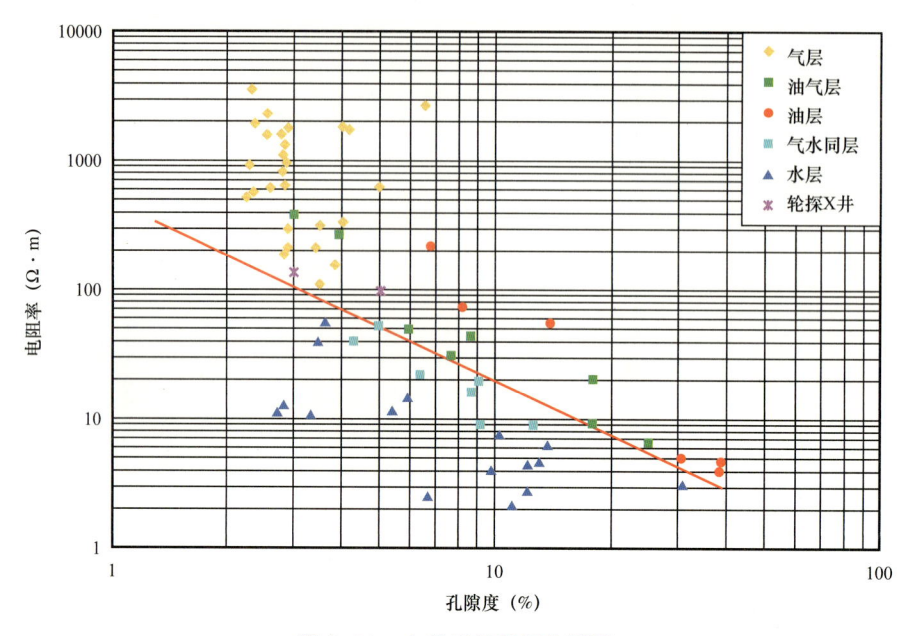

图 3-29 白云岩储层评价图版

成像测井在大风山构造带混积岩储层综合解释中的应用

※ 简要背景

风西 X 井位于柴达木盆地大风山以西地区，该构造受风南、风北断层控制，表现为"两断夹一隆"的构造模式。区内发育新生界多套含油层系，其中 $N_1—N_2^1$ 时期，受物源影响较小，整体为浅湖相，以碳酸盐岩沉积为主，局部发育碎屑岩。有利相带为藻丘、灰云坪和滩坝，与南翼山有一定连续性，向大风山过渡带岩性尖灭明显。

该井钻探目的是评价风西构造 $N_1—N_2^1$ 油藏向南展布范围，落实含油面积及储量规模。设计井深 4170.0m，完钻井深 4170.0m，完钻层位为 N_1。

※ 问题及解释要点

风西地区储层薄互层沉积、岩性多变、纵向变化快，储层具有砂泥灰混积特点，为碎屑沉积和化学沉积的混积岩类。在测井综合评价中面临的解释要点有以下几方面。

一是优势岩性岩相评价。区内白云岩、黄铁矿（平均 5%）普遍发育。储层岩性以泥灰岩为主，其次是藻灰（云）岩，泥灰质云岩、泥质粉砂岩少量发育。储层单层厚度普遍较薄，多以藻灰岩、灰云岩互层为特征。常规测井难以区分储层岩性（图 3-30），需利用高分辨率电阻率成像测井实现岩性精细划分。二是致密储层有效性评价。岩心分析孔隙度、渗透率较低，孔隙结构复杂，储层相对致密，电阻率曲线响应影响因素复杂，物性—电阻率方法进行流体识别需要进一步完善，同时利用核磁共振测井等非电法测井资料进行辅助。三是流体识别及饱和度评价。通过核磁共振实验分析，饱和/离心 T_2 谱对比结果显示，对应上述实验室得到的 T_2 截止值，束缚水饱和度位于 30.5%～54.3% 区间，说明储层含油饱和度低。需从地质油藏、岩心分析等方面研究低含油饱和度成因，测录资料结合建立流体识别方法。

※ 新技术、新方法应用

在核磁共振、压汞、CT 实验分析的基础上，结合岩屑油砂层交会发现，碳酸盐含量与孔隙度成正比，黏土含量与孔隙度成反比。结合取心及油砂岩显示，认为碳酸盐岩为其优势矿物成分。碳酸盐含量≥45%、泥质含量≤30% 是有效储层的基本条件，结合成像测井资料进一步明确优势岩性岩相组合为藻灰岩和泥晶灰云岩，如图 3-31 所示。

图 3-30 常规测井岩性识别图版

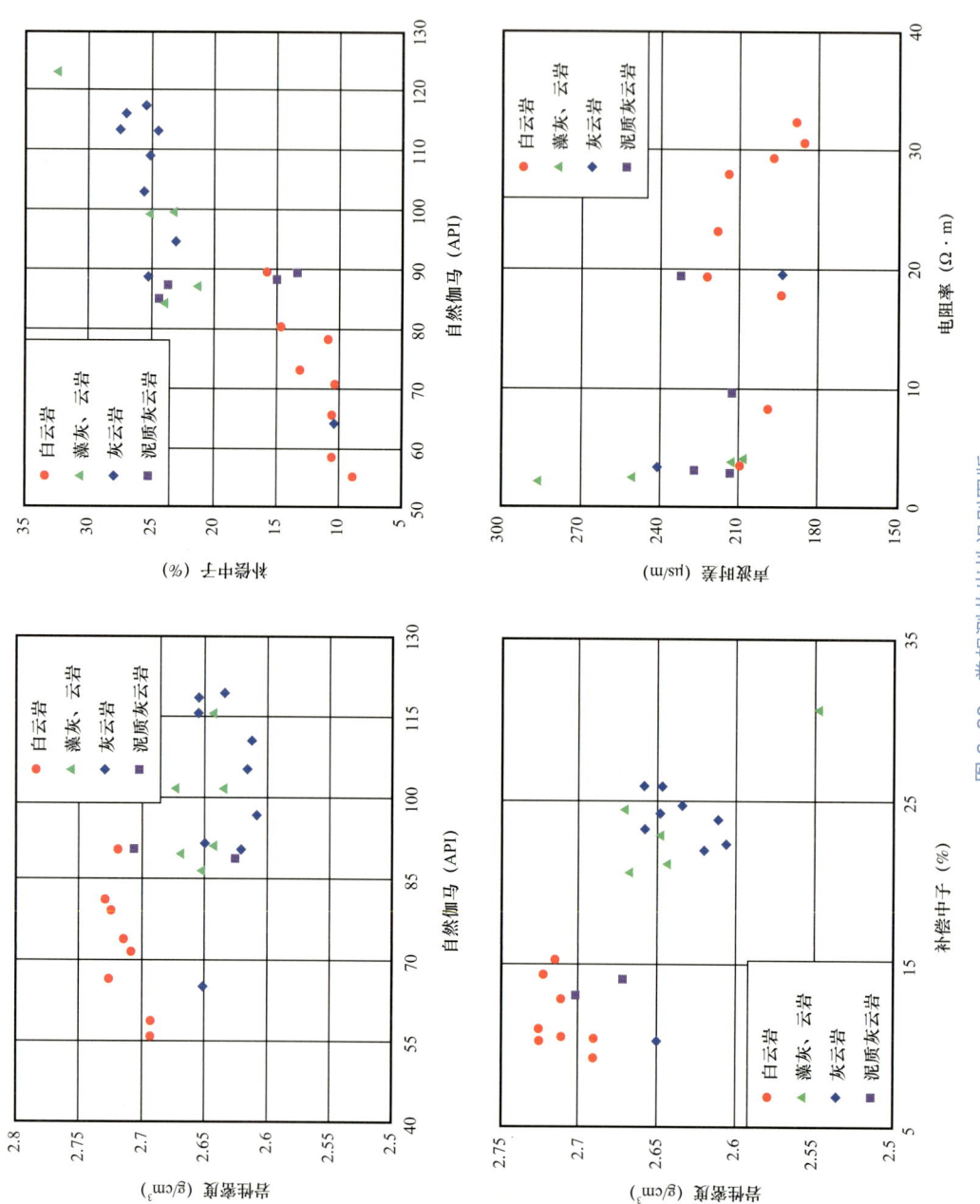

图 3-31 优势岩性电成像测井图

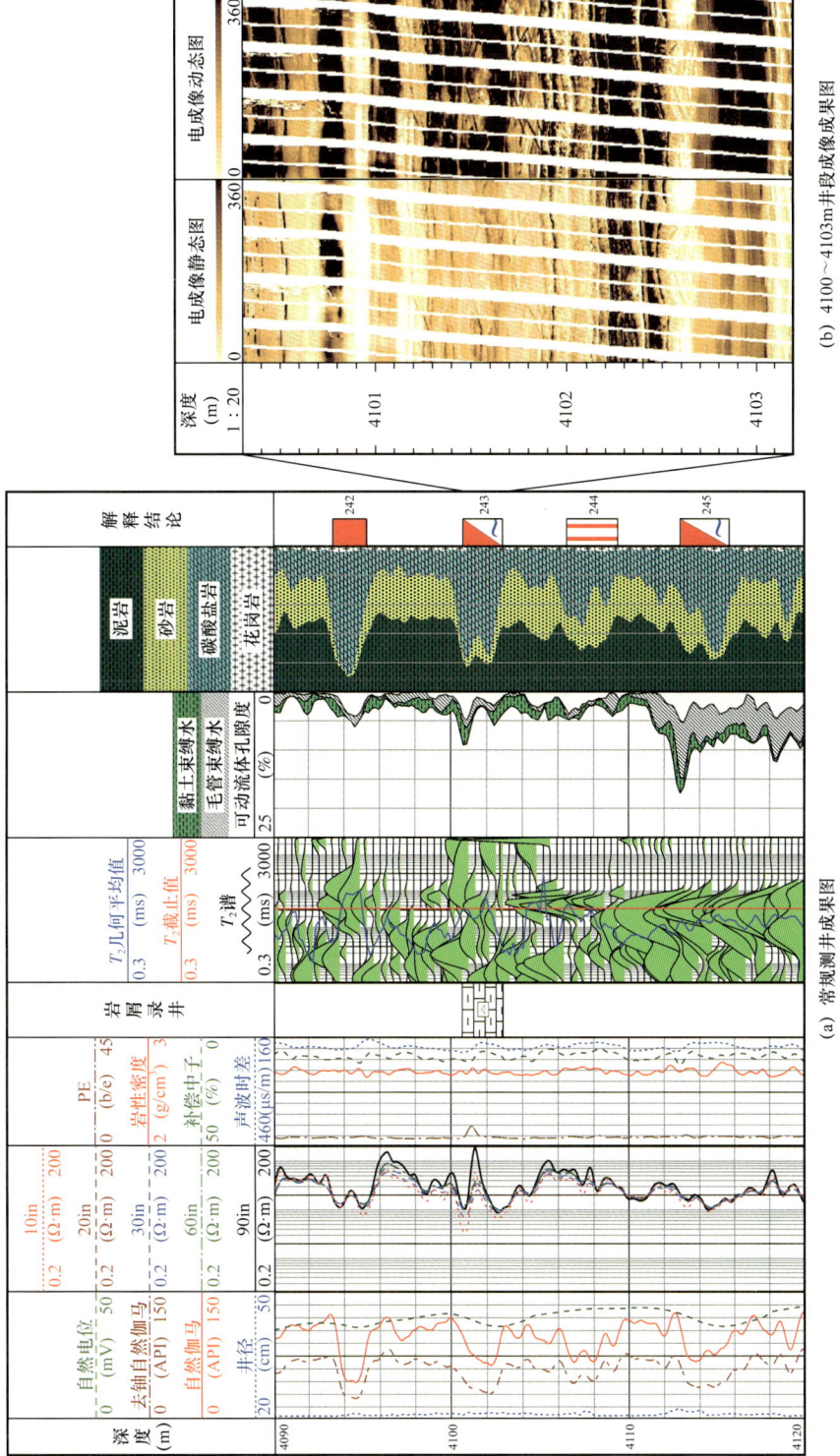

基于地层元素测井资料，形成了变骨架值孔隙度计算方法，计算结果与岩心分析孔隙度吻合性较好，如图 3-32 所示。

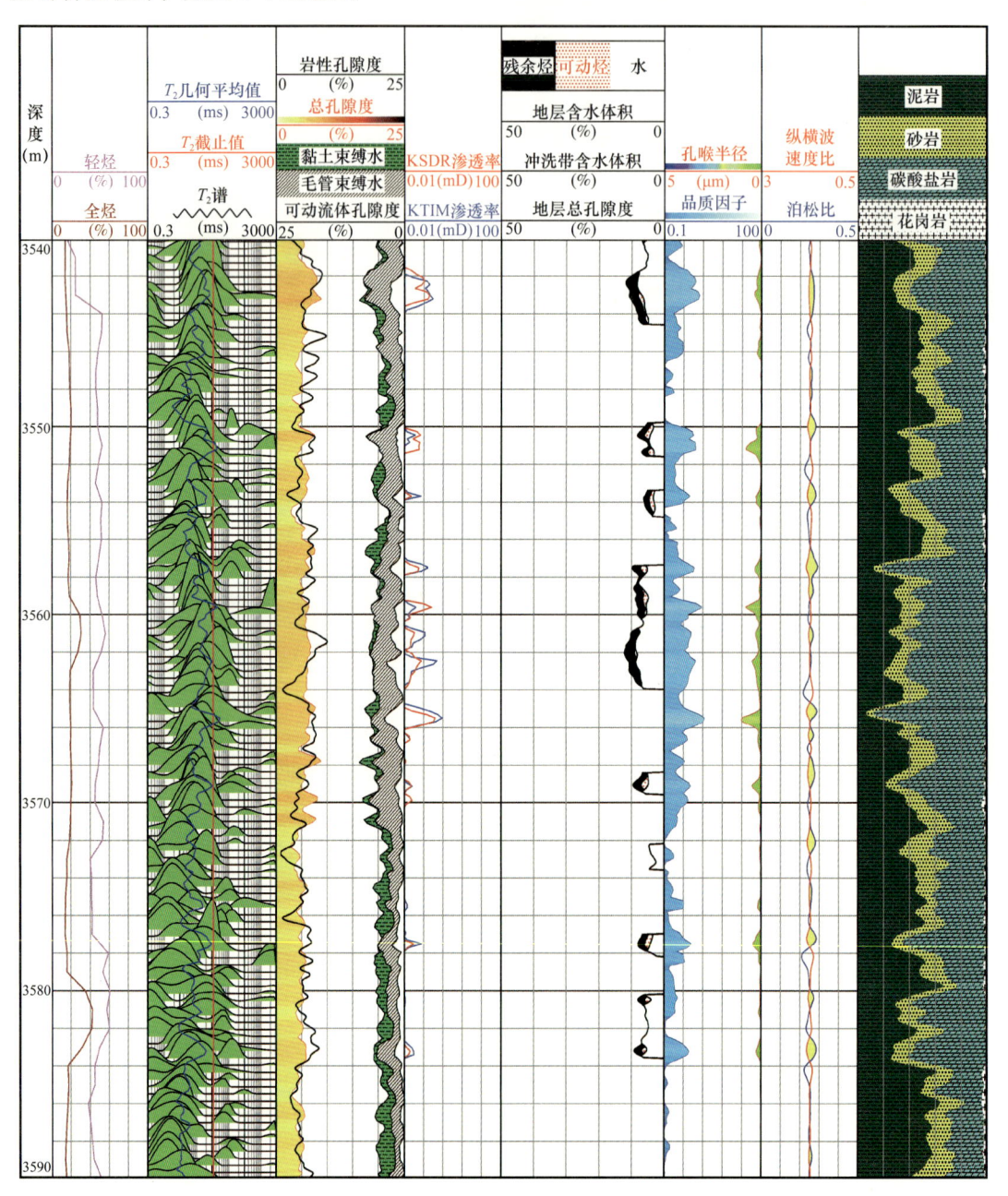

图 3-32 变骨架孔隙度计算成果图

电成像测井叠层状及团块状藻灰岩是最有利的储层结构，暗斑状藻灰岩次之，而强层状、弱层状及致密块状是不利的储层结构。依据试油数据相约束，利用声波测井—感应测井交会技术，流体识别符合率较高；录井 C_1/C_5—C_1/iC_4 图版有效剥离油层，如图 3-33 所示。

成像测井在大风山构造带混积岩储层综合解释中的应用

(a) 不同储层结构图像

有利成像结构（叠层藻灰岩/暗斑状）　　　不利成像结构（强/弱层状）

(b) 不同流体识别图版

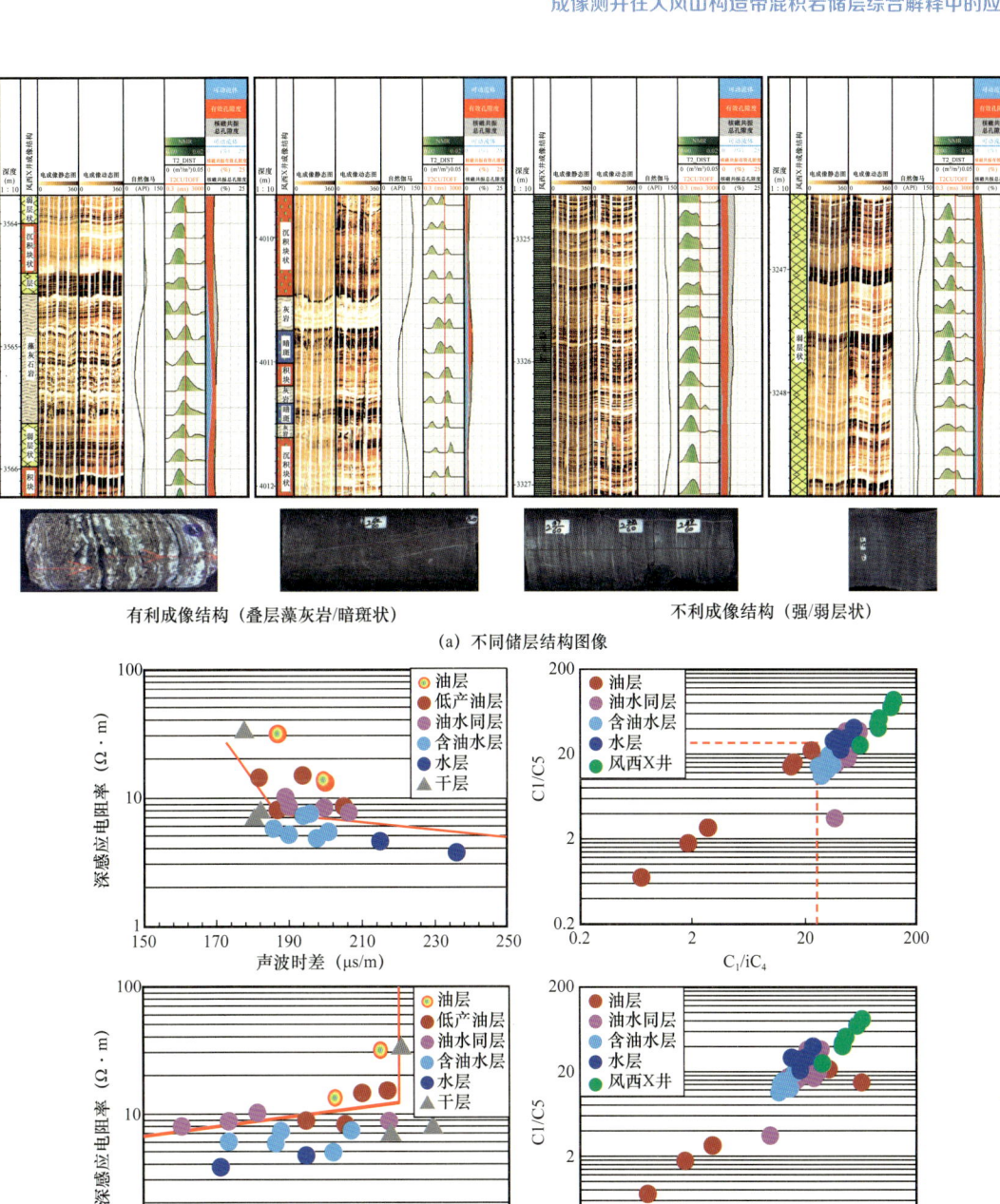

图 3-33　岩心与测录结合解释图版

※ 主要认识

　　风西地区岩石矿物成分以长英质、碳酸盐矿物、黏土矿物混积为主，局部碳酸盐较富集，储层岩性主要为藻灰岩、泥晶灰岩、灰质粉砂岩等，储层空间以溶蚀孔、晶间孔、裂缝为主。藻灰岩发育藻团块、藻纹层、藻叠层 3 种结构，其胶结作用强弱和内部结构不同，使孔隙发育程度存在显著的非均质性，藻纹层的核磁共振有效孔隙度及可动流体孔隙度相对较高。

据油砂层核磁共振参数定量评价的孔隙度—渗透率交会结果，孔隙度大于4%、渗透率大于0.02mD是有效储层的下限；据T_2谱特征及孔隙度、渗透率建立参数评价孔隙结构，孔喉半径大于0.05μm、品质因子大于0.2是有效储层的基本条件。结合压汞曲线发现，三类储层区别明显：Ⅰ类为藻灰岩，高孔高渗；Ⅱ类为灰云岩为主，高孔但低渗；Ⅲ类主要为孔渗均很低的泥质灰云岩。

结合岩性扫描测井、电成像测井、核磁共振测井及阵列声波测井实现储层的七性评价，风西X井N_1Ⅱ-7小层，解释结论243号层（4100~4110m）计算碳酸盐约占70%，电成像测井具明显叠层构造，为典型藻灰岩，属于Ⅰ类储层。自然伽马中低值，为64API，自然电位负异常明显，声波时差平均为185μs/m，密度平均为2.68g/cm³，中子测井值平均为6.4%，核磁共振有效孔隙度最大7.8%，渗透率0.97mD，T_2谱显示以大孔隙为主，电成像测井曲线具3条明显高导缝。电阻率平均为15.9Ω·m，对应全烃含量为100%，甲烷含量为38.4%，组分齐全，槽面见10%针孔气泡及10%条带状油花，定量荧光含油浓度为34.7mg/L，节流循环时点火焰高4~10m，油气显示活跃。综合测录井信息，该层解释为油层，如图3-34所示。

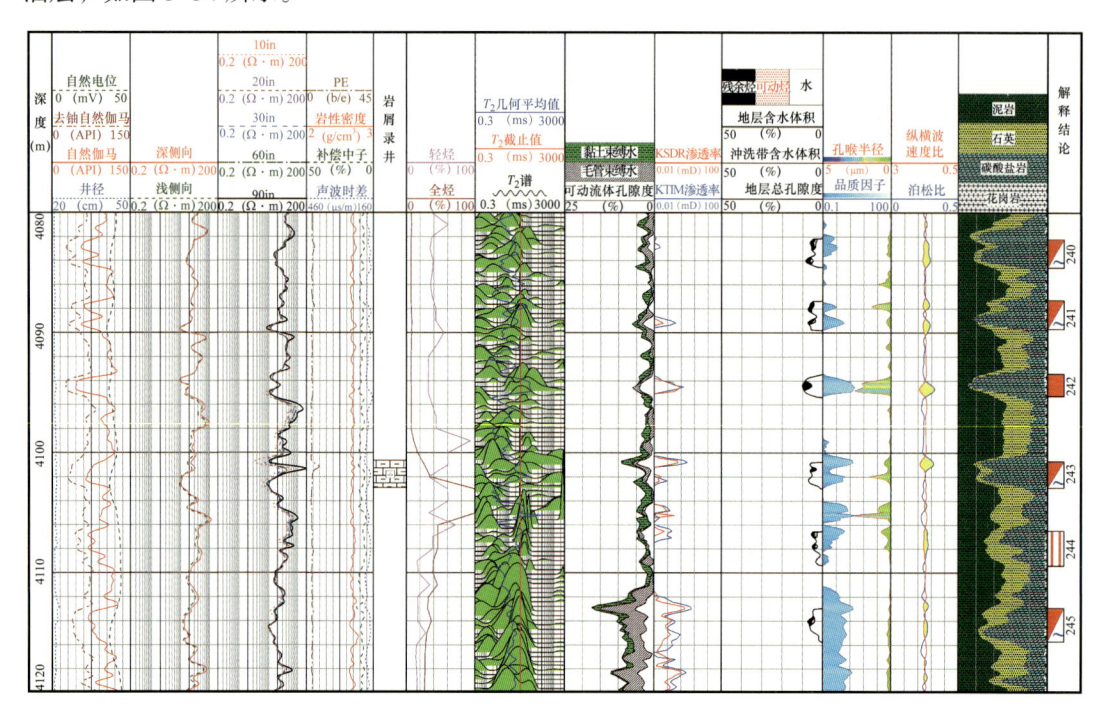

图3-34 风西X井试油层典型图

※ 效果验证

对4100~4110m井段试油，获日产31.08t高产工业油流，证实了风西构造N_1—N_2^1油藏向南展布的潜力，落实了本区的含油面积，并扩大了储量规模。

成像测井在柴西坳陷英雄岭构造带混积岩储层综合解释中的应用

※ 简要背景

柴 X 井是位于柴达木盆地柴西坳陷英雄岭构造带干柴沟地区的一口预探井。干柴沟地区是柴达木盆地西部坳陷区茫崖坳陷亚区英雄岭构造带上的一个三级构造。西南为狮子沟构造，北东为咸水泉构造，北西为阿尔金山脉，东南倾没于英雄岭凹陷之中，自山前至盆地腹部，整体为一斜坡构造。干柴沟地区 N_1—N_2^1 成藏模式为下生上储型，E_3^2 为自生自储型。干柴沟构造 E_3^2 具备生油能力，同时该区紧邻红狮生油凹陷，油源条件优越。E_3^2 发育与英西地点相似的纹层灰云岩、颗粒灰云岩，上部发育盐层盖层，生储盖组合配置良好，有利于油气聚集保存。同时，N_1—N_2^1 发育优质碎屑岩、藻灰岩储层，地面露头油气显示丰富。

该井勘探目的为探索干柴沟二号构造 E_3^2— N_2^1 含油气性，完钻深度 2288.0m，完钻层位为 E_3^2。

※ 问题及解释要点

干柴沟地区为湖相混积岩储层，矿物成分多样，储层与非储层的岩性界限不明显。地层纵向变化快，单层厚度差异大，测井曲线响应特征差异小。发育多种不同类型的储集空间，孔隙结构变化大，电阻率主要受物性的影响，流体性质的判识存在困难，油藏发育的主控因素复杂。

※ 新技术、新方法应用

针对纵向非均质性极强的储层，精确的岩心深度归位确保岩心测井的相互验证与刻度，利用岩心标定电成像测井储层结构精细划分，先利用岩心伽马进行深度归位，然后用成像测井精细标定。通过人机交互裂缝拾取及裂缝参数的定量计算（裂缝孔隙度、裂缝宽度、裂缝长度和裂缝密度）综合评价储集空间，如图 3–35 所示。

根据常见物质的热中子俘获截面（Σ）看到，油与咸水的热中子俘获截面差异巨大，在水的矿化度超过 25×10^4mg/L 时，其热中子俘获截面大于 120cu，如果油的体积超过 2%，Σ 会比纯水层小 2.0cu，这是其区分油水的物理基础。孔隙度越大，油水区分越明显，误差也越小。根据模型计算得到地层的热中子含油指数，如图 3–36 所示。

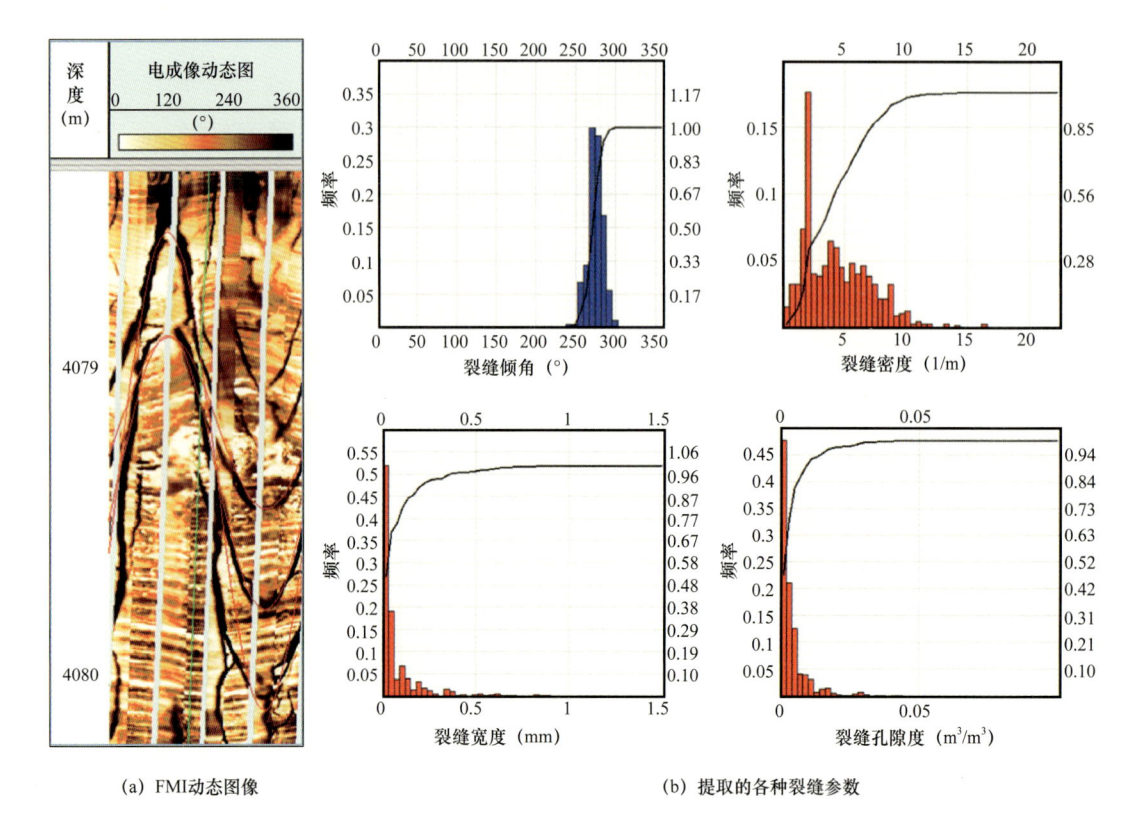

(a) FMI动态图像　　　　　　　　　　(b) 提取的各种裂缝参数

图 3-35　裂缝参数定量计算参数统计图

物质	$\Sigma_{本质}$ (cu)	$\Sigma_{测量}$ (cu)
砂岩	4.32	8~13
石灰石	7.1	8~10
白云石	4.7	8~12
硬石膏	4.7	8~12
石膏	18	18
淡水	22	22
咸水	22~130	22~130
油	22	16~22
泥岩		20~60

(a) 热中子俘获界面数据　　　　　　(b) 孔隙度和Σ图版

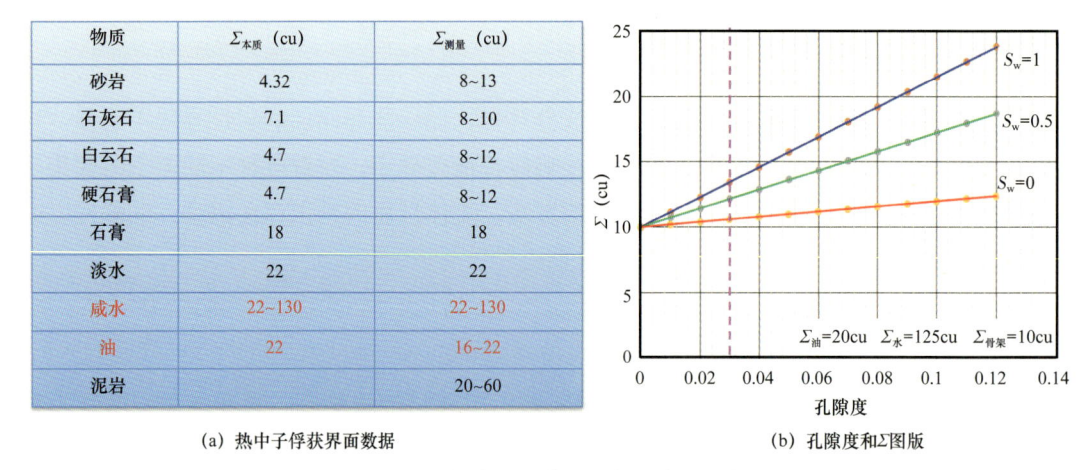

图 3-36　热中子俘获界面数据表及图版

挖掘气测组分参数在储层不同流体之间变化规律，结合电导率指数，优化参数运算关系，定义含气指数、含水指数，有效反映储层流体含油性、含水性特征，明确流体性质划分，提升了油气层解释符合率，实现对干柴沟地区复杂油气层的准确解释评价。公式如下：

$$V_g = \frac{51.8 C_1 \left(\sum_{i=1}^{4} C_i\right)\left(\sum_{i=2}^{5} C_i\right)\sqrt{C_2 C_3}}{C_4^{\ 3}\sum_{i=1}^{5} C_i \times 1000} \quad (3\text{-}6)$$

$$V_w = \frac{C_1(C_1 + C_2)D_{zh}}{C_5 \sum_{i=3}^{5} C_i \times 100} \quad (3\text{-}7)$$

式中：V_g 为含气指数；V_w 为含水指数；D_{zh} 为电导率指数；C_i 为气测组分，$i=1$，…，5。

解决流体识别难题，利用含气指数、含水指数建立多参数流体解释评价图版，根据热中子含油指示与孔隙度交会区分油水层，如图 3-37 所示。

(a) 含气指数和含水指数交会图版

(b) 孔隙度和热中子含油指数交会图版

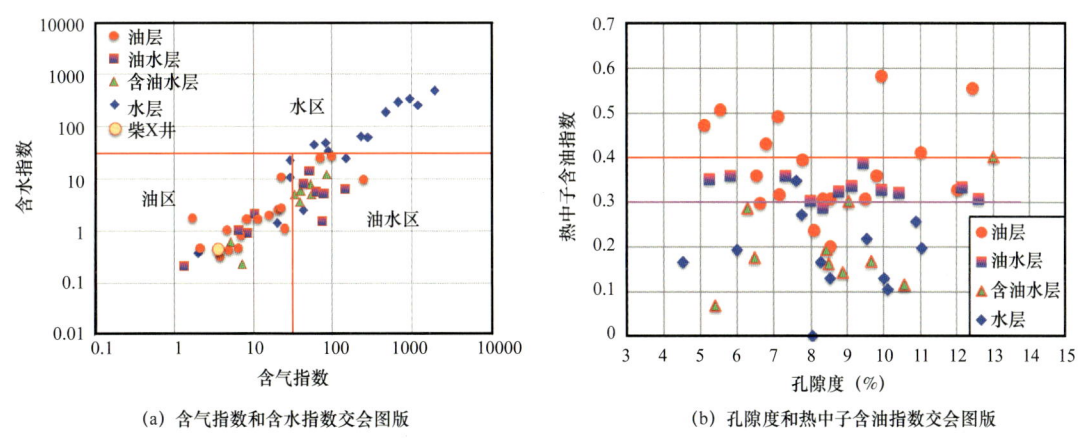

图 3-37　干柴沟地区识别流体图版

※ 主要认识

结合岩性扫描测井和全岩数据分析表明，碳酸盐岩储层物性受白云石含量控制，含油性受物性控制。灰云岩相（灰云岩、含泥灰云岩）物性最好，泥质灰云岩相次之。灰云岩类（白云石含量大于方解石含量）物性随泥质含量增加而变差，云灰岩类（白云石含量小于方解石含量）整体物性差，混积岩类孔隙度中等，但有机碳含量（TOC）整体较高。灰云岩类为有效储层岩相，混积岩及泥岩类生烃能力较强。有效储层黏土含量小于25%，白云石含量大于40%。孔隙度下限6%，可动孔隙度3%；砂岩储层孔隙度下限4%，可动孔隙度2%。

柴 X 井 E_3^2 101~104 号层测井综合解释为油层，自然伽马低值，为 66API；声波时差 267μs/m，高于围岩；岩性密度 2.61g/cm³，略低于围岩；补偿中子测井值 19.0%，略低于围岩；阵列感应电阻率及双侧向电阻率低于围岩，深感应电阻率 2.6Ω·m。岩性扫描测井处理结果显示岩性以碳酸盐岩为主，其中云质含量 58.5%，灰质含量 6.5%，砂质含量

15.5%，泥质含量 19.5%，计算基质孔隙度 10.0%，热中子含油指数 0.48，根据图 3-37 的图版位置，落于油区。

电成像测井结构划分主要为弱层状，高导缝发育，计算裂缝孔隙度 0.66%，如图 3-39 所示。阵列声波测井处理结果显示纵横波速度比和泊松比叠置具有一定的包络面积，指示具有一定的含油气性。气测录井在 2228.0m 全烃显著抬升，最高值达 52.55%，组分出至 nC_5，槽面见 40% 针孔状气泡，池面上涨 $0.8m^3$ 一次，取气样点燃，焰色为蓝色，焰高 3cm，燃时 3s，岩性为荧光泥灰岩。该层全烃最大值 1.55%，组分出至 nC_5，具有含油气特征。

※ 效果验证

柴 X 井在 2238.0~2254.0m 层段试油，日产油 $119.5m^3$，日产气 $4.82 \times 10^4 m^3$，如图 3-38 所示。

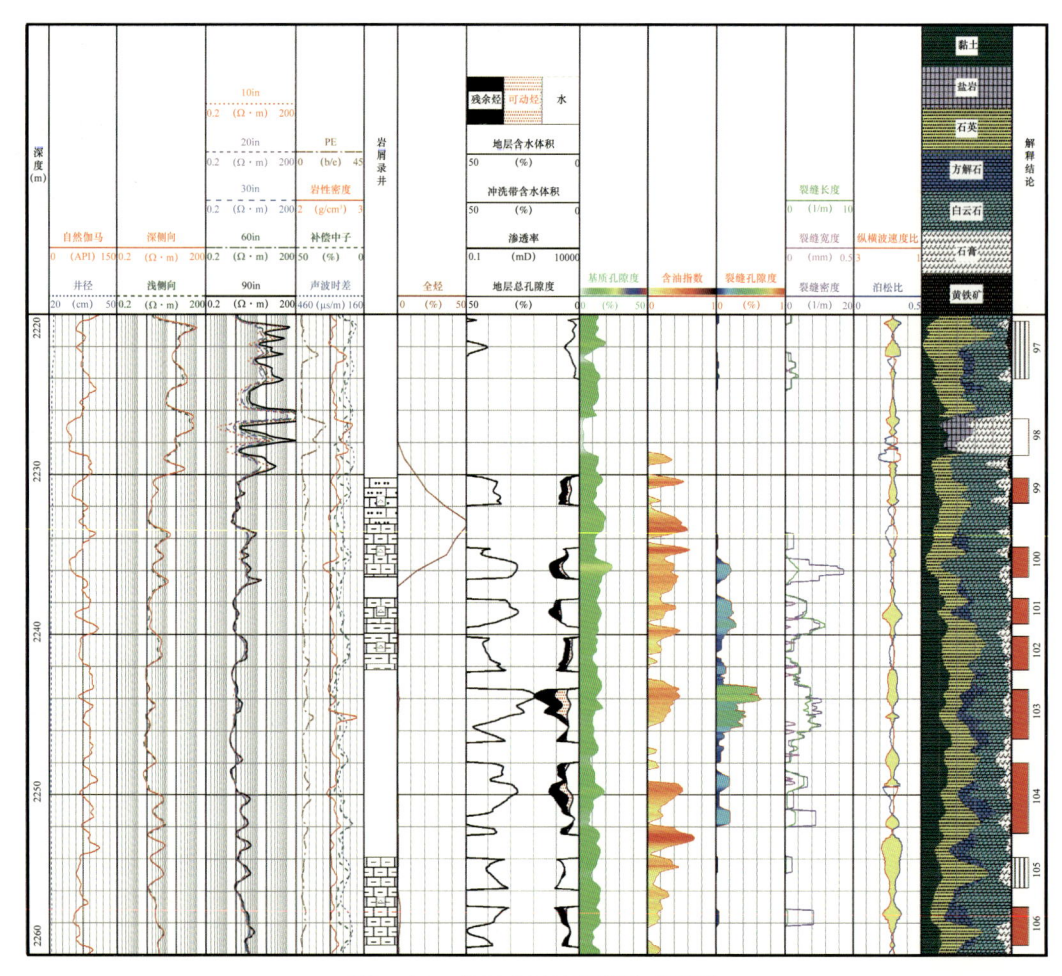

图 3-38 柴 X 井试油层测井成果图

(a) FMI成像解释结果

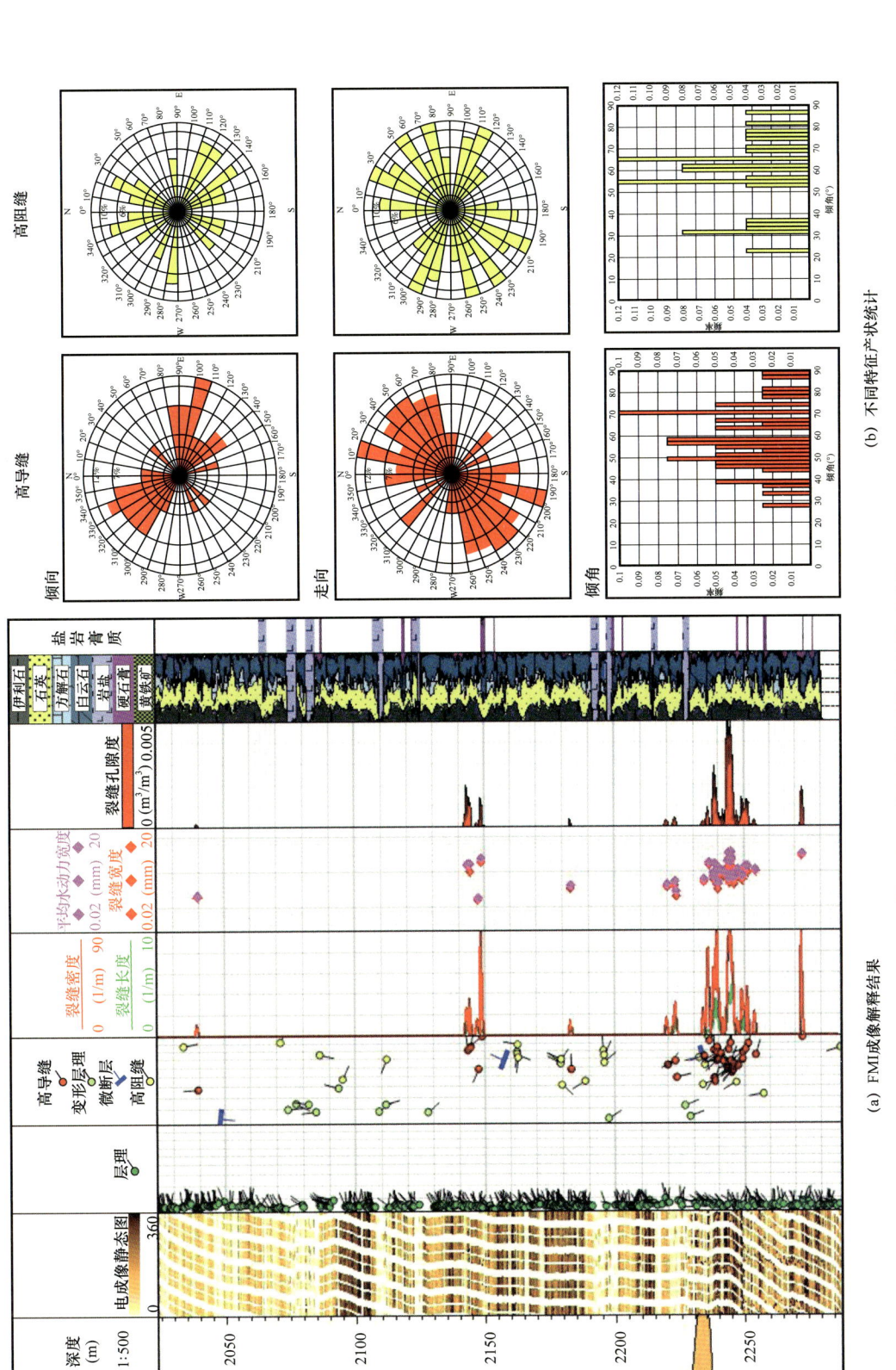

(b) 不同特征产状统计

图3-39 柴X井成像测井处理成果图

成像测井在乌兹别克斯坦碳酸盐岩储层的应用

※ 简要背景

Kokchalak X 井是位于乌兹别克斯坦西北部卡拉卡尔帕克斯坦共和国穆尼亚克州境内的一口预探井，构造位于中亚北乌斯丘尔特盆地阿克土姆苏克凸起带东部。该井勘探目的是评价该地区侏罗系油气分布及古生代顶部含油气情况，完钻深度 3295.0m。

※ 问题及解释要点

该井所在区域勘探程度低，前期主要的勘探目标为侏罗系砂岩含气层，为该区域第一口钻遇古生代碳酸盐岩地层的预探井。由于碳酸盐岩孔隙类型复杂、非均质性强，孔隙类型和孔隙结构对产能有着重要影响；同时无该区古生代碳酸盐岩地层地质及测井测试资料，无法判断油气层的物性及电性下限。

从该井常规测井曲线上看，储层自然伽马值 26～34API，密度测井值 2.62～2.91g/cm^3，声波时差测井值 158～191μs/m，补偿中子测井值 6%～12%，深电阻率测井值 189～1342Ω·m。常规测井显示储层岩性复杂，电阻率较高，物性变化大。因此，识别有效储层和判断流体性质是解释评价要点。

※ 新技术、新方法应用

核磁共振测井利用油、气和水的扩散系数差异（移谱法）及长短等待时间 T_2 差谱法能够进行流体性质识别，并提供区间孔隙度谱、黏土、毛管及可动孔隙体积、储层渗透率、束缚水饱和度等参数，精细评价储层特征。阵列声波测井通过地层各向异性处理分析可对地层地应力、裂缝发育情况进行评价，岩石力学参数计算可对后期压裂改造提供依据。另外，由于气、水层在物理性质上的差异，阵列声波测井在储层含气性评价上有较好应用。

由于该井是区域内首次钻遇古生代碳酸盐岩地层的井，仅依据常规测井资料难以确定储层孔隙类型、孔隙结构和流体性质。通过沟通推介，在进行常规测井后，建议加测了 MRIL-P 型核磁共振测井和 MPAL 阵列声波测井进行地层信息采集，利用 LEAD3.5 测井综合处理平台进行数据处理，处理结果为准确评价储层和流体性质发挥了重要作用。

※ 主要认识

（1）在移谱图上，一般水的谱峰在100～300ms之间，天然气的谱峰小于100ms，该井65~67号层长回波间隔 T_2 谱前移较快，均小于100ms，为气层特征，而68号层下部长回波间隔 T_2 谱前移较慢，落在100ms附近，具含水特征。从差谱分析看，65~68号解释层有较强的差谱信号，同时核磁共振孔隙度与密度孔隙度的差异较大，说明此段含氢指数较高。从核磁共振测井成果孔径分布特征看，3272～3290m井段以中—大孔径为主（64～1024ms为主），显示储层束缚水含量低，束缚水饱和度均在20.0%以下，核磁共振测井处理孔隙度在9.0%～12.0%之间，孔渗性好。

（2）阵列声波测井处理结果显示，该段地层各向异性较强，井眼整体较规则，结合不同探测深度电阻率差异特征，综合分析认为该段各向异性强，主要由裂缝造成，表明该井段发育一定数量的裂缝。

综合分析认为，该段储层原生孔隙及次生孔隙较发育、含气丰富，将65号、67号层解释为气层，66号层解释为差气层，68号层解释为气水同层，如图3-40所示。

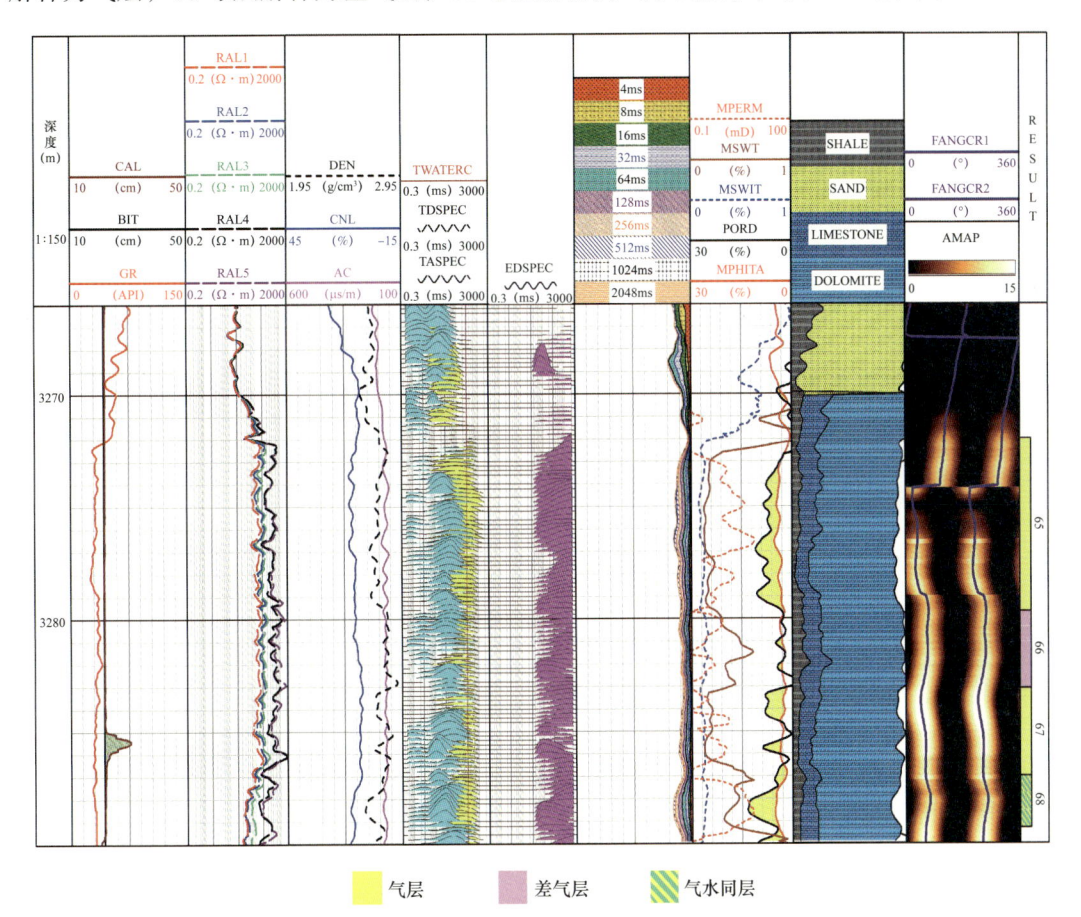

图3-40 Kokchalak X 井古生代成像测井解释应用效果图

※ 效果验证

对该井古生代碳酸盐岩地层 3272.0~3283.0m 井段进行测试，日产气量 $17.0 \times 10^4 m^3$。该段测试喜获工业气流，提供了新的勘探目标，为编制区域增储上产方案提供了重要参考，验证了成像测井在新勘探地层流体识别和孔隙结构分析中的突出作用，对于该地区以后的勘探开发具有重要的指导意义。

第四章
页岩油气储层典型应用案例

"十三五"以来,国内页岩油气勘探取得重大突破,开发快速推进。薄夹层型页岩油、海相中浅层页岩气评价技术已基本成熟,但纯页岩型、混积型页岩油及深层页岩气评价技术仍处于研究阶段,需深化攻关针对性的页岩气"七性三品质"和页岩油储集性、含油性、可动性、可压性"新四性"测井评价方法。中油测井推出了"微电阻率成像+核磁共振+阵列声波+地层元素+三分量感应"的页岩油气成像测井采集方案,突出个性化页岩油气关键参数评价,发展测井"甜点"预测和压裂选层等技术,助力页岩油气地质工程一体化勘探开发取得突破。

精细"七性"评价助力鄂尔多斯盆地西缘拉什仲组海相页岩气发现

※ 简要背景

李 X 井是长庆油田风险勘探项目组在宁夏回族自治区盐池县部署的一口预探井，构造位于鄂尔多斯盆地天环坳陷。该井钻探目的和任务是查明该井区盒 8 段、山 1 段储层发育及含气情况，了解山 2 段、太原组砂岩储层和克里摩里组白云岩储层含气性，兼探中生界油层情况。该井设计井深 4360.0m，完钻深度 4455.0m，完钻层位为桌子山组。

近三年，北方海相页岩气勘探集中在乌拉力克组，通过水平井体积压裂，获得较大突破。其他层位地质情况不清，试气井少，且效果差。

※ 问题及解释要点

该井位于鄂尔多斯盆地天环北段李 57 井区，该区盒 8 段、山 1 段为主要勘探目标层位，尤其下古生界勘探程度较低。盆地西缘拉什仲组发育大段泥页岩和石灰岩夹层，试气 2 层，试气结果为气显示。该区拉什仲组泥页岩没有试气井，且非该井钻探目的层。因此测井资料难以识别该段储层，且储层评价没有针对性方法及测井解释标准。

基于电成像测井裂缝识别，发现该段泥页岩储层并判断储层有效性是第一个解释难点，因此，电成像测井裂缝识别及裂缝开度定量计算至关重要；第二个解释难点是判断该段泥页岩地层的烃源岩特性、含气性分析及圈闭特征分析，因此，借鉴乌拉力克组页岩解释方法对该段进行处理解释，并精确判断储层含气性及构造圈闭特征。

※ 新技术、新方法应用

该井在常规测井的基础上，加测了电成像测井。电成像测井采用 STAR-HD 测井仪器，采集质量优。拉什仲组为泥页岩地层，基于电成像测井，计算地层产状、裂缝产状、裂缝开度等参数。如图 4-1 所示，该段泥页岩地层具有明显的页岩层理特征，纹层厚度较小，且垂向连续分布。微裂缝较发育，4047~4062m 井段发育垂直裂缝 15 条，裂缝走向为近东西向，裂缝开度介于 10~50μm。该段地层裂缝发育，且开度较大，是判断该段地层为有效储层的主要依据。裂缝走向与所在近南北向的背斜垂直相交，上部为风化壳，是判断该段地层可以形成有效圈闭的主要依据。

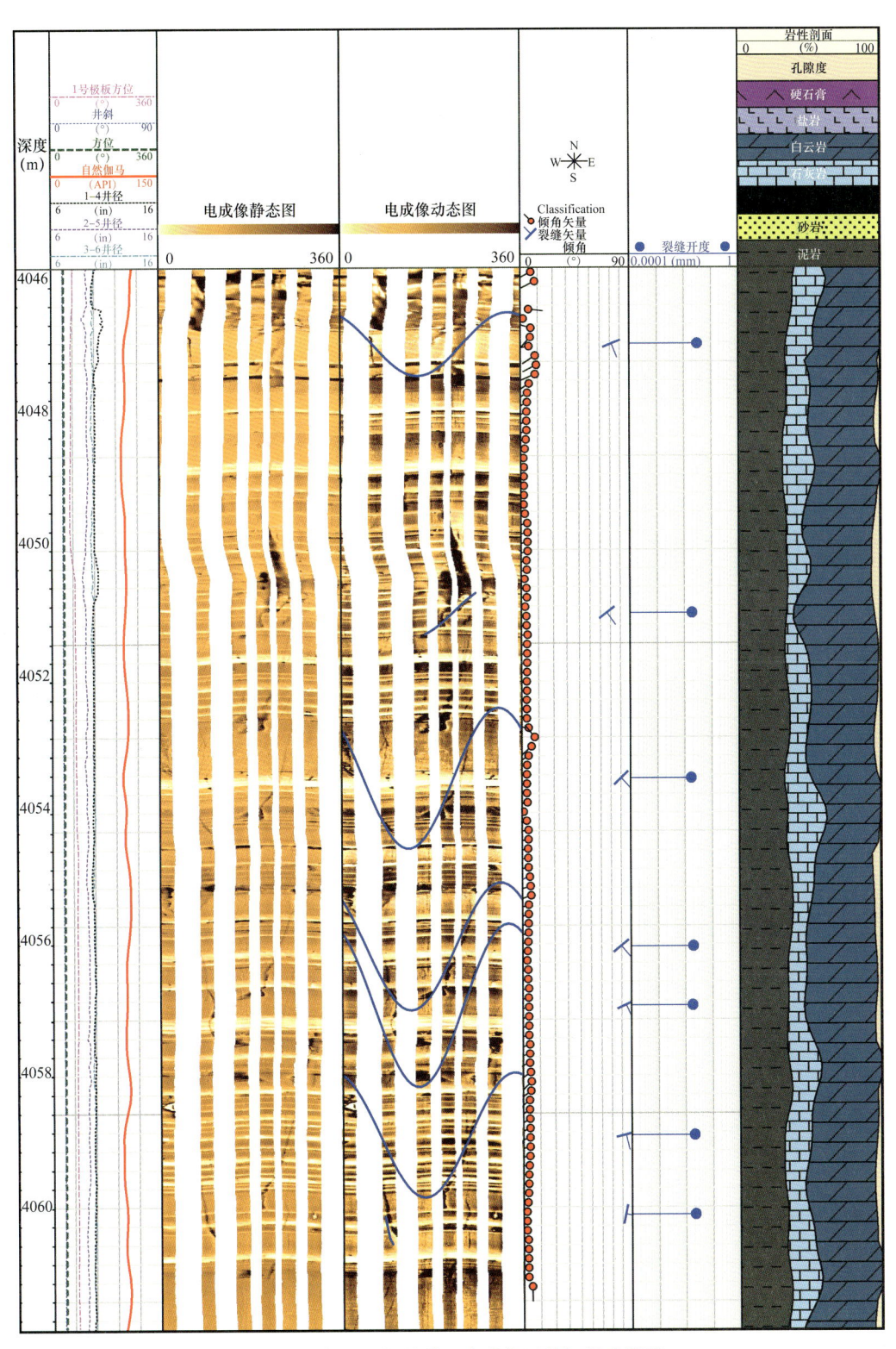

精细"七性"评价助力鄂尔多斯盆地西缘拉什仲组海相页岩气发现

图 4-1 李 X 井拉什仲组电成像测井解释成果图

※ 主要认识

李X井区下古生界奥陶系烃源岩主要分布在中奥陶统乌拉力克组和拉什仲组，泥质烃源岩厚度可达80~160m。李X井区处于盆地下古生界西部生烃中心，生烃强度$8×10^8$~$9×10^8m^3/km^2$，是盆地下古生界生烃强度较大的地区，烃源岩条件有利。

分析了拉什仲组顶部泥页岩"七性"关系，认为拉什仲组顶部泥页岩4047~4060.4m井段发育有效储层（图4-2），有机碳含量介于0.4%~0.6%，属于区内较好的生烃岩，计算孔隙度介于3%~4%，储层物性较好。平均游离气含量$1m^3/t$，总含气量$2.55m^3/t$，为该区域含气量较高的地层。气测显示也较好，判断储层含气性较好。脆性矿物含量约75%，同时发育15条微裂缝，工程品质较好。储层裂缝走向为近东西向，李X井处于南北走向的背斜构造上（图4-3为连井剖面图，可看出李X井位于背斜顶部），裂缝走向与背斜走向近乎垂直，上部为风化壳，因此形成了近东西向地层圈闭，保存条件有利。综合解释4047~4060.4m井段为页岩气"甜点"小层。

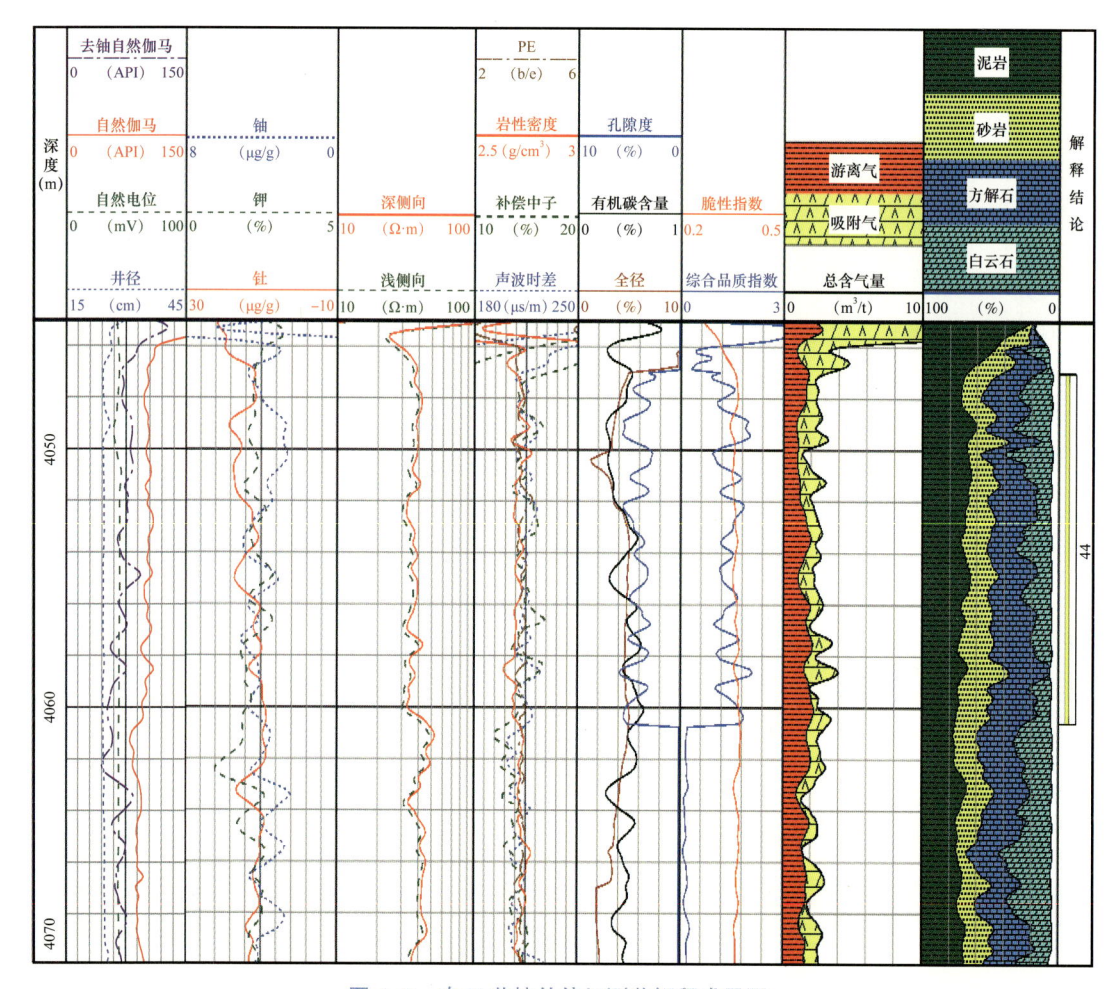

图4-2 李X井拉什仲组测井解释成果图

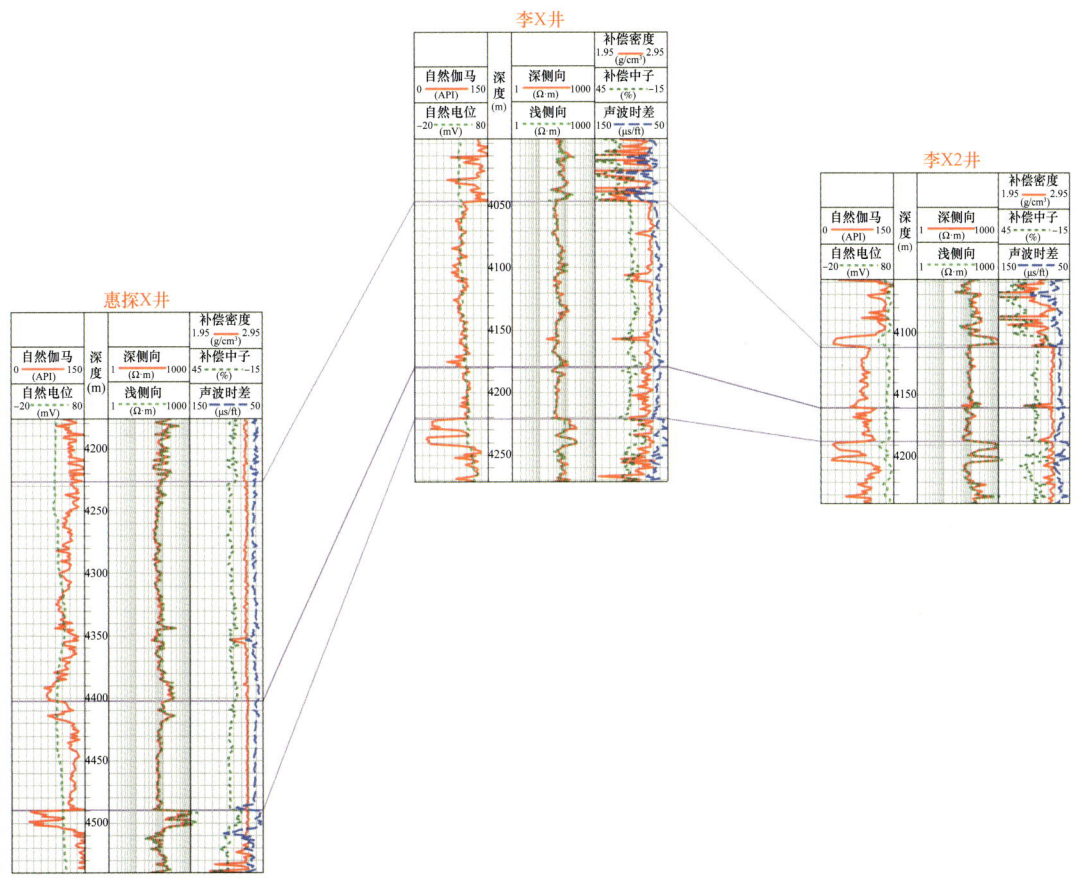

图 4-3 李 X 井东西向连井剖面图

※ 效果验证

对该井拉什仲组 4050.0～4054.0m 井段射孔酸化压裂，试气获得日产气 $1.1485 \times 10^4 m^3$，日产水 $6.0m^3$。基于拉什仲组顶部泥页岩"七性"关系分析，结合构造圈闭特征分析，在盆地西缘发现拉什仲组首个泥页岩气层，成为直井中首个日产量过万立方米的页岩储层。

地质工程一体化测井评价应用于威远页岩气铂金靶体优选

※ 简要背景

威 X 井是中国石油集团川庆钻探工程有限公司在威远自营区块部署的一口评价井，构造位于威远中奥陶统顶构造南翼，地理位置在四川省内江市威远县高石镇。该井钻探目的和任务是进一步查明威 204 区块埋深 3000~3500m 龙马溪组—五峰组优质页岩的分布、品质、含气性，为下一步区块评价、建产区优选、储量申报等工作奠定基础。

威 X 井为威远区块页岩气储层测井和岩心分析资料最全的一口评价导眼井，采集了核磁共振、交叉偶极声波、元素俘获等特殊测井项目，岩心分析包括全岩矿物组分、有机碳含量、含气量、孔隙度、核磁共振孔隙度、含水饱和度、三轴应力等。为应用测井资料结合岩心资料综合评价龙马溪组储层的地质工程"甜点"提供了基础。

※ 问题及解释要点

威远区块面对的地质工程问题主要有储层参数变化大，孔隙度一般在 4%~7% 之间，有机碳含量 2%~6%，含气量 2~7m³/t，黏土含量 7%~55%，同时部分页岩气井上部页岩剥蚀，页岩气保存条件变差，地层压力系数差异较大。在勘探开发前期，威 204 井区水平井靶体位置选在龙一$_1$亚段不同层段，单井产能差异较大。因此需要结合取心资料和测井解释，计算页岩气储层关键地质工程评价参数、优选水平井靶体，特别是聚焦铂金靶体的优选，但区域铂金靶体的标准未建立。

应用测井资料进行烃源岩品质、储层品质和工程品质三品质的综合评价，建立区块铂金靶体优选方案，是测井解释评价的要点。

※ 新技术、新方法应用

综合应用常规测井和自然伽马能谱测井资料，计算有机碳含量、孔隙度、含气量等地质参数；核磁共振测井评价地层总孔隙度和孔隙孔径大小，通过 T_2 谱中后面的大谱峰，评价孔隙结构参数；交叉偶极阵列声波测井提取可靠的纵波时差、横波时差、斯通利波时差和能量衰减，计算岩石力学参数、破裂压力和脆性指数，评价地层各向异性，结合电成像测井识别主应力方向和评价微细裂缝发育程度；利用地层元素测井识别复杂矿物组分、有机碳含量，应用地层元素测井获得的矿物骨架值更精确计算孔隙度；电成像测井识别地层、裂缝产状、页理（薄互层）发育特征，分析构造特征等（图4-4）。

特殊测井解释成果与常规测井综合评价储层的品质，利用测井解释工程参数，评价地质工程"甜点"小层，结合烃源岩评价建立区域的铂金靶体评价标准。

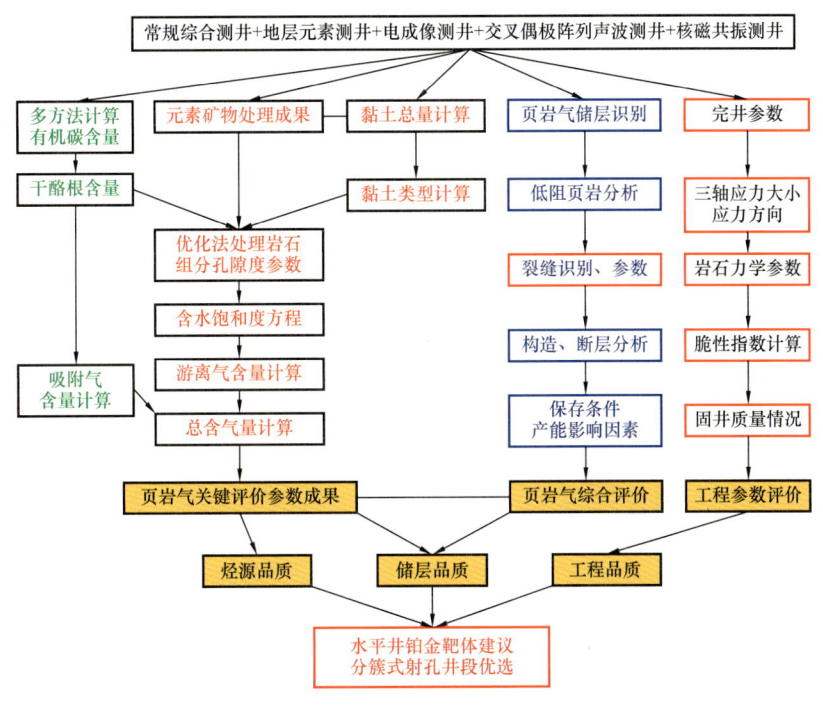

图 4-4　页岩气测井资料地质工程应用流程

※ 主要认识

常规测井资料表明，在龙一₁亚段的4个小层中，龙一₁¹小层自然伽马总量最高、声波时差中—高值、电阻率中—高值，密度和中子测井值低值，特别是龙一₁¹小层的中下部3359.3~3362.3m井段（图4-5底部）密度异常低值，自然伽马值中等和电阻率高值。

基于特殊测井项目处理成果，地层元素测井资料在3359.3~3362.3m段铝元素含量低、硅元素含量高和钙元素含量低；核磁共振测井反映该段储层孔隙发育，孔径较大；交叉偶极阵列声波测井处理该段泊松比最低，水平主应力最小，杨氏模量大，脆性指数最高，破裂压力最低；电成像测井图上层间缝和应力释放缝明显。

基于综合测井处理解释成果，龙一₁¹小层脆性矿物含量高，3359.3~3362.3m段黏土含量最低（平均15.6%），硅质含量（平均63.0%）和有机碳含量（平均5.2%）最高，孔隙度从上到下在5%~7%之间变化，含气量最高（平均6.1m³/t），烃源岩和储层品质评价最优，为地质"甜点"小层。对比龙一₁⁴小层的岩石力学参数（图4-5），在3359.3~3362.3m段泊松比与杨氏模量叠置包络面积最大，破裂压力与脆性指数叠置包络面积最高，表明储层可压裂性好，为工程改造"甜点"。

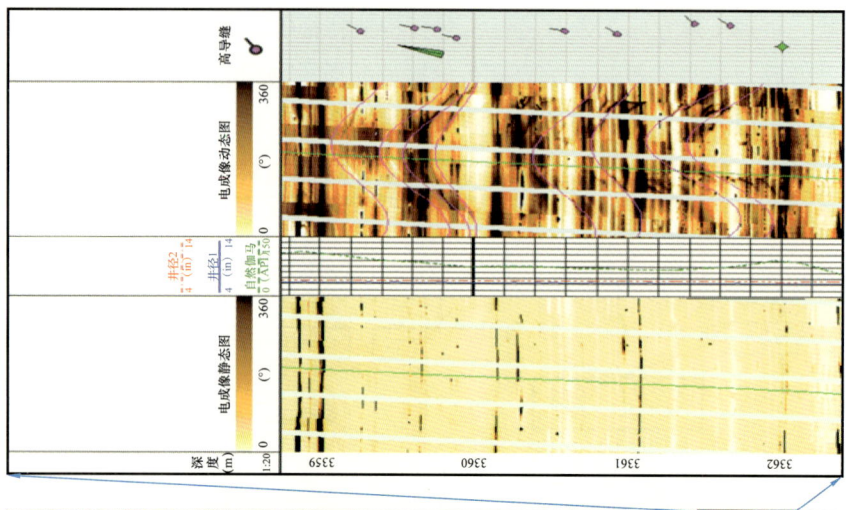

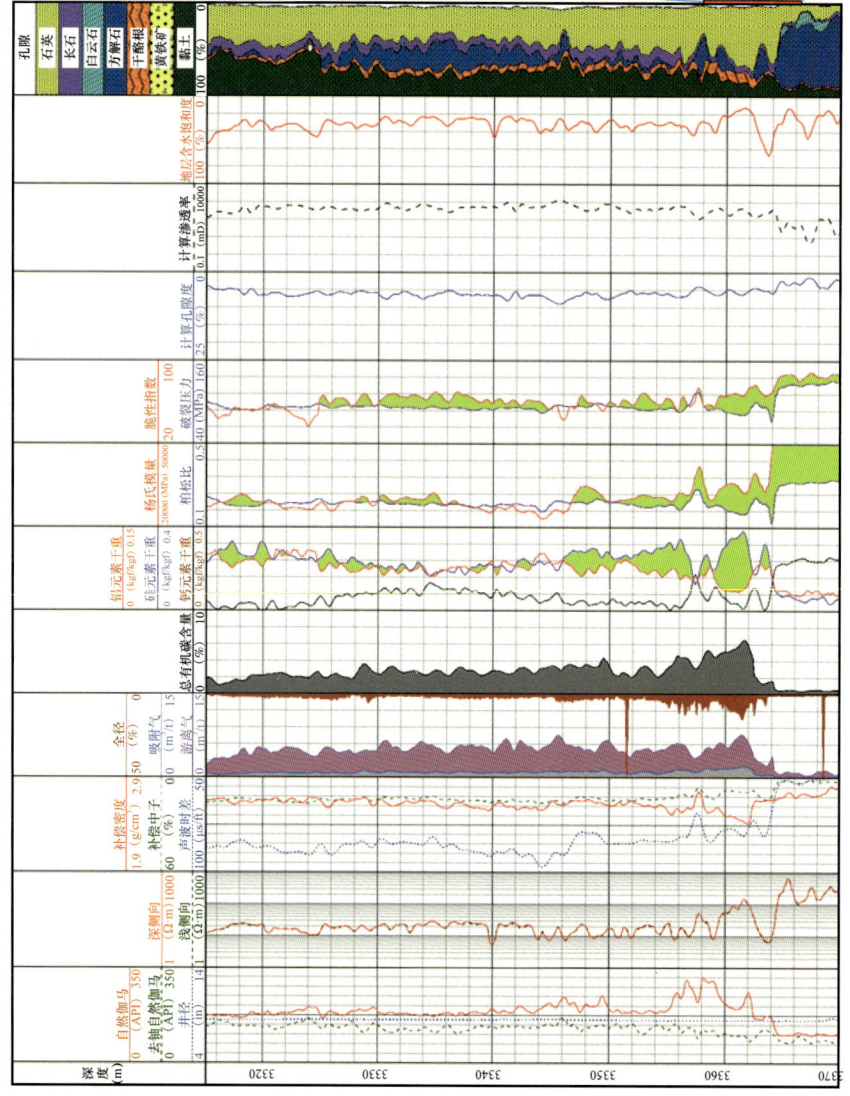

第四章 页岩油气储层典型应用案例

图 4-5 威 X 井铂金靶体评价成果图

综合评价 3359.3～3362.3m 层段，用烃源岩品质、储层品质和工程品质三品质叠合均为优质"甜点"，优选该段为铂金靶体（图 4-5）。通过测井评价成果，结合铂金靶体钻遇率与试油产能的正相关性分析，建立了威远区块铂金靶体的评价标准（表 4-1）。

表 4-1 威远区块铂金靶体评价标准

类别	铂金靶体参考参数	取值范围	备注
主要测井特征	自然伽马（API）	≥200	
	补偿中子（pu）	≤10	
	补偿密度（g/cm³）	≤2.55	
	声波时差（μs/ft）	≥70	
	电阻率（Ω·m）	≥50	
主要地质参数	有机碳含量（%）	≥4.0	
	孔隙度（%）	≥5.0	
	含水饱和度（%）	≤20	
	测井含气量（m³/t）	≥4.0	与埋深与压力系数有关
	黏土含量（%）	≤20	
	成藏后期微细裂缝	发育	
主要工程参数	泊松比	≤0.2	
	杨氏模量（MPa）	≥35000	
	声波法脆性指数（%）	≥45	与部分文献算法有差异
	应力差异（MPa）	≤15	

※ 效果验证

通过对威 X 井侧钻水平井，水平段长 1500m，压裂 24 段，加砂 2936.8t，液量 42780m³，施工排量 10.6～13.8m³/min，测试页岩气产量 10.35×10^4m³/d，目前累计产气 2466×10^4m³。

通过威 X 井的综合解释，结合岩心分析资料，弄清了威远区块铂金靶体的地质工程特征，建立了铂金靶体的评价标准，指导了该区块铂金靶体的优选。在邻井威 X1 井平台水平井采用确定的铂金靶体钻井，8 口水平井测试产量 474.97×10^4m³/d，创国内页岩气平台井测试最高产量的纪录。

成像测井在陇东页岩油储层解释评价中的应用

※ 简要背景

蛟 X 井是位于甘肃省华池县的一口预探井，构造位于鄂尔多斯盆地伊陕斜坡。区域勘探表明延安组和延长组均有含油性，区域页岩发育，油藏类型多为复杂岩性油藏。该井勘探目的为落实长 6 段、长 7 段有利目标区，兼探长 8 段、长 9 段油层，完钻层位为长 9 段，完钻深度为 2430.0m。其中长 7_3 为典型高伽马页岩油储层，该井在页岩油测试获得工业产能，实现了陇东长 7 段页岩油下"甜点"段勘探新突破。

※ 问题及解释要点

该井所在区域长 7_3 层位勘探程度低，附近邻井无试油井。长 7_3 储层多以薄层粉—细砂岩为主，长石含量高、黏土含量高，孔隙类型以粒间孔、溶蚀孔为主。受复杂岩性及高放射有机质的影响，长 7_3 测井特征整体表现为高伽马、高电阻率、高时差、高补偿中子、低密度，并常伴有自然电位曲线失真，造成使用常规测井解释方法评价储层难度增大，出现漏失层等。此外，由于储层岩性复杂，且受地层高有机质含量的影响，使得按常规模型计算得到的孔隙度、渗透率均偏高，为储层物性评价带来困难。页岩油有机碳含量计算困难，为储层评价带来挑战。

该井 2174.0～2202.0m 井段为延长组长 7_3，该层为三角洲深湖—半深湖沉积相，测井岩性为砂泥岩剖面。从测井曲线上看，该段自然伽马值高达 100～400API，自然电位曲线平直，补偿中子曲线在砂岩段和泥岩段分层指示作用弱，加之钻井过程中钻井液中加入重晶石导致 PE 曲线失真，使得储层划分、物性计算、含油性评价更为困难，也成为该井测井解释的关键点。

※ 新技术、新方法应用

该井长 7_3 属于典型复杂岩性油气藏，由于测井曲线受高有机质含量影响，引起储层高自然伽马幅度值和其他测井响应变化较大，传统的测井解释方法计算的岩性剖面和参数失真。对此，采用了 M—N 交会图法来计算矿物组分含量，通过蒙皂石、伊利石及高岭石拟合得到泥岩线，再通过数据点到砂岩点和泥岩线的距离比值来确定泥质含量，可消除页岩储层高自然伽马值对泥质计算的影响，较准确解释出高自然伽马中的砂质"甜点"层，原理如图 4-6 所示。

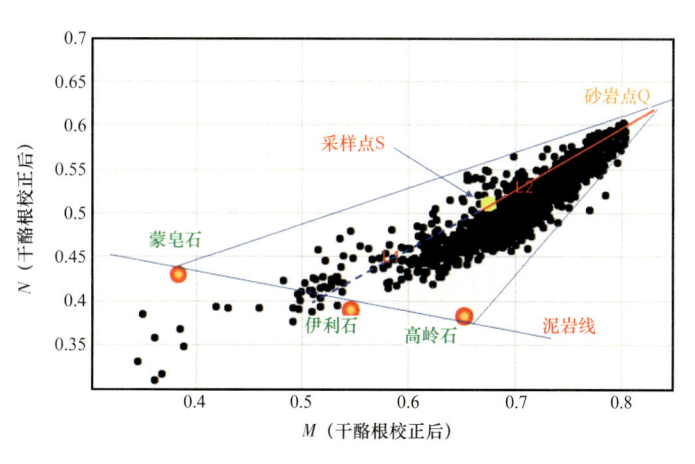

图 4-6　M—N 理论交会图版

核磁共振测井可对复杂岩性的有效孔隙进行测量，不受地层岩性和高自然伽马测井值的影响，可划分有效储层并对孔隙结构和流体类型进行评价，因此适合目的地层的精细解释评价。核磁共振测井采集使用了 MRIL-P 型井下仪器，根据地层孔隙特点，采集模式使用了双等待时间、单回波间隔的 D9TE508 模式进行采集。核磁共振反演采用了 T_1、T_2 联合反演，通过 T_1—T_2 交会更准确地进行含油性识别。

长 7_3 一般多为薄层砂岩和页岩交互沉积，并常发育有高角度天然裂缝，使用 XRMI 型井下仪器采集电成像测井资料，对页理进行精细识别，并对裂缝进行评价。

薄页岩叠置和微裂缝发育，增强了地层各向异性，为后期试油改造带来困难。阵列声波测井可用于地层各向异性评价、岩石力学参数计算、脆性指数和地应力方向与大小计算，对储层可压性进行评价，为后期压裂改造提供指导。阵列声波测井使用了 WAVESONIC 型井下仪器，采用偶极发射方式，发射源中心频率 1~3kHz。

※ 主要认识

该井在 2174.0~2202.0m 井段解释差油层 2 层（2182.4~2184.9m 和 2196.1~2200.7m）。从常规测井曲线来看，该段自然伽马高值，接近 400API，自然电位曲线平直，无法识别储层，补偿中子在砂岩段和泥岩段数值差别小，也难以区分砂岩和泥岩。但通过 M—N 交会图法表明，在高自然伽马值背景下仍有多个储层，储层泥质含量小于 40%，其划分的储层段与核磁共振测井解释孔隙度对应关系良好，T_2 谱在储层段 2182.4~2184.9m 和 2196.1~2200.7m 有明显谱幅显示，T_2 谱展布较宽，谱峰位置靠后，二维核磁共振谱指示储层含可动油（图 4-7）。核磁共振计算储层孔隙度 4%~7%，渗透率 0.01~0.12mD，含油饱和度 50%~80%。从孔隙结构分析来看，储层孔隙以中—小孔径为主。电成像测井显示，该段地层电阻率高，地层为明暗交互条带叠加，砂质纹层发育，纵向非均质性强，且发育高角度裂缝。阵列声波测井解释成果显示，在储层段各向异性增强，结合电成像测井认为主要由地层非均质性引起，计算脆性指数较高，有利于储层改造。综合测井孔隙度、脆性和含油性解释成果，优选这2层为页岩油储层。结合区域地质，长7_3储层属于超低渗透岩性油气藏，解释为差油层（图4-8）。

(a) 2182.4～2184.9m井段

(b) 2196.1～2200.7m井段

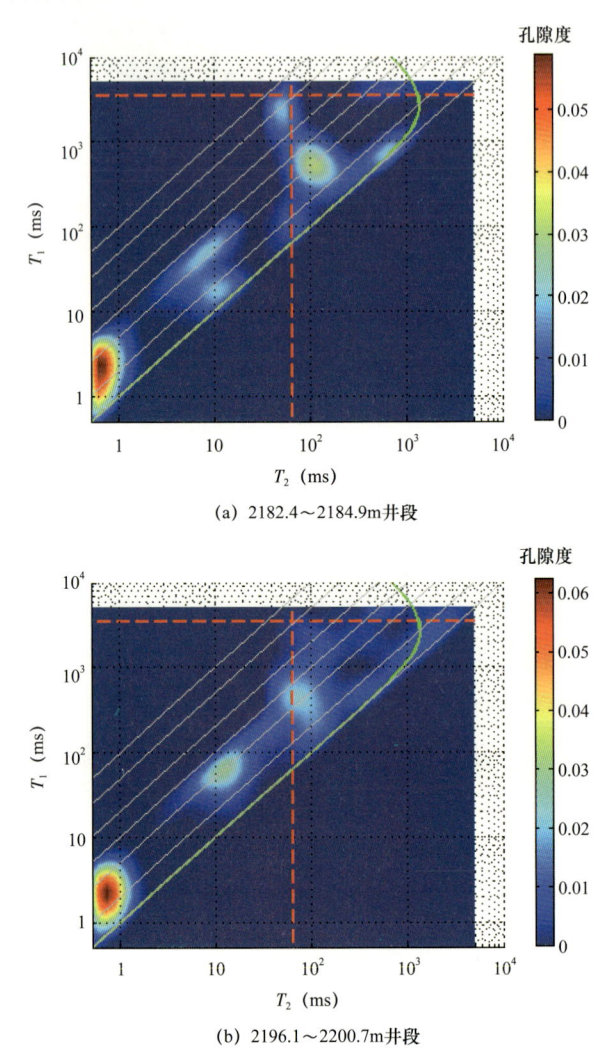

图4-7 二维核磁共振测井解释成果图

※ 效果验证

对该井长7_3 2182.0～2201.0m井段采用了"分级射孔合试"求产，测试成果：日产油5.95t，日产水6.3m³。通过试油结果验证了M—N交会图法和成像测井在复杂岩性地层可有效对储层进行精细划分，并通过解释模型和计算参数对储层岩性、孔隙结构、含油性等进行评价。

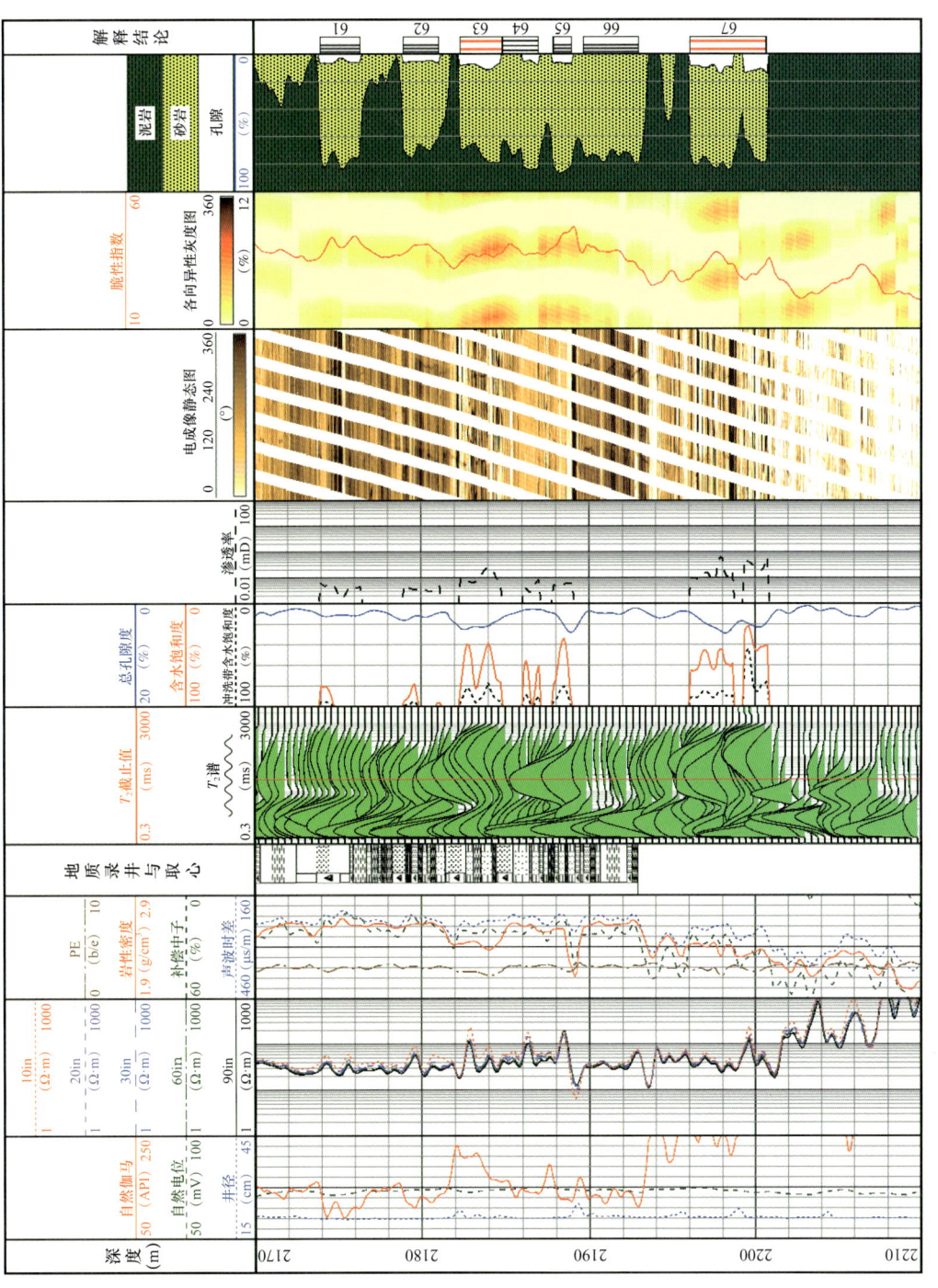

图 4-8 蛟 X 井延长组长 7₃ 成像测井解释应用

成像测井在二叠系风城组页岩油纵向"甜点"评价中的应用

※ 简要背景

玛页 X 井是位于新疆维吾尔自治区克拉玛依市乌尔禾区的一口风险探井，构造位于准噶尔盆地西部隆起乌夏断裂带夏 X 井西二叠系风城组一段岩性圈闭、夏 X 井西二叠系下乌尔禾组岩性圈闭。钻探目的是探索玛湖凹陷北斜坡带二叠系风城组页岩油和常规高孔火山岩油藏重大勘探领域的勘探潜力，开辟玛湖凹陷下二叠统碱湖碳酸盐岩页岩油新领域；主探目的层为二叠系风城组油藏，设计井深 4950.0m，完钻井深 5050.0m，完钻层位为二叠系佳木河组。

※ 问题及解释要点

玛页 X 井位于湖盆边源的广阔平原地区，由于湖水进退频繁，造成该井岩性变化快，纹层特征明显，储集空间复杂多变。地层中硅质和白云质的发育使骨架电阻率升高，造成电阻率对流体性质不敏感。同时，泥质含量变化大，有效储层厚度较薄，常规测井对岩性识别、优势储层判别、储层品质、烃源岩品质、工程参数等难以准确评价。

※ 新技术、新方法应用

该井在常规测井的基础上加测了核磁共振测井、电成像测井、阵列声波测井、岩性扫描测井。利用岩性扫描测井计算出地层白云石、方解石、碳酸钠钙石等矿物的含量，表征纵向地层岩性的变化；注氦孔隙度的测量结果小于核磁共振有效孔隙度，主要反映连通孔隙的大小，与核磁共振测井资料结合建立连通孔隙评价模型；基于核磁共振测井二维图谱，通过实验数据标定得到地层的游离油等关键参数，构建了物性指数及含油性指数；基于岩心观察对微细裂缝及溶蚀孔发育情况进行精细描述，结合有机碳含量、电成像测井纹层的发育特征，对储层源储配置关系进行研究；利用阵列声波测井资料对地层最大水平主应力、最小水平主应力及脆性的变化进行评价。初步建立了玛湖页岩油"七性"关系及三品质评价方法，为准确评价"甜点"、试油选层提供技术支撑。

※ 主要认识

如图4-9所示，4560.0～4860.0m井段为二叠系风城组，储层岩性细，以深灰色云质泥岩、泥质云岩为主，夹含云泥质粉砂岩，局部为沉凝灰岩和玄武质泥岩，层状、块状为主，整体上为富有机质的碱湖沉积。孔隙类型以原生孔隙、溶蚀孔及微裂缝、层间缝为主，砂质含量高储层原生孔隙较好，云质含量增加溶蚀孔相对增多。从上到下具有砂质含量逐渐减少，云质含量逐渐增高的特征；碳酸盐含量增加，储层脆性变好。通过以上认识，确定风城组主要发育两套"甜点"体。上部"甜点"体4593～4618m井段，储层泥质含量较低，含砂量较高，基质物性相对较好，处理的物性指数与含油性指数均较高，岩心描述半充填微细裂缝发育密度高，每米达到20条以上，计算水平主应力及应力差小、脆性高，便于施工改造增产，因此该段储层综合品质好，从后期试油产液剖面看，为主要的产能贡献层。中部4619～4770m井段，地层薄互层特征更为明显，泥质含量相对增高，碳酸盐含量较低，局部见匹配关系好的储层，整体物性及含油性较差，试油证实产量低。下部"甜点"体4745～4835m井段，储层电阻率高，具有一定的块状特征，地层白云石含量明显增高，有机碳含量较高，地层脆性好，储层物性指数与含油性指数较好，整体基质物性较上"甜点"体差，溶蚀孔与微细裂缝相对较发育，该套储层厚度较大，"甜点"段相对集中。

通过研究，最终确定有机碳含量高、游离油含量高、物性指数与含油指数大，脆性强、破裂压力小的层段为有利储层，该井测井单层均解释为差油层，综合解释为油层，建议进行分段压裂大段试油（图4-10）。

※ 效果验证

对该井风城组4579.0～4852.0m井段进行试油，共射孔19段，总厚度46.5m，进行分段压裂。测试成果：日产油20.78t，累计产油1189.64t。后进行了6次产液剖面测试，前期产油量下"甜点"体不如上"甜点"体，后期产油量呈上升的趋势，验证了基于成像测井资料精细分析的页岩油"七性"关系及三品质评价技术的有效性，开辟了玛北地区页岩油亿吨级储量新局面。

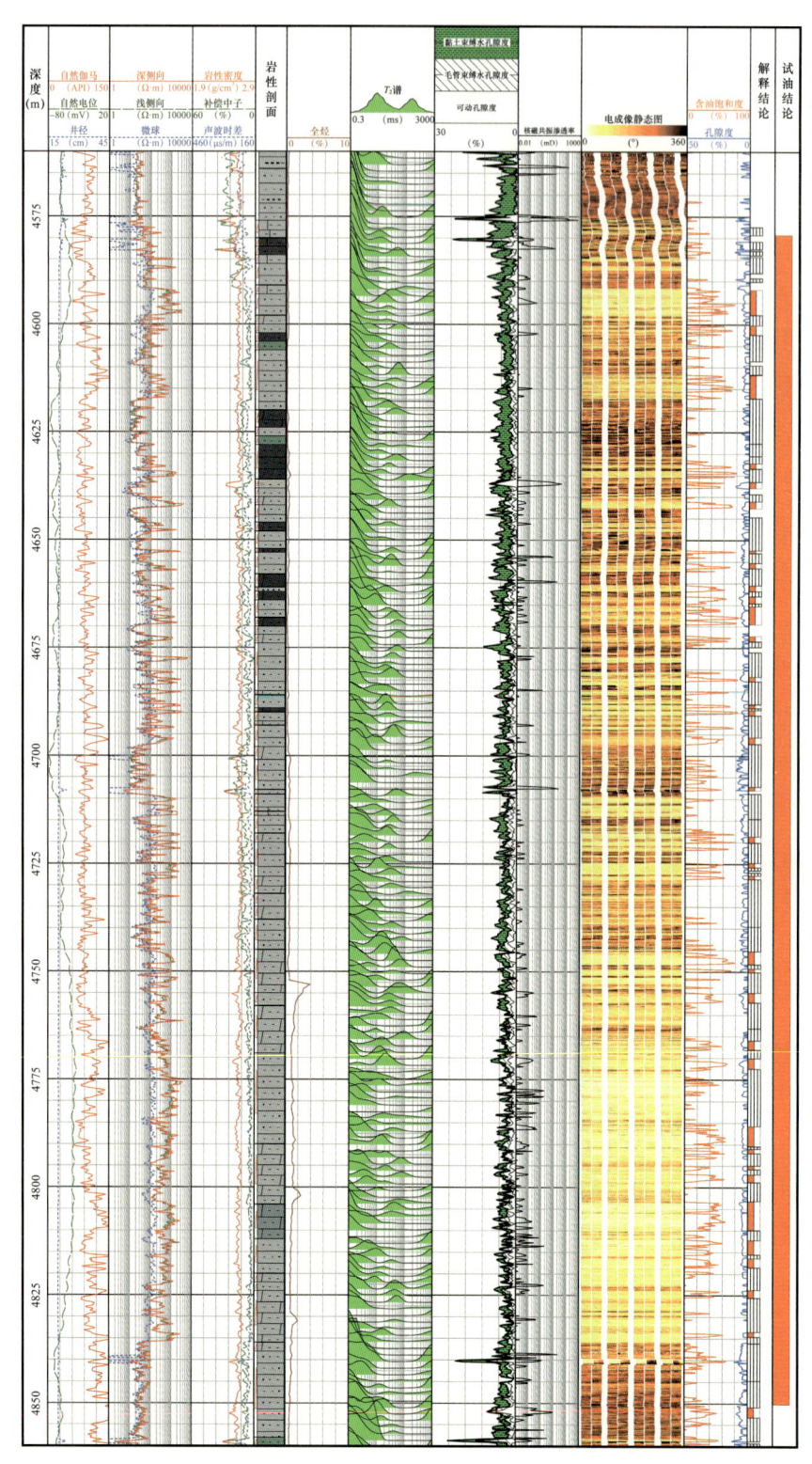

图 4-9 玛页 X 井二叠系风城组二段测井解释成果图

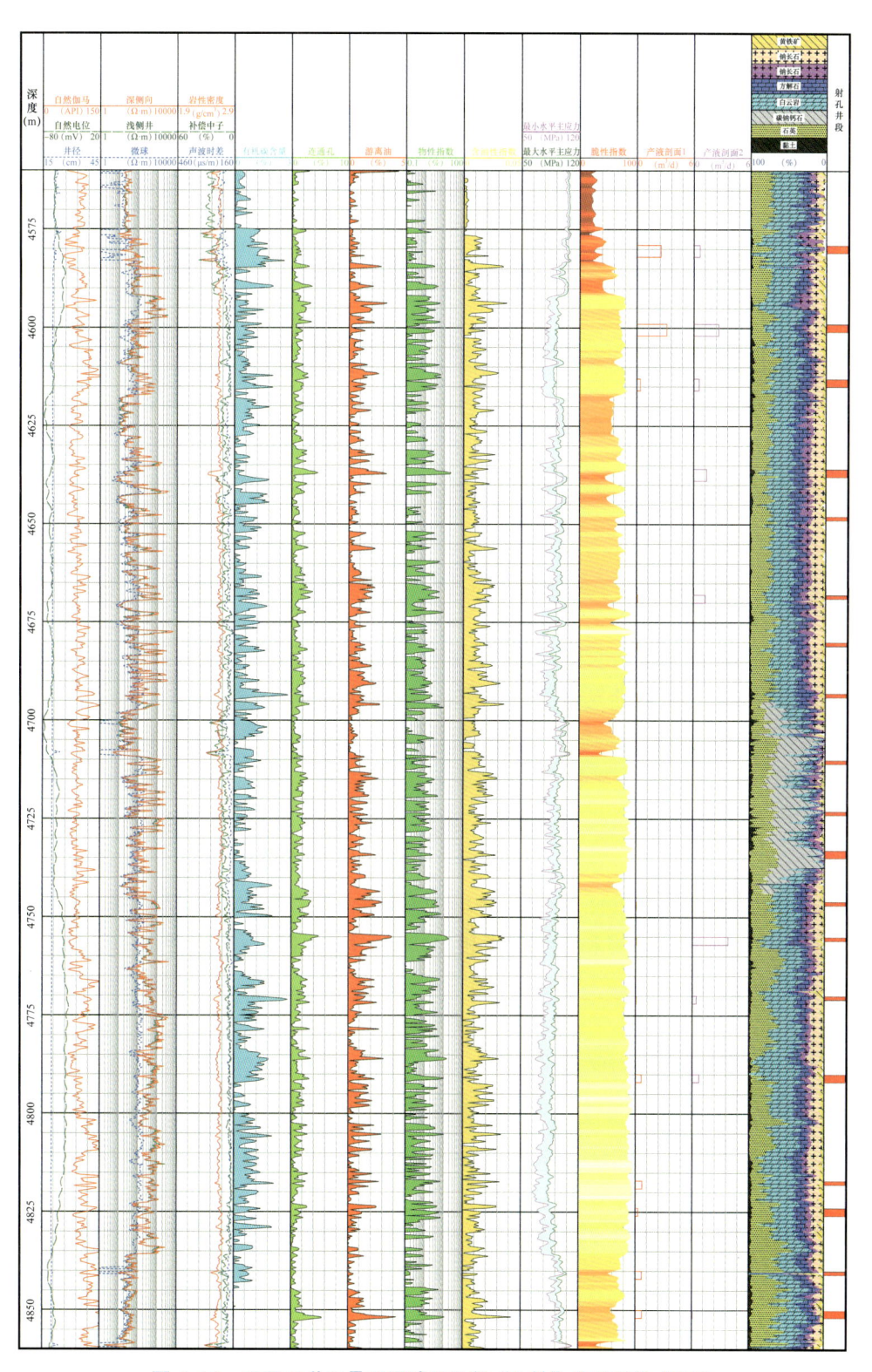

图 4-10 玛页 X 井二叠系风城组二段"七性"关系评价成果图

核磁共振测井在歧口凹陷页岩油水平井储层精细分类中的应用

※ 简要背景

歧页 X 井是大港油田勘探事业部在河北省黄骅市南大港农场第一养虾场西北约 2km 部署的一口预探井，构造位置为歧口凹陷歧北斜坡滨深 X 井区。该井钻探目的和任务为探索歧北斜坡中等成熟—弱构造带沙一段下亚段页岩油含油规模并实现效益开发。该井目的层为沙一段下亚段油组，设计井深 3845.0m（垂深），完钻深度 5280.0m，水平井段长 1180m，完钻层位为沙一段下亚段。

※ 问题及解释要点

歧口凹陷沙一段下亚段页岩油储层发育，岩石类型主要为碳酸质页岩、混合质页岩。岩心分析资料表明，页岩油发育段岩性复杂，矿物成分多样，主要包括方解石、白云石、石英、长石、黏土矿物、黄铁矿、菱铁矿、文石、铁白云石等。其中主要矿物方解石和白云石含量占 39.9%，黏土矿物占 29.1%，石英和长石占比为 21.3%，其次含有少量菱铁矿、黄铁矿等。页岩油产层段主要储集空间类型复杂，包括裂缝、粒内溶孔、晶间（溶）孔等。岩心观察和薄片鉴定表明，碳酸质页岩地层构造缝极为常见，孔隙度主要集中在 1%~3% 之间，渗透率均较低，普遍在 0.3mD 以下。页岩油为非常规储层，具有"自生自储"的特征，与常规砂岩和碳酸盐岩相比，沙一段下亚段页岩岩性多变，储集空间复杂，"甜点"综合评价困难。

※ 新技术、新方法应用

核磁共振测井资料质量控制及钻井液影响校正需重点考虑。为了更准确地评价歧页 X 井储层物性，选取合理的核磁共振测井采集模式和测量参数，采用钻具输送测井录取了 1306m 优质核磁共振原始测井资料。为了获取有效地层信息，结合区域核磁共振测井资料特征分析，确定钻井液峰在 T_2 谱上所处位置，采用回归方法对井眼扩径严重的部分井段进行 T_2 谱钻井液影响校正，校正后的核磁共振测井资料更加有效地反映了页岩油储层物性特征（图 4-11）。

水平井情况下基于常规测井和核磁共振测井资料如何综合评价页岩油"甜点"是该井评价难点。由于井斜大（最大井斜角 88.5°），电阻率曲线受地层各向异性影响严重，通过分析不同角度电阻率变化的原因，构建电阻率随角度变化的校正函数，进而对大斜度井、水平井目标层测量电阻率进行校正。在此基础上，利用核磁共振测井资料提供的有效孔隙度、可动流体孔隙度，建立了歧口凹陷沙一段下亚段页岩油测井解释图版（图4-12、图4-13），并结合区域试油资料建立不同"甜点"类型划分标准（表4-2），对页岩段储层进行精细分类。

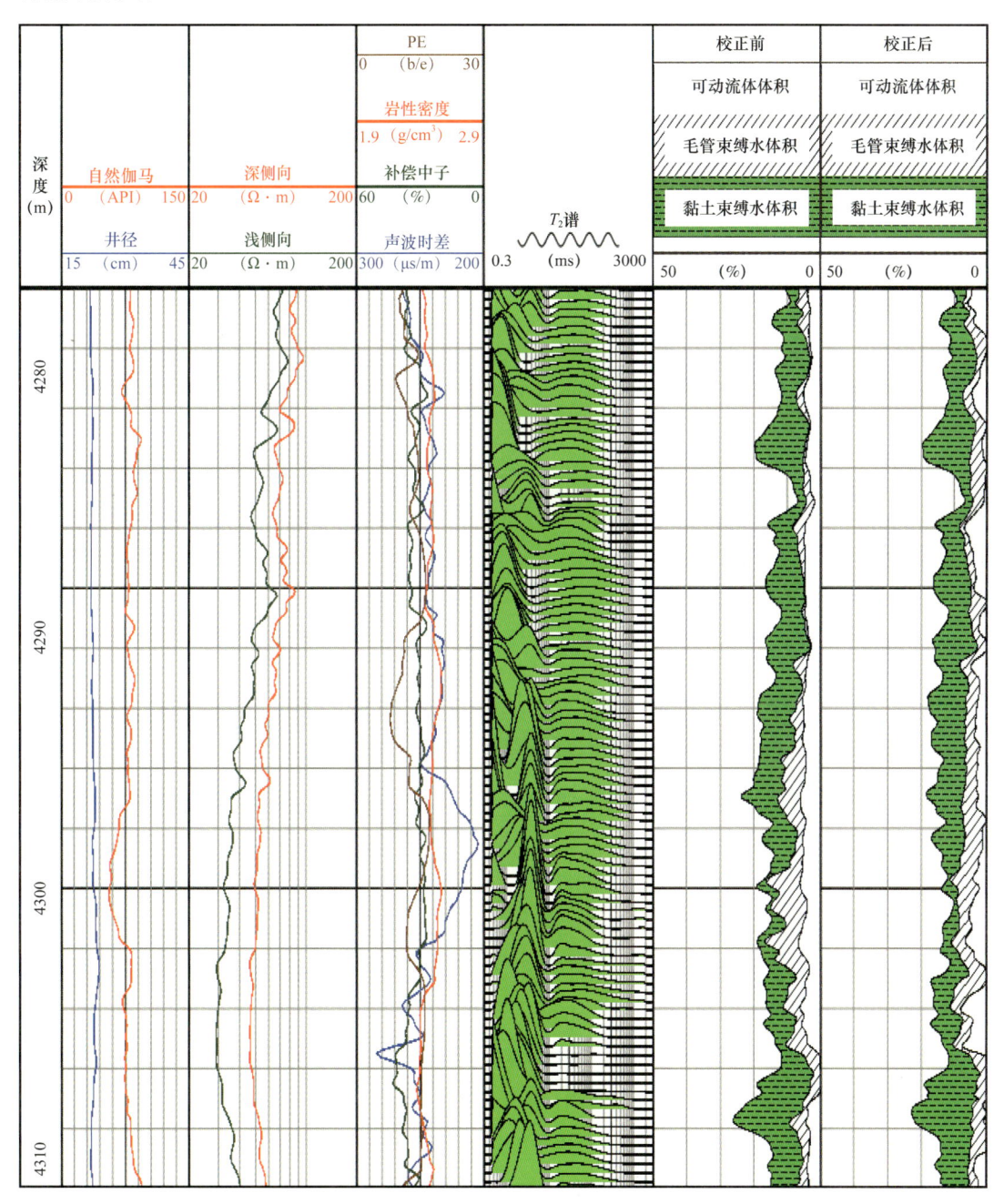

图4-11 歧页X井沙一段下亚段核磁共振测井钻井液影响校正图

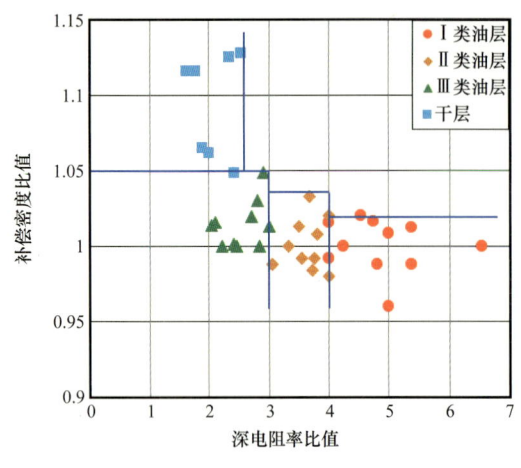

图 4-12　页岩油深电阻率比值—补偿密度比值交会图

图 4-13　页岩油有效孔隙度—可动流体体积交会图

表 4-2　沙一段下亚段页岩油富集层分类标准

富集层类别	RT/RT$_{泥}$	DEN/DEN$_{泥}$	综合评价指数	有效孔隙度（%）	可动流体体积（%）
Ⅰ类	4	<1.02	>3.5	>8.5	>6
Ⅱ类	3~4	<1.05	2.0~3.5	6.5~8.5	4~6
Ⅲ类	1.9~3	<1.05	0.5~2.0	5~6.5	2.5~4
干层	1~1.9	>1.05	<0.5	<5	<2.5

※ 主要认识

歧页 X 井沙一段下亚段页岩油岩石类型以混合质页岩为主，烃源岩特性较好，计算总有机碳含量在 0.9%~3% 之间，脆性指数在 40%~80% 之间，有效孔隙度在 2%~10% 之间。常规测井和核磁共振测井资料综合分析表明，Ⅰ类油层，总有机碳含量高、电阻率高、核磁共振标准谱具有明显的长 T_2 谱特征，谱峰展布宽，有一定的拖尾现象，对应有效孔隙度高、可动流体体积多。Ⅱ类油层，烃源岩特性较好、核磁共振标准谱存在长 T_2 谱特征，谱峰展布相对宽，对应有效孔隙度和可动流体体积较高。Ⅲ类油层，电性特征与Ⅰ类、Ⅱ类油层无明显差别，但总有机碳含量相对较低；核磁共振测井资料反映储层有效孔隙度相对较小且可动流体体积少，主要以小孔为主。

※ 效果验证

针对歧页 X 井沙一段下亚段 3785.4~5249.5m 优选Ⅰ类、Ⅱ类油层采取 17 段 125 簇体积压裂（压裂段长 1304m，图 4-14），压后使用 6mm 油嘴放喷求产，日产油 80t。该井试油成功，标志着渤海湾盆地沙一段下亚段页岩油勘探获得突破。

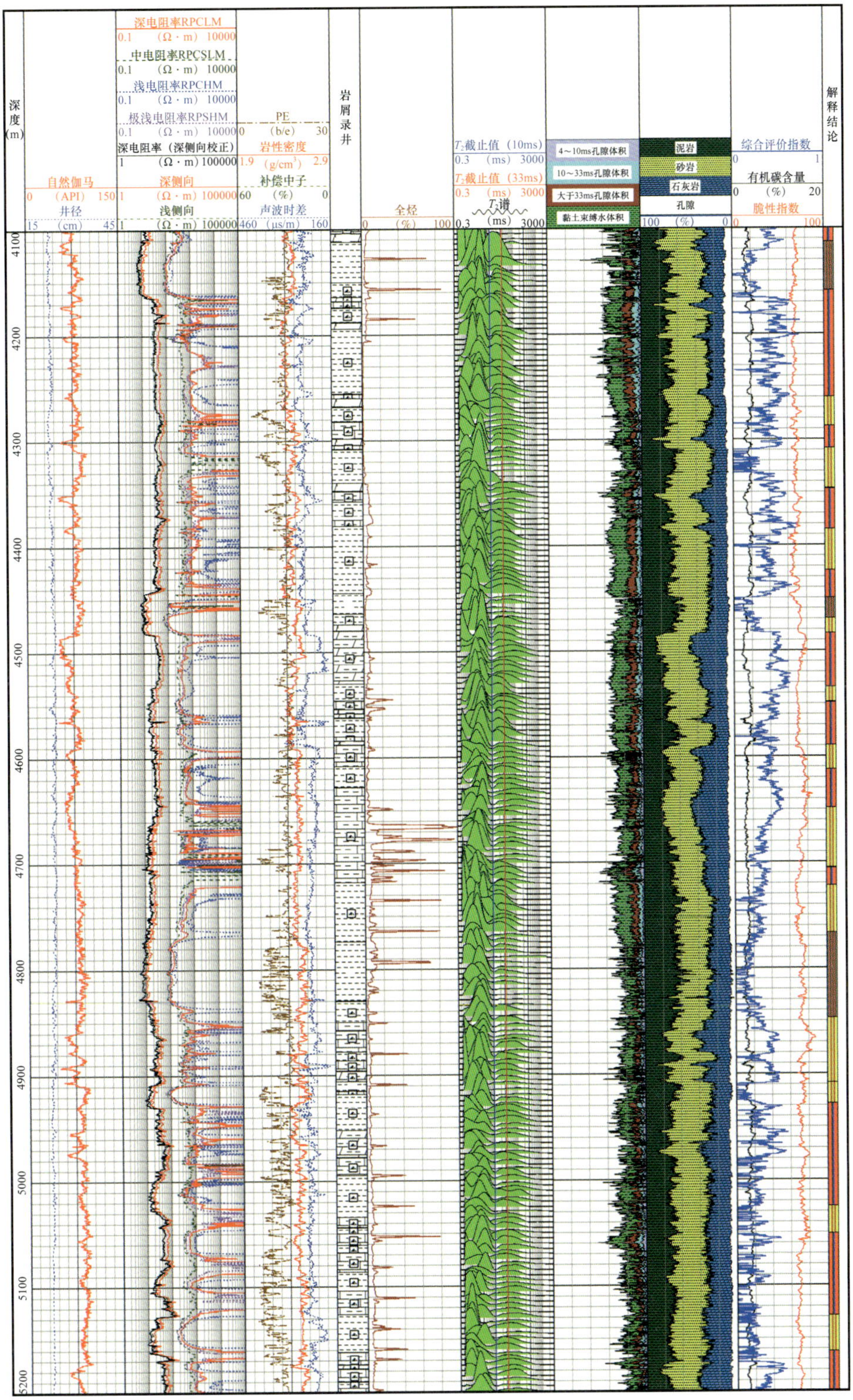

图 4-14 歧页 X 井沙一段下亚段页岩油测井综合解释成果图

电成像测井和核磁共振测井在川渝凉高山组页岩油水平井靶体优选中的应用

※ 简要背景

平安 X 井是大庆油田川渝项目组在四川盆地大庆流转区块仪陇—平昌地区部署的一口风险探井，构造位于四川盆地川东北低缓构造带平昌平缓构造区。该井钻探目的和任务是探索仪陇—平昌区块中带大安寨段页岩油气的勘探潜力，兼探沙溪庙组致密气及侏罗系其他层系发育情况和含油气性，并在侏罗系统取样，建立矿权区内页岩油气标准井模板。该井导眼井设计井深 3753.0m，完钻深度 3565.0m，完钻层位为须家河组。该井水平段设计斜深为 4142.0m，完钻深度 3980.0m，目的层为凉高山组页岩储层。

※ 问题及解释要点

该井位于四川盆地川东北低缓构造带平昌平缓构造区，该区凉高山组为一套完整的湖侵到湖退的沉积地层，页岩普遍发育。其中凉高山组上段以深灰色、灰黑色泥页岩为主，夹粉—细砂岩，凉高山组下段以紫红色、灰黑色泥岩为主，夹浅灰色细—粉砂岩或钙质细砂岩。导眼井凉高山组上段底部 10 号层岩性为油斑粉砂岩，常规测井资料显示储层声波时差 59μs/ft，深感应电阻率 125.1Ω·m，密度 2.60g/cm³，显示储层较致密，电阻率中等；凉高山组下段顶部 11 号层为厚度达 19m 的黑色、灰黑色页岩储层，页理发育，偶见粉砂质条带，常规测井资料显示储层声波时差 80μs/ft，深感应电阻率 19.1Ω·m，密度 2.63g/cm³，岩心分析的有机碳含量为 0.51%~2.63%，热解 S_1 为 0.982~2.6mg/g，S_2 为 0.62~1.8mg/g。因此准确评价导眼井 10 号、11 号层物性和含油性是测井解释的要点，用以指导水平井的靶层优选。

※ 新技术、新方法应用

在常规测井的基础上，在导眼井中加测了电成像测井、远探测声波测井及核磁共振测井，由于平安 X 井导眼井采用的是油基钻井液钻井，电成像测井采用 NGI 仪器，主要用于页岩页理发育程度分析和裂缝识别；核磁共振测井采用 CMR-NG 仪器，主要用于储层孔隙结构评价及有效孔隙度、含油体积等方面的定量计算；远探测声波测井采用 XMAC-F1 仪器，用于井壁外裂缝评价和岩石力学参数的计算。

※ 主要认识

该井页岩层段 11 号层电成像测井解释成果（图 4-15）显示页理发育明显，且核磁共振测井反映孔隙结构好，长弛豫组分发育，核磁共振平均总孔隙度 6.0%，平均有效孔隙度 3.9%，且自由孔隙与 S_1 之间包络面积较大，显示储层具有较好的含油性和可流动性（S_1 是基于岩石物理实验建立的解释模型计算得到），综合解释为页岩油 Ⅱ 类层，如图 4-16 所示。

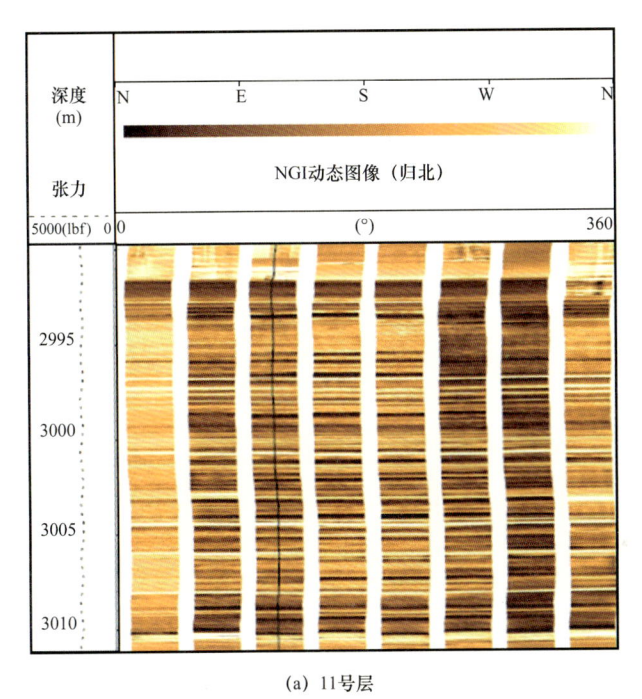

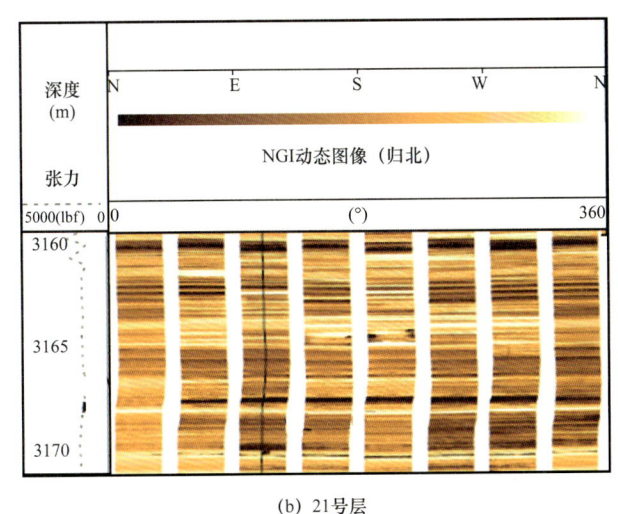

(a) 11号层

(b) 21号层

图 4-15　平安 X 井凉高山组与大安寨段成像对比图

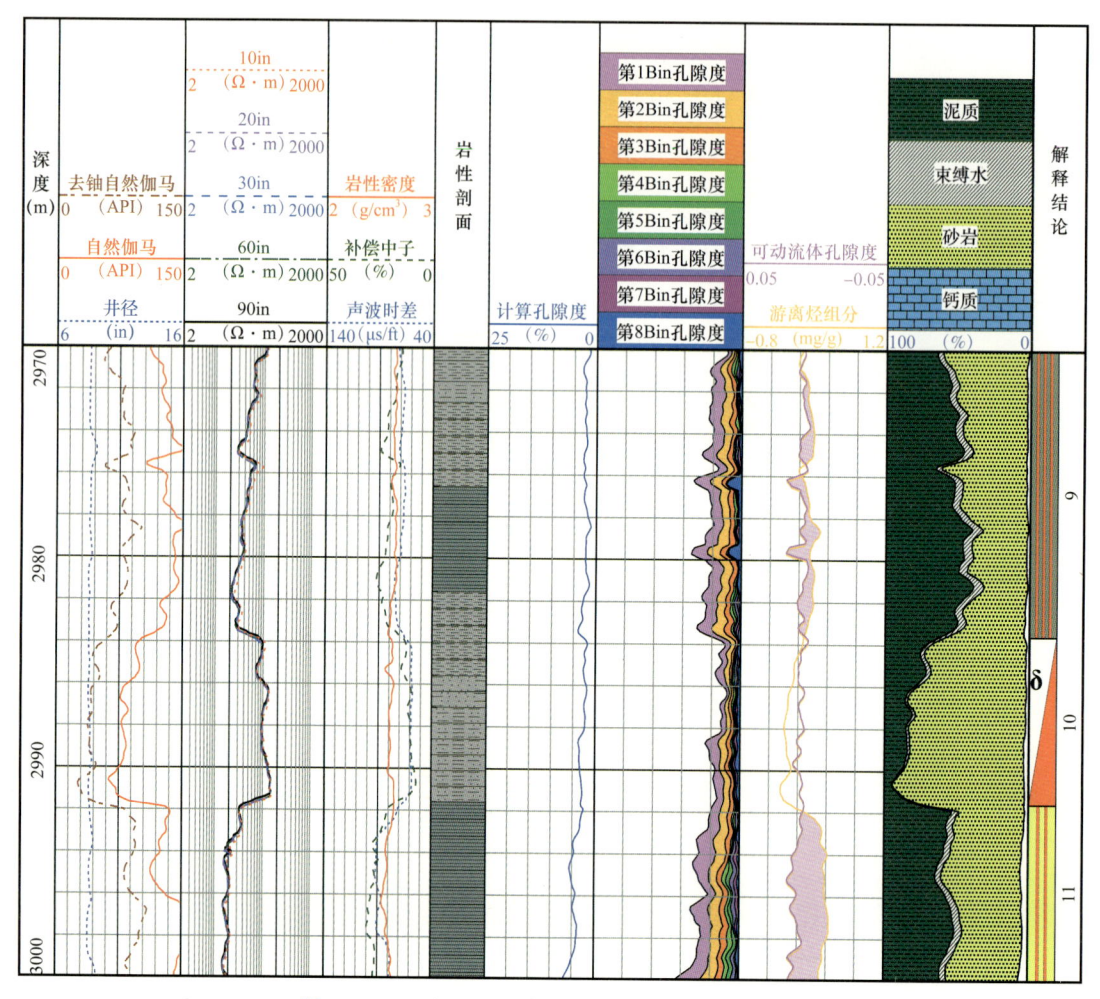

图 4-16　平安 X 井凉高山组 11 号层解释成果图

上部 10 号层砂岩储层虽然孔隙度较低，但 T_2 谱反映储层具有一定的大孔隙，且有效孔隙度占比较大，核磁共振平均总孔隙度 3.2%，平均有效孔隙度 2.0%，说明储层孔隙结构较好，综合解释为油气同层，如图 4-17 所示。

与该井大安寨段页岩储层进行相比，大安寨段页岩储层有机碳含量为 0.3%～4.35%，平均为 1.21%，含油指数（S_1/TOC）为 4～118.2mg/g，平均为 41.4mg/g；凉高山组泥页岩段有机碳含量为 0.51%～4.08%，平均为 1.45%，含油指数为 72.4～239.3mg/g，平均为 135.4mg/g，说明凉高山组页岩相较于大安寨页岩具有较好的生烃能力，且原油具有较好的可动性。另外该井凉高山组 10 号层厚度较大，录井岩屑见 7.3m 油斑粉砂岩，且在原井眼对应该层段发生气侵，全烃最大 100%，点火火焰最高 18m，说明该层段具有较好的含油气性。后期中国石油勘探与生产分公司统筹盆地整体考虑，鉴于邻区西南油气田龙安 X、仁安 X 两口井针对大安寨段页岩进行水平井钻探。综合决定优选平安 X 井凉高山组 10 号、11 号层作为靶点实施水平井作业。

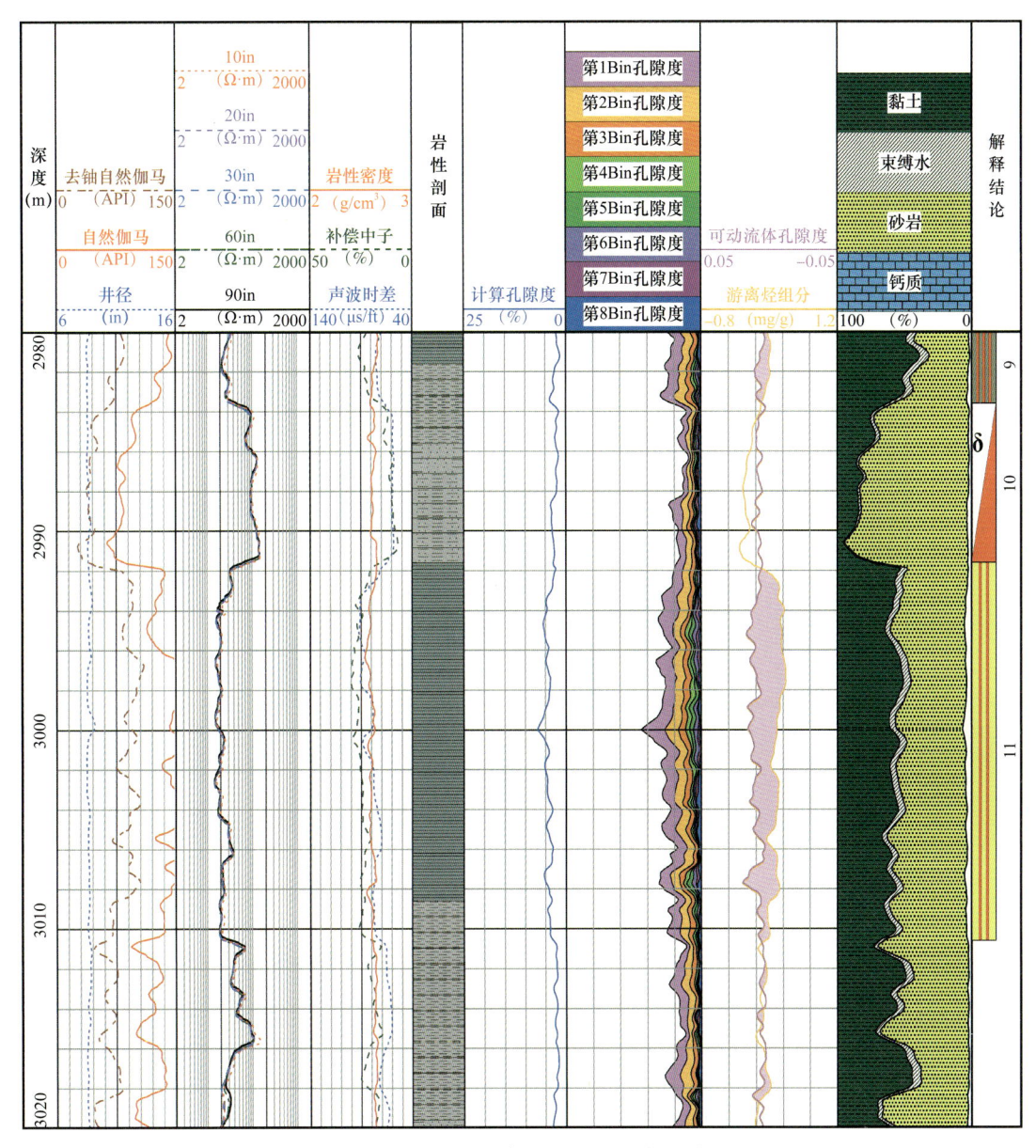

图 4-17 平安 X 井凉高山组 10 号层解释成果图

※ 效果验证

以导眼井 10 号、11 号层为靶点，钻探平安 X 井水平井。水平井凉高山组造斜段长 255m、水平段长 820m，共解释页岩油层 800.9m/30 层，致密砂岩气层 273.9m/6 层。水平段和造斜段共分 21 段进行压裂试油（图 4-18），获日产油 112m^3、气 10×10^4m^3 的高产工业油气流。从油气水三相产液剖面结果来看，砂岩储层以产气为主，而页岩段则以产油为主。该井试油高产，标志着凉高山组页岩油气风险勘探取得重大突破。

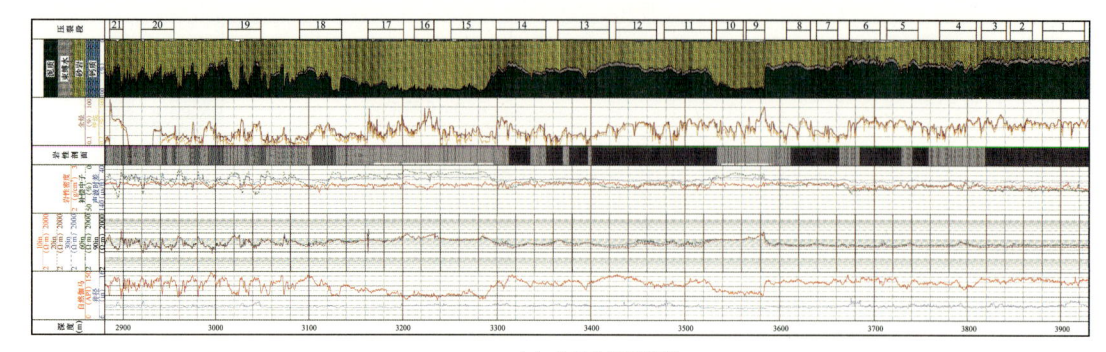

第四章 页岩油气储层典型应用案例

(a) 水平井解释结果

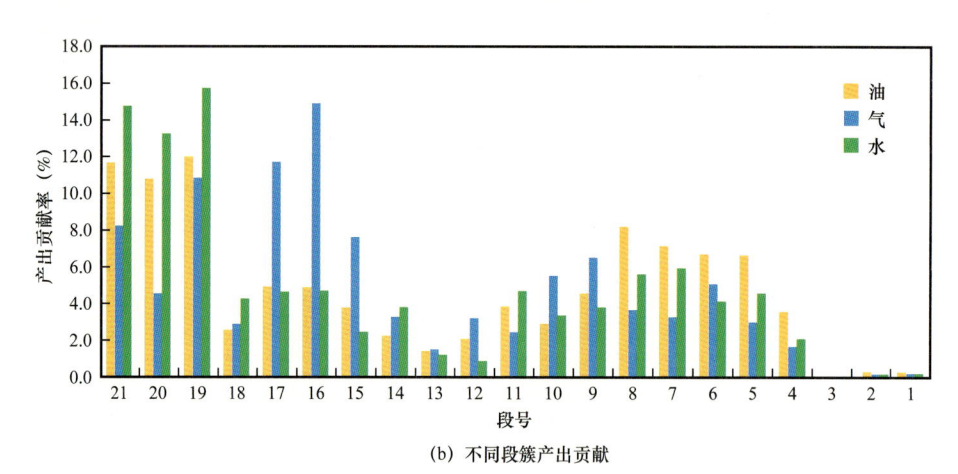

(b) 不同段簇产出贡献

图 4-18 平安 X 井水平井压裂分段与示踪结果对比图

成像测井在古龙页岩油"甜点"综合评价中的应用

※ 简要背景

古页油平 X 井为古页 X 井区部署的一口预探水平井,构造位于松辽盆地中央凹陷区古龙凹陷深部位。该井靶层为古页 X 井青一段油页岩最发育层段,钻探目的为进一步探索该区青一段纯页岩油成藏规律,落实资源潜力,提高单井产能,为页岩油资源潜力评价提供支撑,设计井深 4300m,完钻井深 4300m,垂深 2559.35m,水平段长 1562m。其导眼井古页 X 井是大庆油田部署的一口直井预探井,钻探目的和任务为深化古龙凹陷深部位青山口组泥页岩油储集性、含油性、可动性、可压性认识,明确泥页岩油富集规律,设计井深 2750.0m,完钻深度 2750.0m,完钻层位为泉头组泉三段。

※ 问题及解释要点

古页 X 井为大庆油田纯页岩型油藏先驱井,有别于国内外其他页岩油藏。青山口组这套泥页岩,常规测井曲线差异小(图 4-19),显示自然伽马为高值,主要分布在

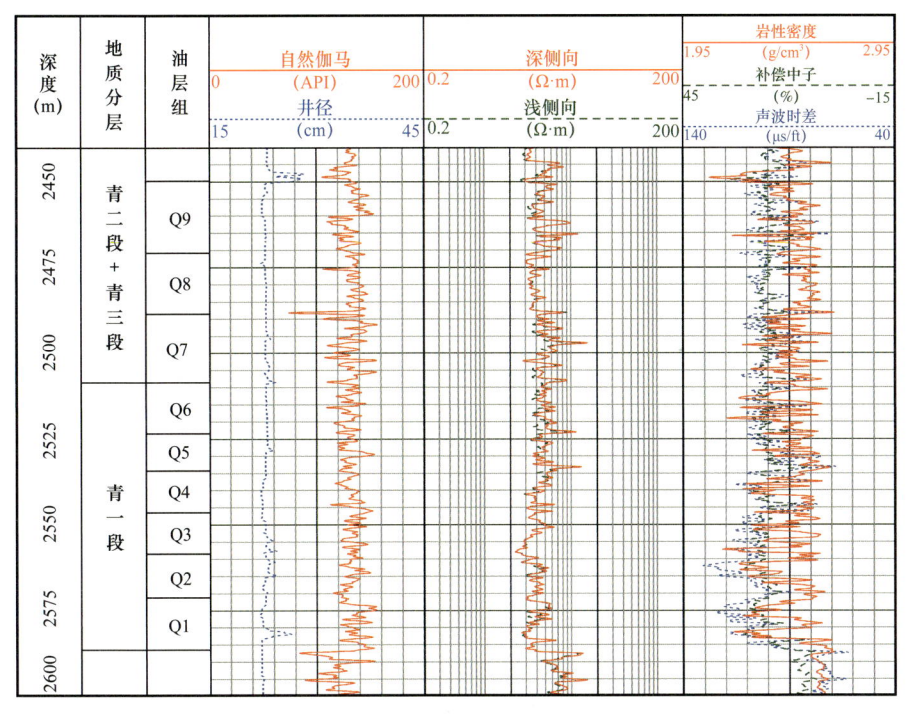

图 4-19 古页 X 井常规测井曲线图

120API左右，密度在2.50g/cm³左右，电阻率6～10Ω·m，声波时差100～110μs/ft，补偿中子测井值在23%左右。常规测井曲线识别矿物组分精度低，需要借助新技术新方法精确求取矿物组分。

泥页岩有两大类储集空间：无机孔缝（粒间孔、粒内孔、晶间孔、无机页理缝）、有机孔缝（有机质内孔、有机页理缝），但孔径小，一般小于100nm，有效孔隙度平均为6%～8%，形成以页理缝控制的微纳米级缝—孔储集体系，页理缝储集空间计算对储层物性评价具有重要意义。

由于古龙页岩具有高黏土含量（37%左右）特点，常规电法饱和度模型，如阿尔奇公式、印度尼西亚方程在这种纯页岩型储层均不适用，需要探索适合古龙页岩储层的饱和度求取方法，对储层含油性进行定量评价。

古龙页岩地层为超压地层，认为储层压力系数越高，游离烃含量S_1（含油性评价的关键参数）越高，含油性越好，目前用S_1与压力系数的包络定性评价纵向上Q1—Q9九个油层组的纵向"甜点"。

※ 新技术、新方法应用

古页X井在常规测井的基础上，加测了岩性扫描测井、核磁共振测井、电成像测井、阵列声波测井。利用岩性扫描测井可以精确计算矿物组分及含量，成果显示（图4-20），青一段和青二段、青三段下部黏土含量在40%左右，石英含量35%，碳酸盐含量略低，为10%左右。岩性扫描测井还可以测得有机碳含量，在青一段相对较高，平均为2.5%，青二段、青三段平均为2.0%，说明青一段具有很好的生油基础。

电成像测井采用MAXIS-500系列，采集质量优。成像测井显示（图4-21），青山口组水平层理非常发育，高导缝整体不发育，高阻缝偶有发育。虽然成像测井资料的垂向分辨率相对较高，但是仍然无法准确识别层状和层状精度达到2mm的沉积构造。应用电成像测井高分辨率处理结果，进行成层性分析，交互拾取层理，获得层理密度，经与岩心精描对比，相关性较好（图4-22），页理发育程度大体分为三段，按发育程度依次为Q1—Q3、Q8—Q9、Q4—Q7，故Q1—Q3具有较好的储集空间，是储层物性的有利层段。

古页X井核磁共振测井成果显示（图4-23），61号层核磁共振孔隙度高于5%，自由流体孔隙度1.5%～2.8%；2570～2579m附近小层核磁共振孔隙度为5%左右，核磁共振可动孔隙度1%～1.5%，为纵向上的富集层优选及水平井的靶层选取提供了有利参数。在核磁共振测井资料质量较好时，可用核磁共振可动孔隙度占有效孔隙度的比例来计算含油饱和度。

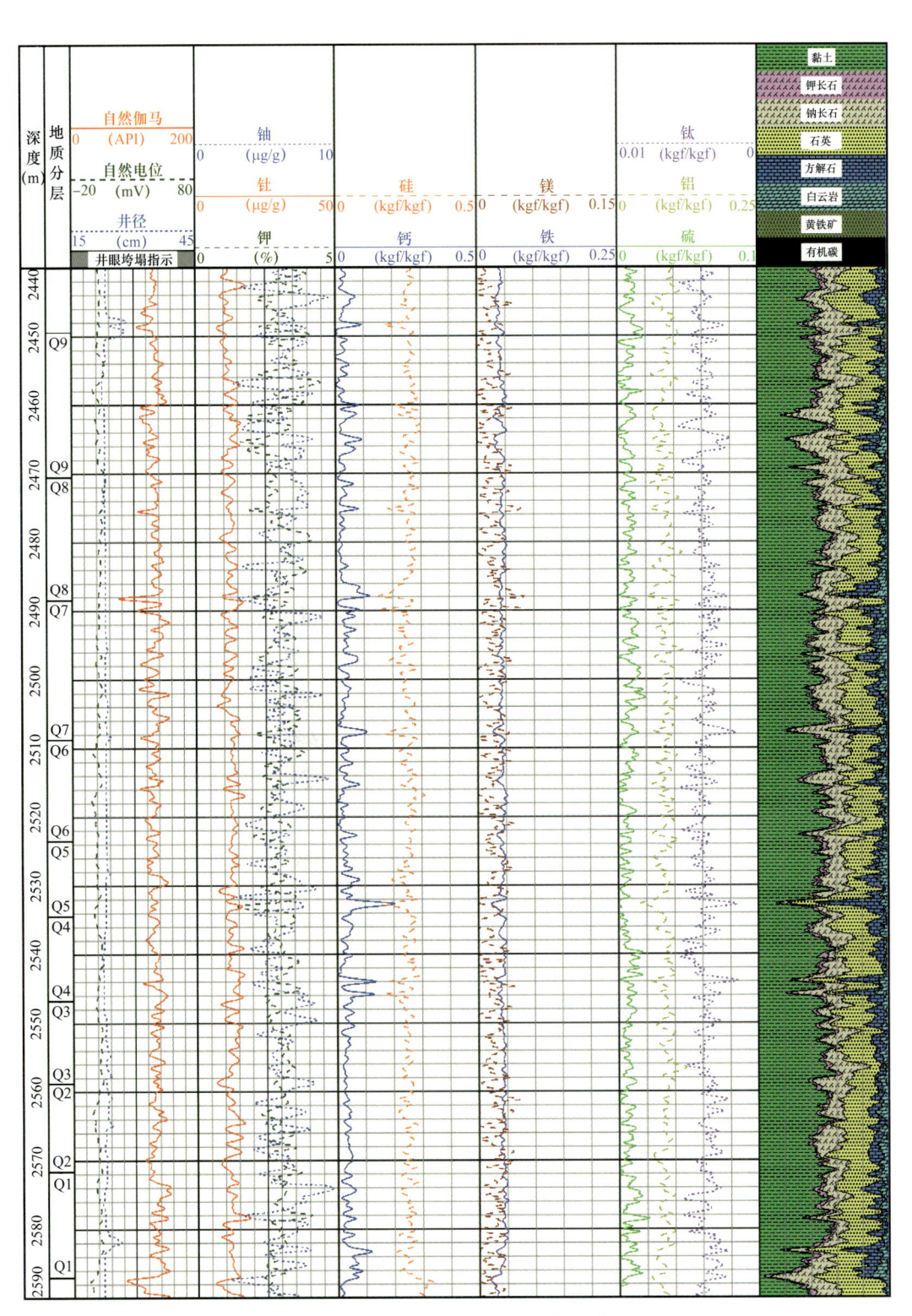

图 4-20 古页 X 井岩性扫描测井解释成果图

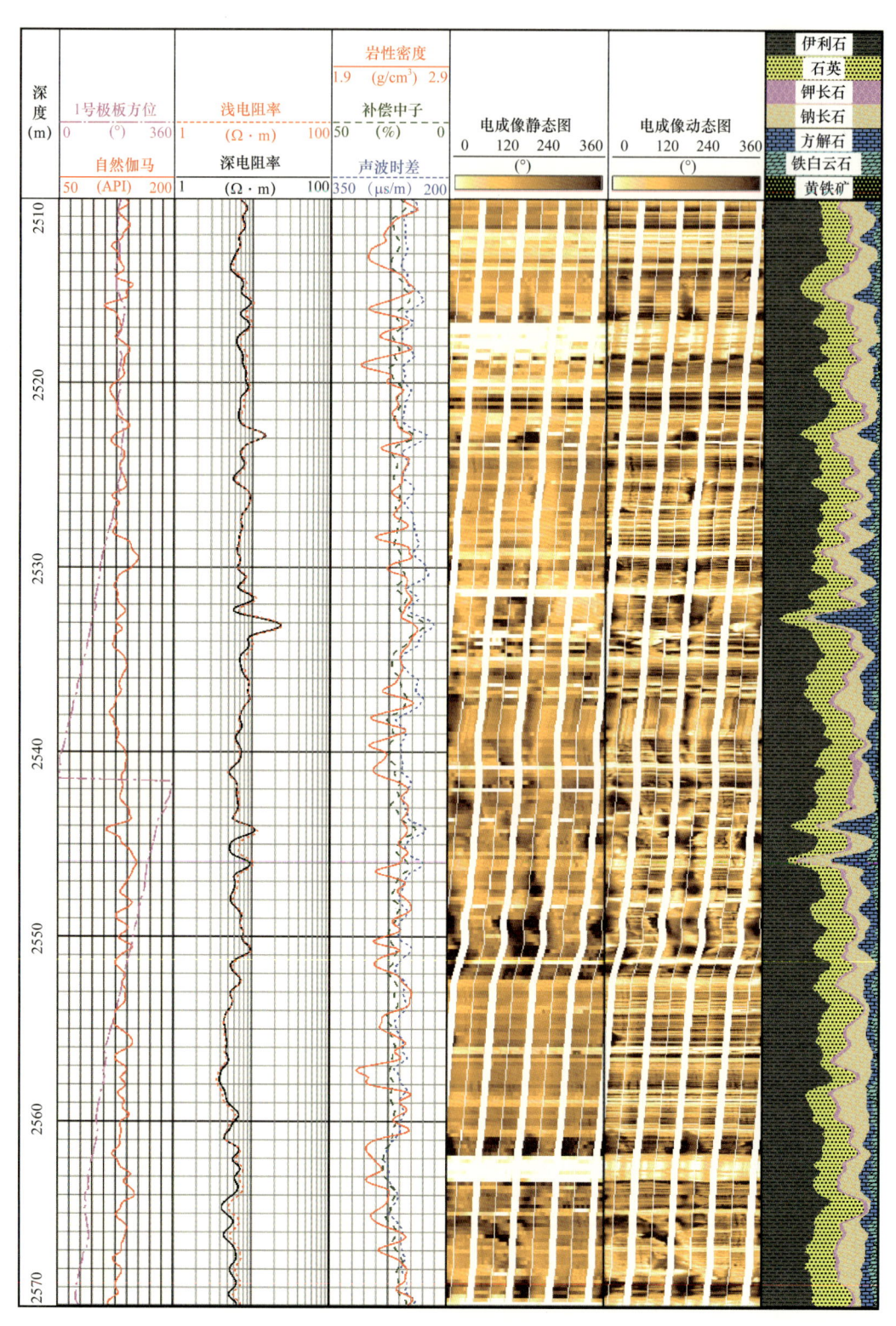

图 4-21　古页 X 井电成像测井成果图

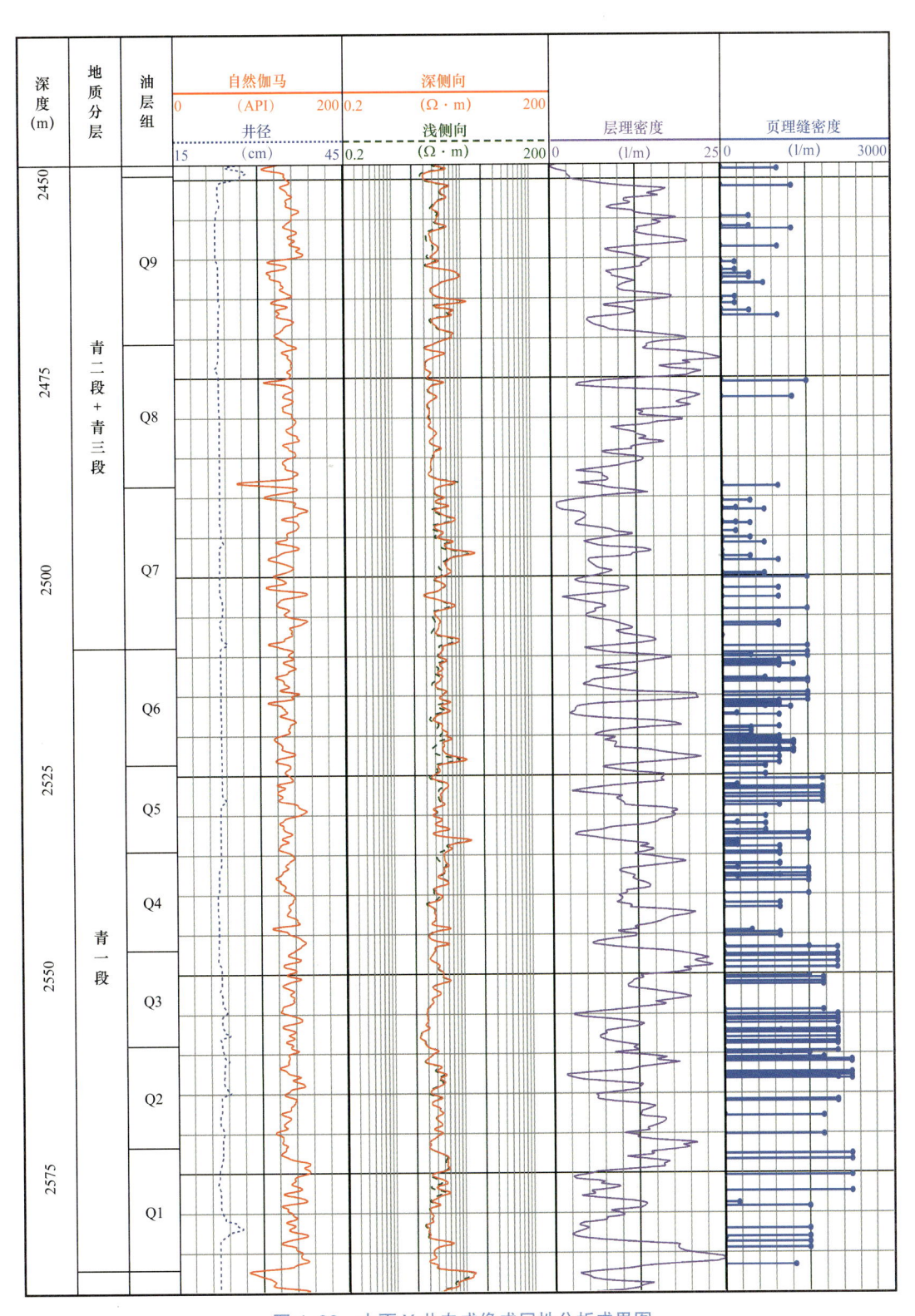

成像测井在古龙页岩油"甜点"综合评价中的应用

图 4-22 古页 X 井电成像成层性分析成果图

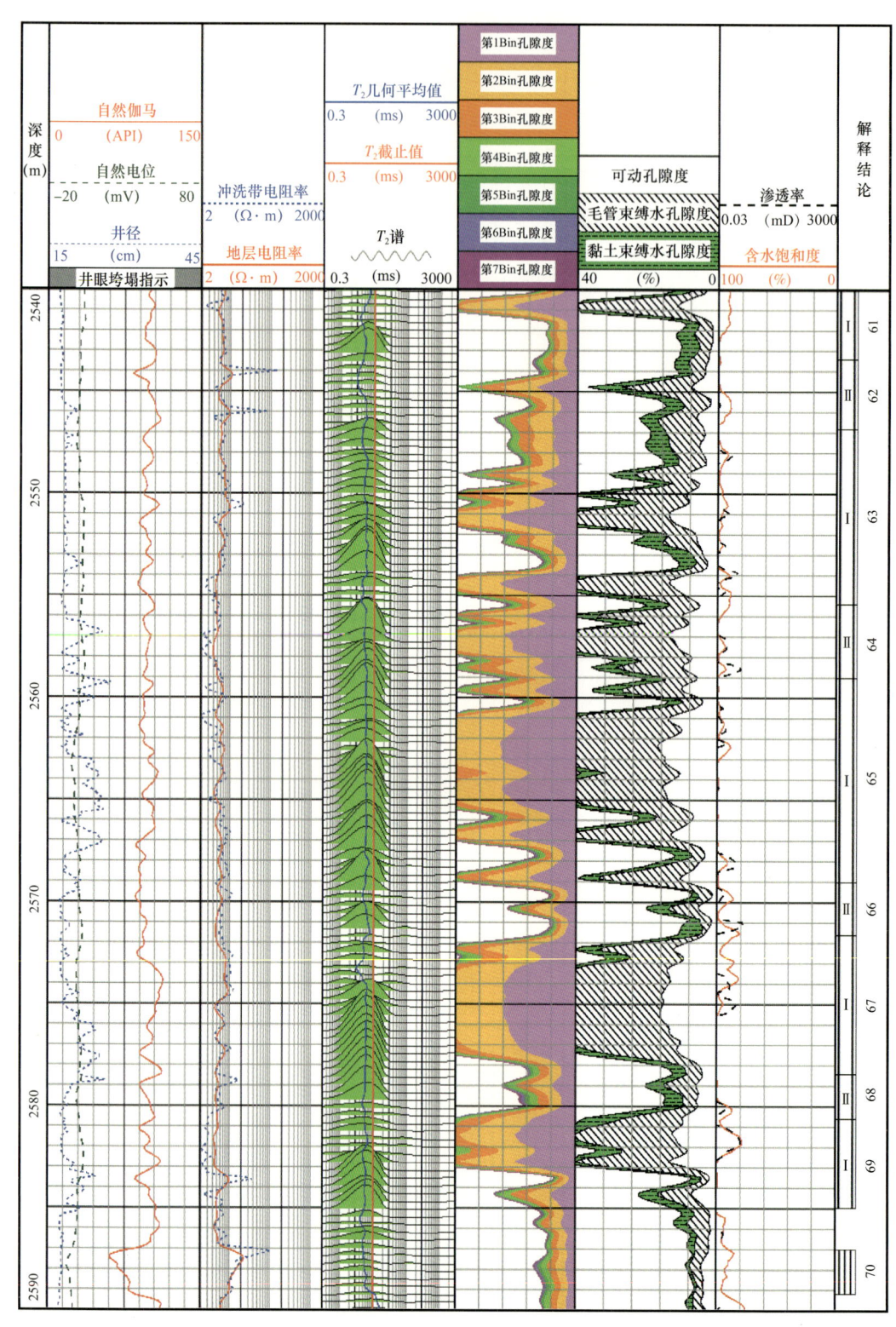

图 4-23 古页 X 井核磁共振测井成果图

在核磁共振测井资料质量较差时，用基于游离烃 S_1 的含油饱和度模型计算含油饱和度进行含油性定量评价。S_1 是含油性指示的主要参数，代表储层含油性级别，目前标准是 S_1 大于 6 时为页岩油 I 类层，S_1 介于 4~6 时为页岩油 II 类层，S_1 介于 2~4 时为页岩油 III 类层。古龙页岩岩心热解 S_1 是含油性的最直接表征，利用 S_1 在油气中占比，利用岩石质量模型进行含油饱和度计算，计算结果与一维核磁共振法基本一致（图 4-24）：

$$S_o = \frac{S_1 \rho_b}{\phi_e \rho_b kc} \qquad (4-1)$$

式中：S_o 为含油气饱和度，%；ρ_b 为油气密度，g/cm³；k 为单位转换常数；S_1 为游离烃含量，mg/g；c 为 S_1 在油气中的占比；ϕ_e 为有效孔隙度。

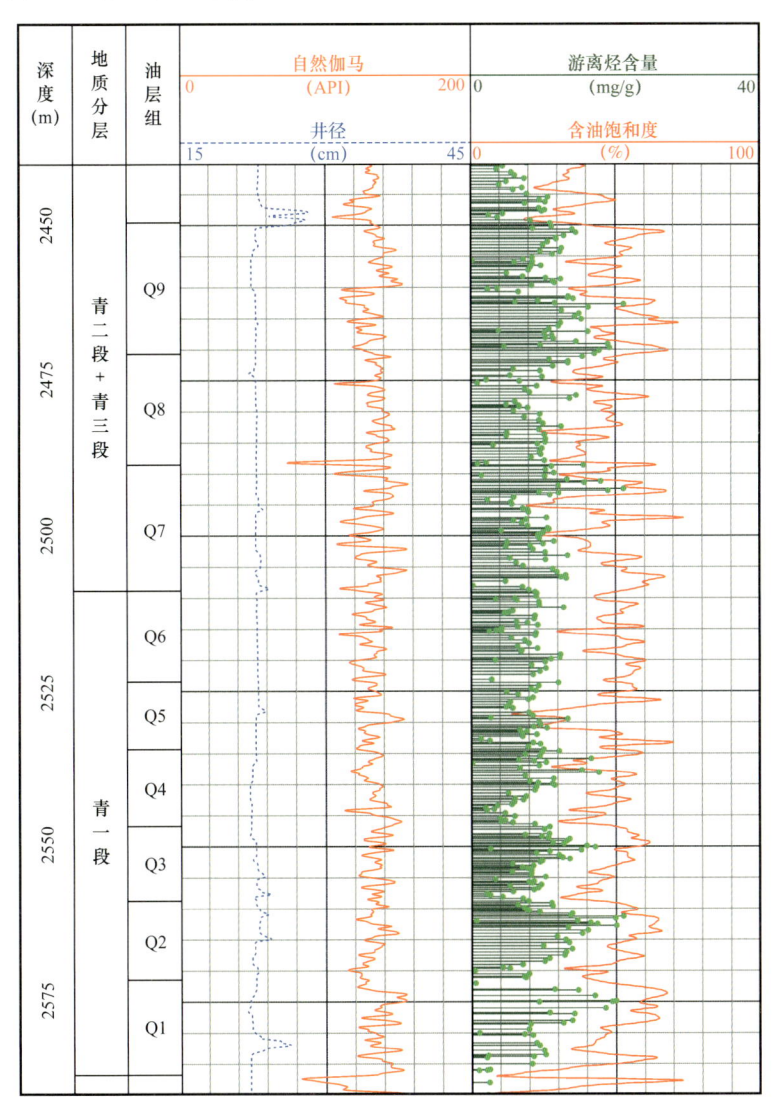

图 4-24 古页 X 井饱和度计算成果图

※ 主要认识

图 4-25 为古页 X 井"七性"解释评价成果图，岩性扫描测井成果显示古页 X 井纵向上 Q1—Q3 黏土含量较高，平均为 46%，碳酸盐含量较少，平均为 9.8%，石英含量平均为 35%，有机碳含量较高，为生油提供了资源基础。虽然核磁共振测井资料受井况影响失真严重，但是从常规计算孔隙度来看物性从上到下逐渐变好，且核磁共振测井仅有的几处信号可信处，有效孔隙度都在 6% 以上，68 号层可达 10% 左右。成像测井成层性分析成果显示，63 号、65 号层层理较发育，岩心精描页理缝密度相对较高，为储集油气提供了有利储集空间。古页 X 井埋深较深，青一段底深度在 2587m，成熟度高达 1.81%，故在有充足的有机碳含量为基源，烃源岩热演化程度高的条件下，转化生产油气含量就高，计算游离烃含量 63 号、65 号层最大，可达 20mg/g，且 S_1 计算的含油饱和度平均为 68%，含油气饱满；纵向上 S_1 与压力系数的包络显示，65 号层为有利富集层；地应力各向异性和脆性显示，63 号、65 号层破裂压力 45MPa，应力差 2.8MPa，脆性指数 32%，可压性相对较好。综合分析 63 号、65 号层是水平井有利靶层。

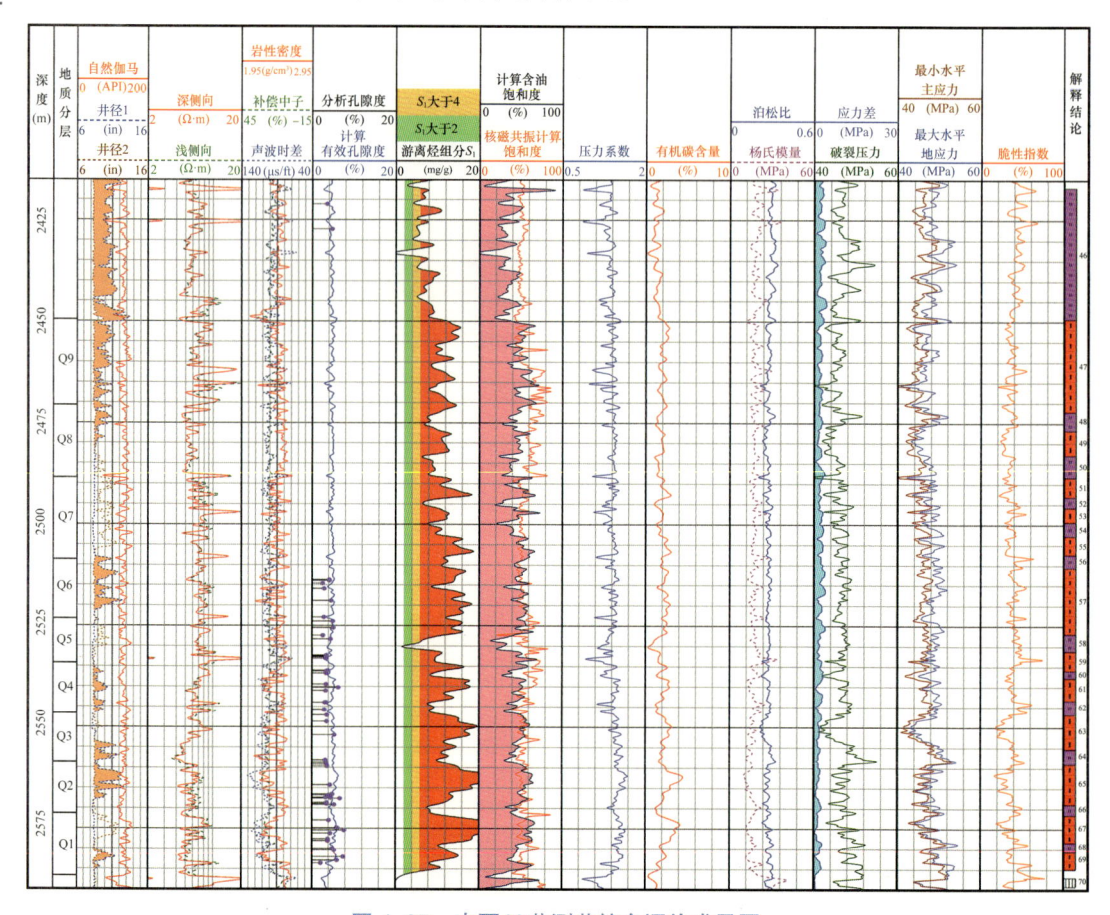

图 4-25 古页 X 井测井综合评价成果图

※ 效果验证

图 4-25 中以古页 X 井青一段底部 Q2—Q3 的 65 号、63 号层为靶层。古页油平 X 井水平钻进，完钻井深 4300m，垂深 2559.35m，水平段长 1562m，钻遇页岩油 I 类层 1351.6m/15 层，II 类层 210.4m/2 层，岩性以层状页岩、纹层状页岩为主，如图 4-26 所示。针对青一段 2742~4214m 井段，分 35 段 138 簇实施压裂，平均簇间距 10m，采用大排量"冻胶+滑溜水+冻胶"交替逆混合压裂工艺、增能助排、暂堵转向等技术，共打入压裂液 82673m³、加砂 3063m³、纤维 2474kg、二氧化碳 3475t，实现大规模改造。开井 9 天后使用 3.6mm 油嘴求产，见油，最高日产油 38.1m³，最高日产气 13032m³，开井 630 天，套压 10.29MPa，油压 10.2MPa，折日产油 36m³，日产气 14147m³，累计产油 7528.05m³，累计产气 385.88×10⁴m³，返排率 59.54%。

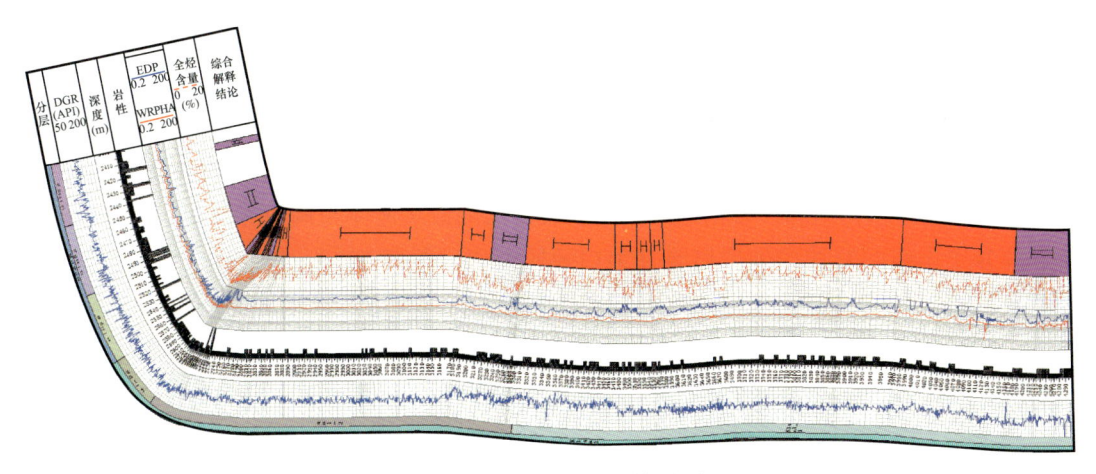

图 4-26 古页油平 X 井测井解释成果图

国产 iMRT 偏心核磁共振测井资料在页岩油有效储层划分中的应用

※ 简要背景

萨探 X 井是吐哈油田部署在准噶尔盆地吉南凹陷萨探 X 号岩性圈闭上的一口风险探井，构造位于阜康断裂带东段吉南凹陷萨探 X 号岩性圈闭。该井钻探目的是主探中二叠统芦草沟组页岩油油藏规模，兼探上二叠统梧桐沟组砂砾岩岩性油藏含油性。该井设计井深 3260.0m，完钻深度 3327.0m，完钻层位为中二叠统井井子沟组。

※ 问题及解释要点

该井位于勘探甩开区块，勘探程度低，从区域钻井和试油情况来看，该区含油层系主要为二叠系梧桐沟组和芦草沟组，阜康断裂带试油证实流体为稠油。井井子沟组无试油层。井井子沟组解释井段内岩屑录井为白云质泥岩，井底 3290~3293m、3300~3302m、3303~3305m、3307~3314m、3316~3318m 和 3325~3327m 井口失返，无岩屑返出，局部无气测值。由于接近井底，3311m 以深未测到自然伽马和补偿中子曲线，利用常规测井曲线划分储层和评价物性、含油性存在一定的困难。

※ 新技术、新方法应用

该井钻井液电阻率为 $0.08\Omega \cdot m$（18℃），在常规测井基础上加测了 iMRT 偏心核磁共振测井，用于评价储层孔隙度和孔隙结构。1990.10~1994.60m 取心段核磁共振测量结果与岩心实验相关性较好，相对误差较小（图 4-27）。

※ 主要认识

3310.4~3314.2m 井段岩性为白云质泥岩，录井无荧光显示，气测无异常，钻井过程有钻井液漏失，声波时差 205~210μs/m、岩性密度 $2.46g/cm^3$，显示该段孔隙度略有增大，电阻率反映含油特征不明显。核磁共振测井显示有明显大孔径发育，储层核磁共振总孔隙度 11.3%，核磁共振平均有效孔隙度 8.6%，可动流体孔隙度 4.9%，平均渗透率 1.29mD，为有效储层，综合解释为可疑油层（图 4-28）。

※ 效果验证

萨探 X 井对 3307.6~3316.0m 井段射孔试油获重大突破，自喷日产油 $26.24m^3$，抽汲最高日产油31.84m³，实现了阜康断裂带东段吉南凹陷井井子沟组重大突破，iMRT偏心核磁共振测井对于该高产油层的发现起到了关键作用。

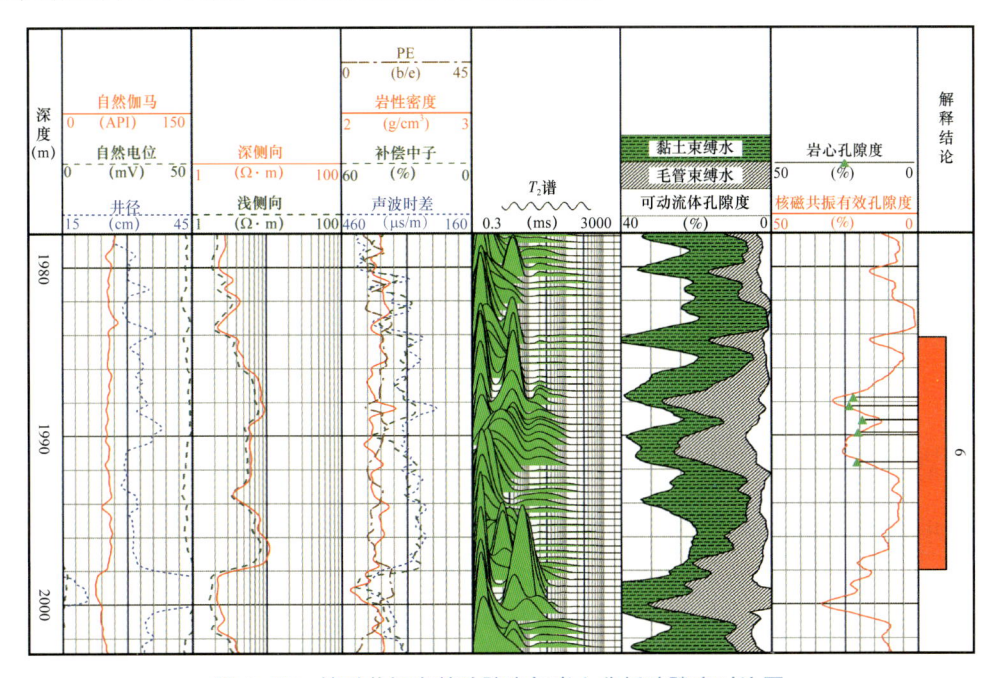

图4-27 核磁共振有效孔隙度与岩心分析孔隙度对比图

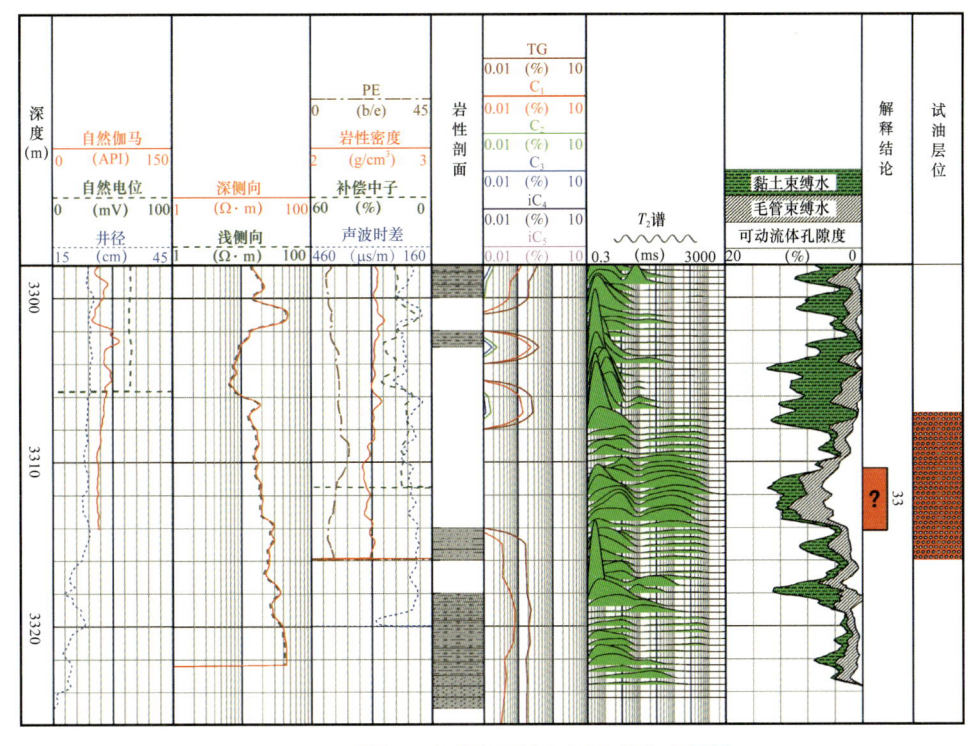

图4-28 萨探X井井井子沟组测井综合成果图

成像测井在松辽盆地乾安页岩油储层的应用

※ 简要背景

查页 X 井是吉林油田勘探部在吉林省松原市乾安县余字乡部署的一口探井，构造位于松辽盆地南部中央坳陷区长岭凹陷。该井钻探目的和任务是通过系统取心，落实余字井地区页岩油储层特征及裂缝发育强度和方向，落实裂缝型页岩储层的直井产能，明确勘探潜力，为后续水平井部署提供保障。

※ 问题及解释要点

该井主要目的层为青一段页岩油，页岩油储层岩性主要为泥页岩和砂岩薄夹层；储集空间为颗粒原始孔隙、有机质孔隙、微裂缝；成藏以自生自储为主，油气相态为吸附态和游离态。该区域内页岩油主要以深湖相、半深湖相为主，储层页里发育较差，以块状深灰色页岩为主，储层空间主要以裂缝沟通为主，取心段横向及纵向微裂隙发育，裂隙面被油膜填充。

从该区已完钻探井揭示的结果看，青一段、青二段页岩储层的矿物组分主要有石英、长石、黏土矿物组成，其中石英与长石之和一般占 40%～60%，黏土矿物一般占 40%～60%，有效孔隙度一般为 3.4%～8.4%，水平渗透率 0.1～1.0mD；薄砂岩储层岩石的矿物成分主要由石英、长石、岩屑组成，其中石英含量一般为 12%～20%，长石含量一般为 20%～40%，岩屑含量一般为 20%～48%，为岩屑质长石砂岩及长石质岩屑砂岩。储层物性差，储层孔隙度 6%～12%，渗透率一般在 0.01～1.17mD 之间，属于低孔、超低渗透储层。页岩储层的裂缝发育程度直接影响到产能及水平井部署，裂缝是依据断裂发育情况及地震预测的，页岩储层裂缝是否发育存在一定的不确定性。准确识别青一段页岩，评价储层的物性及含油性是测井解释要点。

※ 新技术、新方法应用

由于区域内主要目的层岩性以页岩为主，常规三孔隙度测井很难求准储层孔隙度参数；储层流体性质判断难，应用阿尔奇公式无法准确计算含油气饱和度，页岩储层矿物成分复杂，岩性识别难，故该井在常规测井的基础上测量了核磁共振测井、远探测阵列声波测井、介电测井及地层元素测井。

该井采用 MRIL-P 型核磁共振测井仪进行测量，解释评价中采用小孔加密算法，该方

法通过增加小孔的 T_2 组分（由 4 增加到 15 个）和分布范围，优点是受信噪比影响较小，小孔布点多，且分布范围较广，可以获取小孔信息。在页岩油储层评价中可以精确计算储层孔隙度，精度更高，在页岩油储层孔隙评价中可以提高 1%～2% 孔隙度。

远探测阵列声波测井除具有阵列声波测井在主地层各向异性评价、岩石力学参数计算等工程品质方面的应用外，通过远探测模式可以对井旁裂缝发育情况进行判断，进而对储层横向连通性进行综合评价。

地层元素测井通过采集核中子与地层的相互作用产生的次生伽马能谱信息，可直接获取地层十余种主要元素含量，实现岩性识别、矿物定量计算等应用，并可结合其他资料改善整体储层评价效果。FEM 仪器测得的元素含量主测曲线和重复曲线一致性良好，曲线变化有效反映地层岩性变化特征，主要元素含量平均绝对误差小于 0.023，微量元素含量平均绝对误差小于 0.012，仪器现场工作稳定，获得合格资料（图 4-29）。

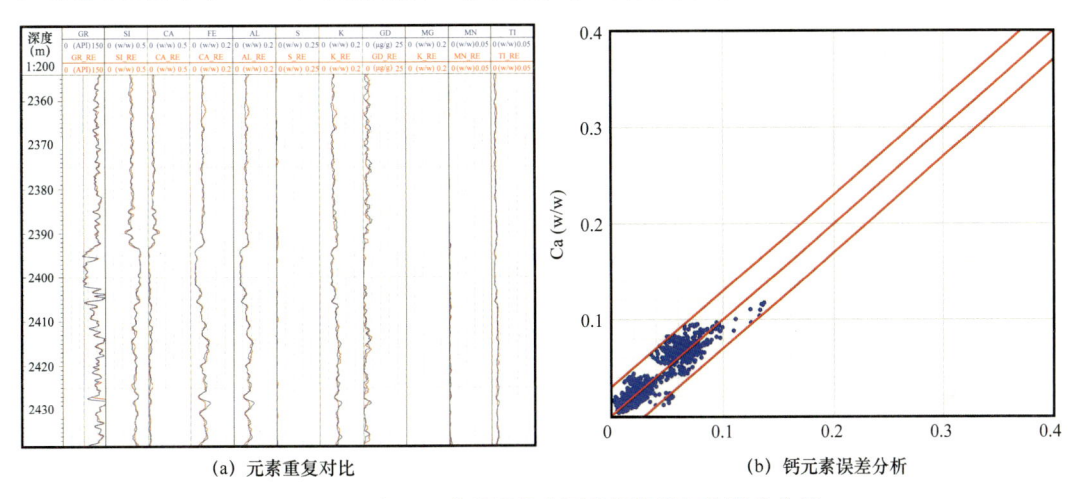

(a) 元素重复对比

(b) 钙元素误差分析

图 4-29　查页 X 井地层元素测井仪器重复性误差分析

介电测井通过电磁波与地层中流体和矿物相互作用后，发生衰减，速度发生变化，对应于可测量的相移。电磁波通过介质后的振幅变化和相移（黑色正弦波）可在接收天线处测量，它们是频率、介电常数、电导率及发射天线与接收天线间距的函数。对振幅变化和相移进行反演，得到介电常数、电导率，进而求出含水孔隙度，计算公式如下：

$$\mathrm{ES}_{xo} = \frac{\phi_{\mathrm{EPT}}}{\phi_{\mathrm{T}}} \qquad (4-2)$$

式中：ES_{xo} 为介电测井计算的含水饱和度；ϕ_{EPT} 为介电测井孔隙度；ϕ_{T} 为其他测井方法计算的总孔隙度。

※ 主要认识

青一段 2350～2390m 井段，岩性主要以黑色块状页岩为主，从 T_2 谱上分析，该段储层以泥质束缚孔隙为主，局部有小—中孔发育，核磁共振孔隙度3%～6%；地层元素测井计算黏土含量平均为43%，脆性矿物指数平均为52%，地层各向异性较弱，脆性指数在50%～65%之间，计算有机碳含量在1%～2%之间。从介电测井计算的含油饱和度上看，30号、32号、33号、36号层明显好于该层段其他解释层，达到50%～60%，且32号层上部远探测阵列声波测井可见明显的远端裂缝发育，其中30号、32号、33号、36号层常规测井自然伽马值平均为100～120API，地层电阻率4～12Ω·m，呈尖刀状变化，声波时差在300μs/m左右，密度2.5～2.6g/cm³，补偿中子测井值20%～30%，计算有机碳含量1%～2%，综合解释为页岩油Ⅰ类储层；31号、34号、37号层较上述各层在孔隙度、介电含水饱和度上明显要差一些，解释为页岩油Ⅱ类储层，如图4-30所示。

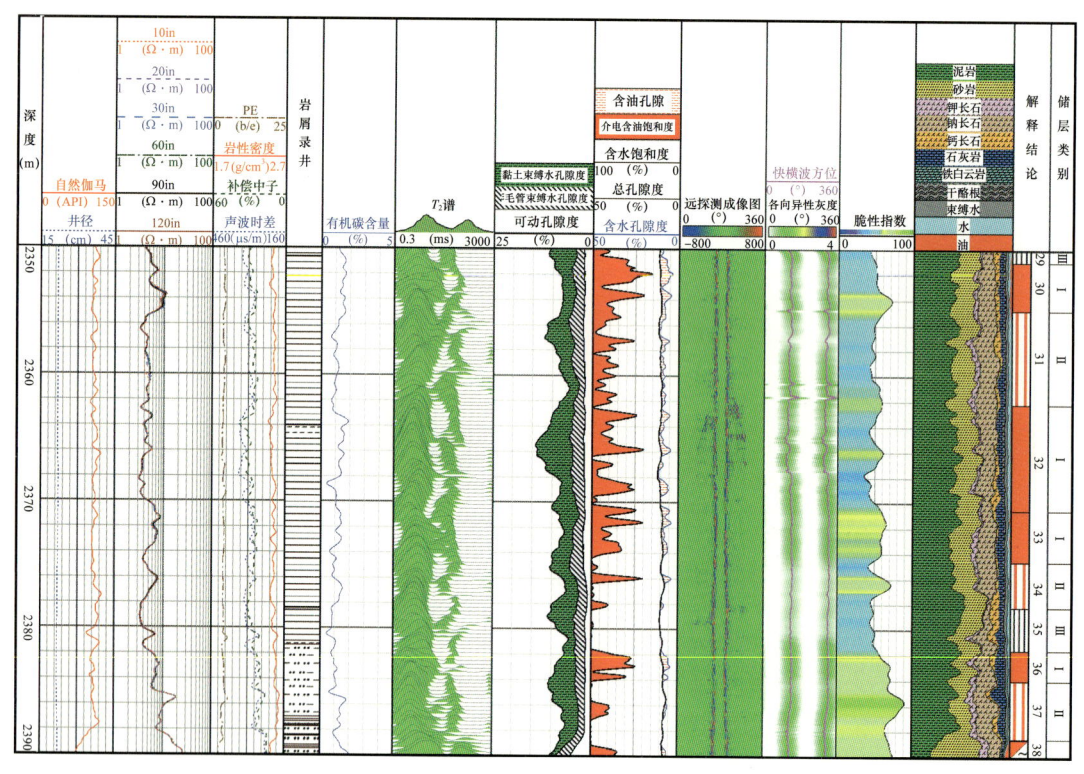

图4-30 查页X井青一段成像测井解释成果图

泉四段38～40号层岩性以粉砂岩为主的常规储层，岩屑录井见荧光—油斑级显示。核磁共振测井曲线上看，T_2谱谱峰较窄，有拖曳，孔隙结构较好，小—中孔发育，有效孔隙度在10%左右，地层元素测井计算黏土含量在20%左右，脆性矿物指数52%，脆性指数70%～78%，介电测井含油饱和度45%～55%，平均自然伽马值60～85API，地层电阻率14～40Ω·m，砂泥岩薄互层发育，声波时差235μs/m，密度2.45g/cm³，补偿中子测井值14%，综合解释为油水同层，如图4-31所示。

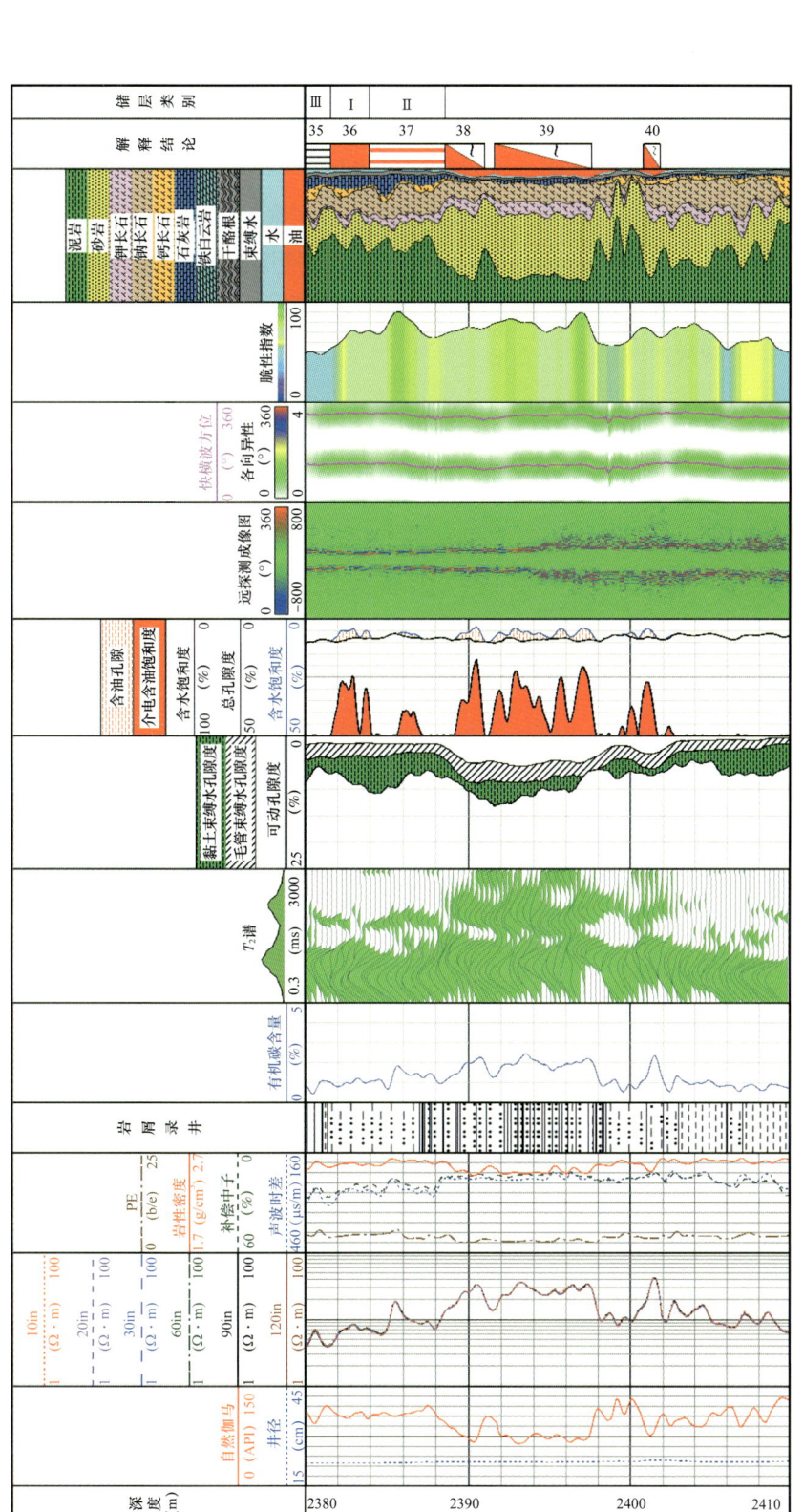

成像测井在松辽盆地乾安页岩油储层的应用

图 4-31 查页 X 井泉四段成像测井解释成果图

※ 效果验证

查页 X 井采用砂页联动方式进行试油,即同时压裂常规砂泥岩储层和页岩储层,通过高渗透性砂岩建立的流通通道带动页岩油储层获取最大产能。对 2397.0~2362.2m 层段射后直压,水力泵求产,试油成果:日产油 5.33t,日产水 29.46m^3,累计产油 23.06t,欠排压裂液 495.98m^3。该井成功试油落实了裂缝型页岩油储层的直井产能,印证了工程上对于压裂沟通远端裂缝提高产能的方法,对吉林油田裂缝型页岩油储层的产能建设及后续勘探开发具有重要的指导意义。

第五章 特殊储层及其他典型应用案例

围绕油气勘探开发及相关专业技术发展对测井的需求，形成特殊储层（火山岩、变质岩、水合物、铝土岩等）测井识别评价、老油田剩余油分布及挖潜等技术，发展完善测井与地质、地震资料结合的储层横向预测、水平井测录导一体化等技术，助力油田增储上产。

成像测井在大庆油田古中央隆起带浅变质岩储层评价中的应用

※ 简要背景

隆平 X 井是大庆油田深层天然气勘探项目组在位于松辽盆地古中央隆起带部署的一口预探井，构造位于古中央隆起带肇州凸起。该井钻探目的和任务为探索通过水平井大幅度提高古中央隆起带基岩风化壳储层的天然气产能。该井设计井深 4532.72m，完钻深度 4523.0m，完钻层位为基底。

※ 问题及解释要点

松辽盆地古中央隆起带基底主要目的层为基岩风化壳和内幕。古中央隆起带基底岩性主要有千枚岩、变质砂砾岩、糜棱岩、构造角砾岩、花岗岩及闪长岩，岩石类型多样，测井响应复杂，岩性识别难。储层非均质性强，骨架参数变化大，骨架密度在 2.6～3.0g/cm³ 之间，孔隙类型主要为溶蚀孔和裂缝，孔隙度分布范围在 0.4%～4.0% 之间，平均为 1.6%，渗透率分布范围在 0.001～3.8mD 之间，平均为 0.40mD，储层致密，储层参数准确求取及有效储层分类难。

该井基底风化壳 2904.2～4523.0m 层段，岩性为酸性火成岩（花岗岩）、中基性火成岩（闪长岩）及酸性火成岩与中基性火成岩过渡岩性（闪长花岗岩）。常规测井显示基底风化壳储层自然伽马值在 21～139API 之间，密度孔隙度与中子孔隙度差值在 −30%～5% 之间，岩性复杂，密度在 2.53～2.99g/cm³ 之间，声波时差在 44～72μs/ft 之间，受岩性复杂影响，骨架参数变化大，储层较致密，电阻率 254.7～40000.0Ω·m，电阻率较高。因此，准确评价基底风化壳储层的岩性、物性、储层有效性划分是测井解释要点。

※ 新技术、新方法应用

形成了"原岩＋成分（地层元素测井）＋结构（电成像测井）"的三维岩性识别技术。应用自然伽马、密度孔隙度、中子孔隙度及地层元素测井硅元素含量等参数，通过平面分类确定基岩成分（基性火山岩变质岩、酸性火山岩变质岩、砂岩变质岩、泥岩变质岩），再根据成像测井从三维立体层面刻度基岩岩石结构（构造角砾、片理构造、碎裂结构等），建立了基岩的三维岩性识别技术。识别出该井的原岩为火成岩，主要岩性为碎裂花岗岩、碎裂闪长岩及其过渡岩性碎裂闪长花岗岩（图 5-1 至图 5-3），为动态骨架及孔隙度参数准确求取提供依据。

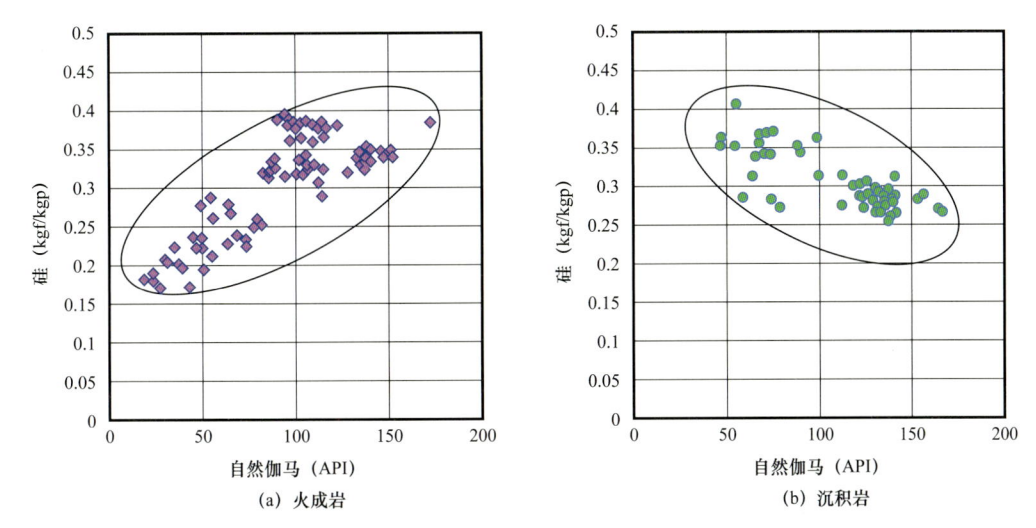

图 5-1 隆平 X 井基岩原岩自然伽马值和硅元素含量交会图

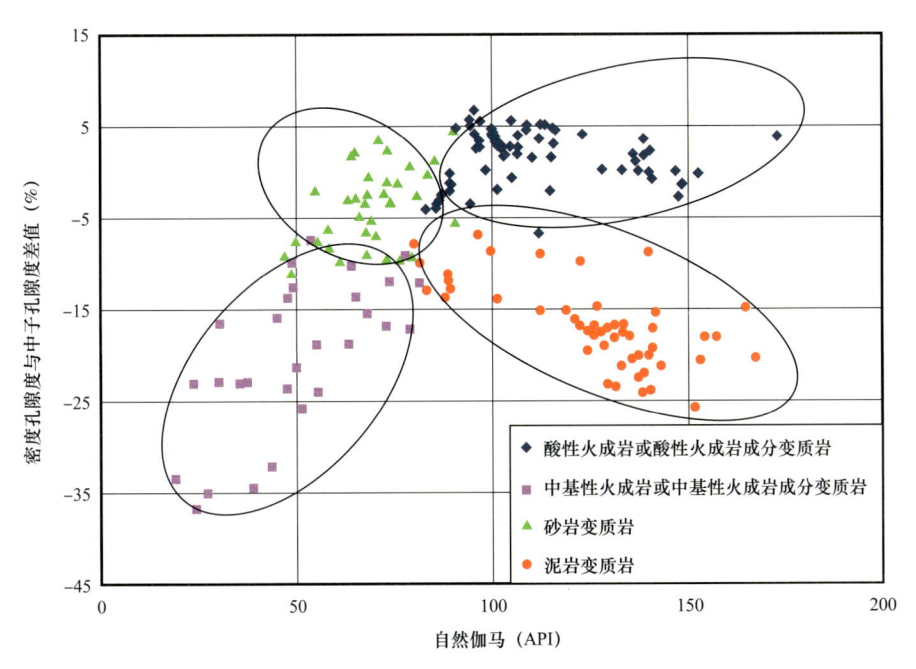

图 5-2 隆平 X 井基岩成分识别图版

该井在常规测井的基础上，加测了电成像测井。针对古中央隆起带基岩风化壳储层，通过电成像进行了储层储集空间参数、物性参数评价，具体参数包括总孔隙度、次生孔隙度、孔隙直径及分布（孔隙直径谱）、裂缝参数（长度、宽度、密度及面孔率），如图 5-4 所示，并以此为依据进行了有效储层划分，如图 5-5 所示。

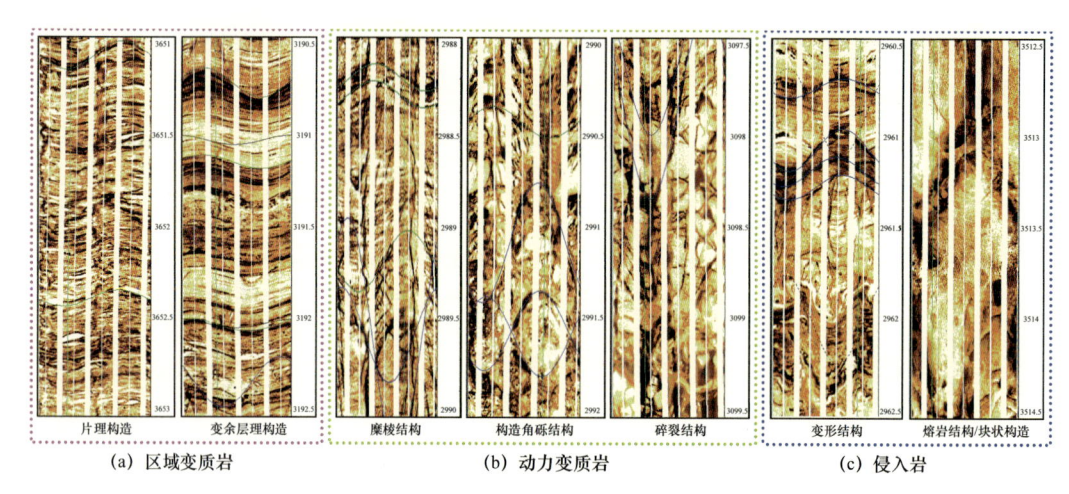

图 5-3 隆平 X 井基岩结构、构造识别图像模式

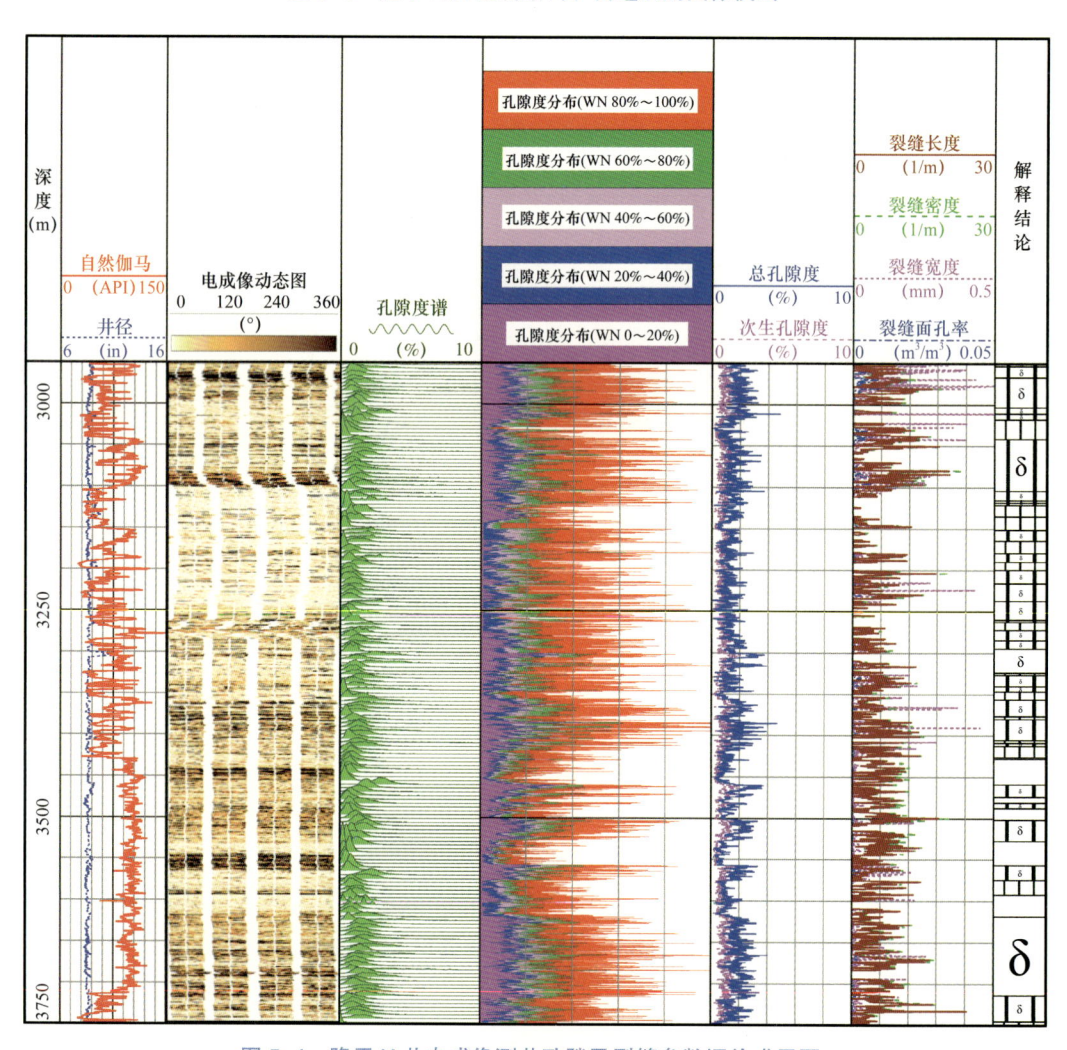

图 5-4 隆平 X 井电成像测井孔隙及裂缝参数评价成果图

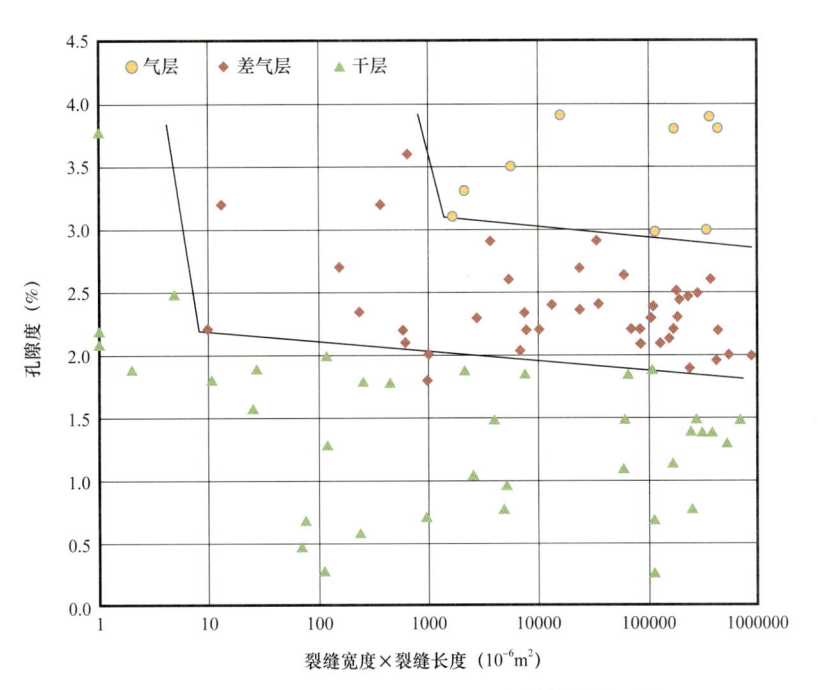

图 5-5　隆平 X 井基岩风化壳储层有效性划分图版

阵列声波测井主要用于地层各向异性评价、岩石力学参数计算等，通过地层各向异性解释可对地层地应力、裂缝发育情况进行评价，岩石物理参数计算可对后期压裂改造提供压裂参数指导，如图 5-6 所示。

※ 主要认识

如图 5-6 所示，基底风化壳储层发育次生孔隙、裂缝，有效孔隙度多在 1.8%～3.8% 之间，平均为 2.68%，次生孔隙度多在 0.5%～1.2% 之间，平均为 0.71%。该井裂缝极为发育，多为网状缝、高角斜交缝，裂缝走向主要为北东东—南西西，倾角主要在 45°～90° 之间，裂缝长度主要在 0.9275～7.9019m 之间，裂缝水动力宽度主要在 0.0070～1.7925mm 之间，裂缝密度在 0.9688～7.8414 条/m 之间，裂缝面孔率主要在 0.0006%～0.2204%，按照基岩风化壳储层有效性划分标准，综合解释基底风化壳储层气层 2 层（62 号层、84 号层），厚度 124.6m；差气层 37 层，厚度 587.4m。

※ 效果验证

对该井基底风化壳地层 2952.8～4197.4m 井段分 23 段 48 簇压裂，试气获日产 $11.5 \times 10^4 \text{m}^3$ 的高产工业气层，目前定产 $3 \times 10^4 \text{m}^3/\text{d}$ 开采，压力稳定在 18.7MPa，古中央隆起带基岩风化壳获重大突破，开启松辽盆地北部天然气勘探的新领域。

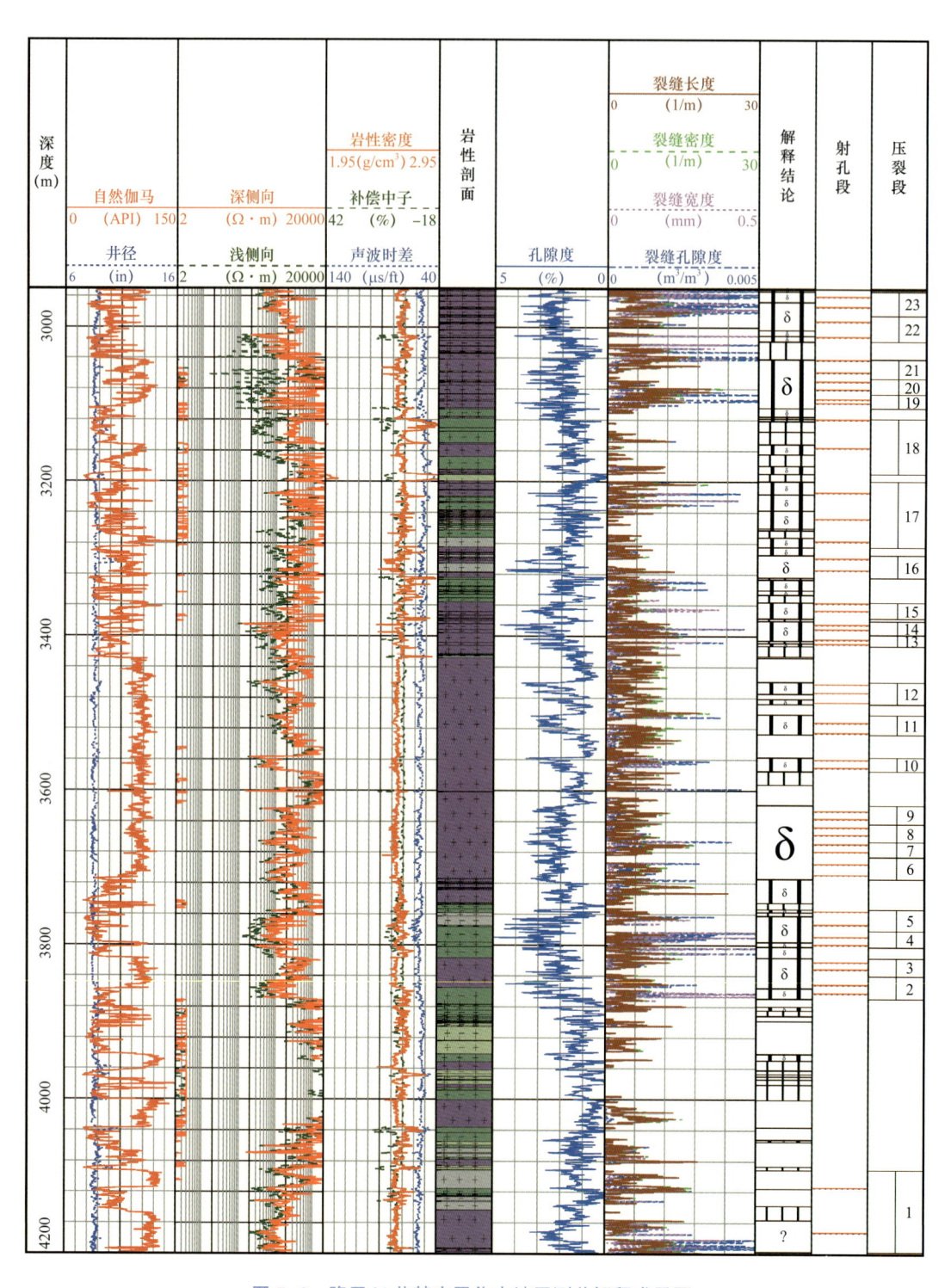

图 5-6 隆平 X 井基底风化壳地层测井解释成果图

成像测井在准噶尔盆地西部红车断裂带火山岩储层的综合应用

※ 简要背景

车探 X 井是中国石油在新疆维吾尔自治区奎屯市部署的一口风险探井，构造位于准噶尔盆地西部隆起红车断裂带沙门 X 井北石炭系太勒古拉组（C_1t）断层—岩性圈闭，勘探目的为查明沙门 X 井北石炭系太勒古拉组断层—岩性圈闭的含油气性，探索红车断裂带南部石炭系油气勘探新领域，完钻层位为二叠系佳木河组二段（P_1j_2），设计井深 5500.0m，完钻深度 5218.0m（图 5-7）。

※ 问题及解释要点

中拐车排子地区为巨厚多期风化叠加火山岩油藏，在火山活动期次和火山活动规律约束下岩相及岩性横向展布变化快，区域上横向石炭系岩性变化大，可对比性差，岩性均呈现多期喷发，不同岩性体叠加的特征，导致利用常规测井资料很难准确识别岩性；同时受风化、蚀变等作用影响，储层孔隙结构和孔隙介质均更复杂，仅利用常规测井资料对储层物性评价和流体性质的判别结果精度低。因此，如何评价该井的储层有效性、准确识别流体性质是测井解释工作解决的关键问题。

※ 新技术、新方法应用

岩性识别：利用常规测井及电成像测井资料对火山岩储层岩性进行识别和划分。首先基于岩石矿物学特征确定了蚀变火山岩的测井响应特征，具体表现为高黏土束缚水孔隙度、高中子、高声波时差、低电阻、低密度的"三高、两低"特征；其次，构建了指示黏土矿物含量的风化蚀变指数，明确了石炭系顶部风化壳垂向上具层状结构，自上而下依次为风化黏土层、水解带、淋滤带、崩解带和母岩，有利的油气相带黏土化因子 S 小于 40，物性因子 CP 大于 0.6，最终形成了测井多属性的风化壳结构测井识别方法（图 5-8 至图 5-10）。

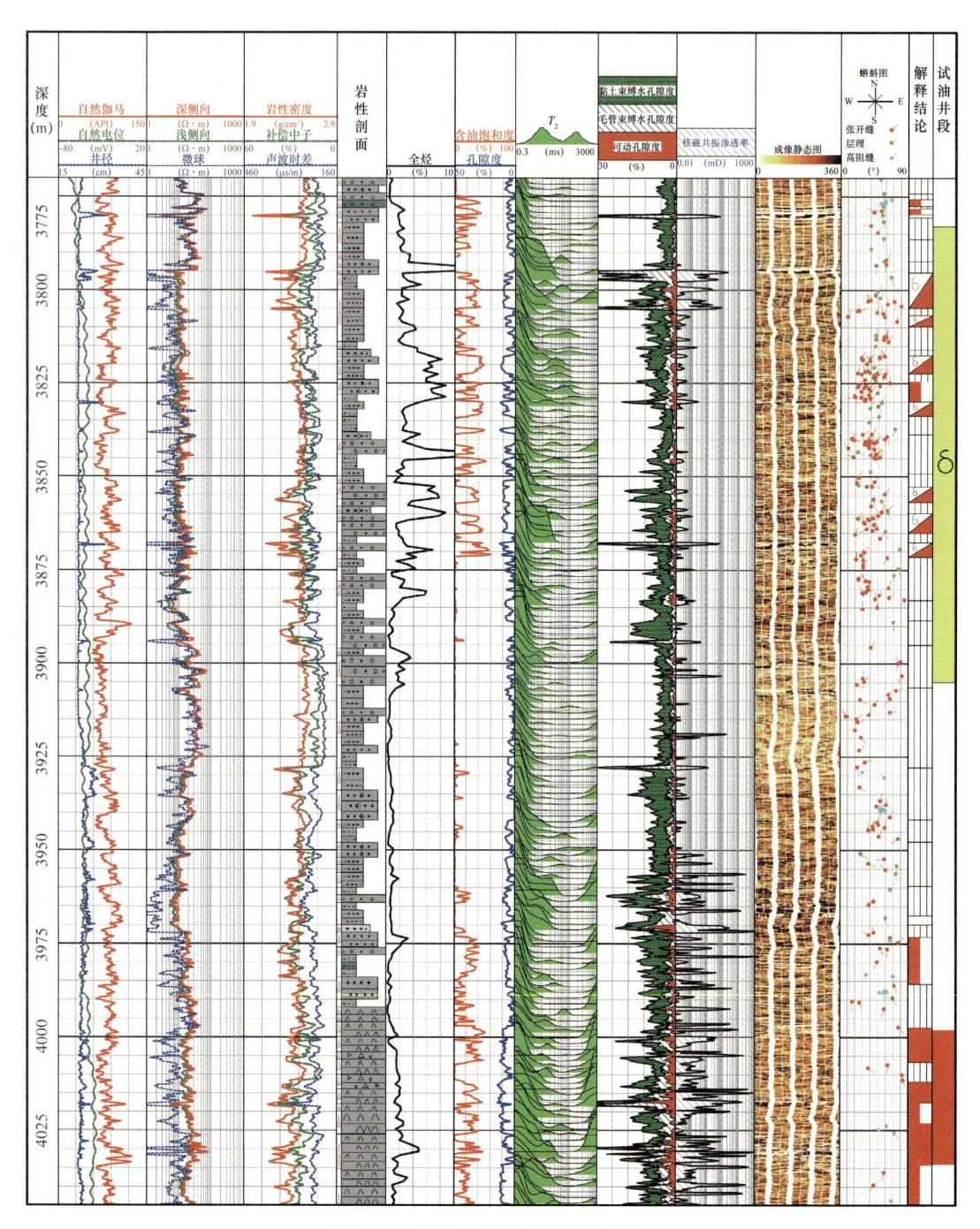

图 5-7 车探 X 井测井解释综合图

物性评价：由于风化作用的强度不同，火山岩母岩风化程度也有差异，在垂向上表现出岩石黏土化、岩石碎裂、裂缝发育、孔隙结构变化等特征，岩石被淋滤剥蚀后会产生一些裂缝、溶蚀孔等次生孔隙导致测井曲线上密度、电阻率降低，中子测井值、声波时差变大，自然伽马值增大。基于不同风化程度的测井曲线响应特征的不同，利用敏感曲线建立

储层发育指数 C_i 和储层物性变化指数 P_i 相互关系，即两条曲线的包络面积评价储层的储集性，包络面积越大，风化壳储层储集性能越好（图5-11）。

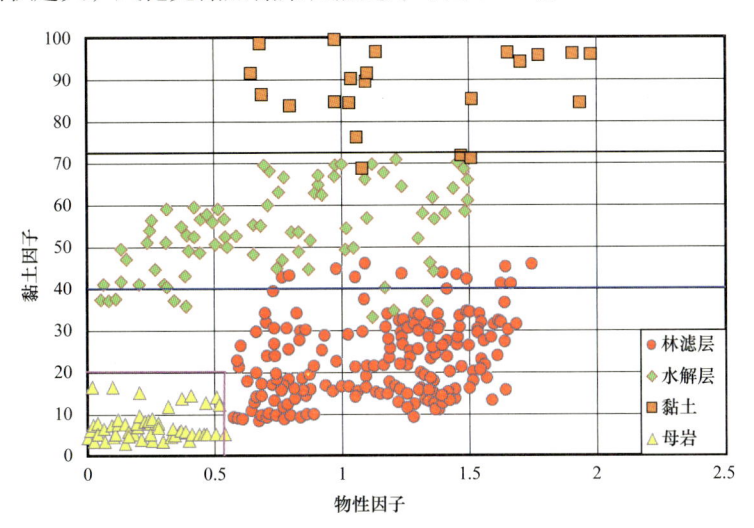

图5-8 复杂火山岩岩性划分技术

风化壳结构	黏土化因子	物性因子
风化黏土层	$S>75$	$CP>0.6$
水解带	$40<S<75$	$CP>0$
淋滤带、崩解带	$S<40$	$CP>0.6$
母岩	$S<20$	$CP>0.6$

图5-9 风化壳结构测井识别技术

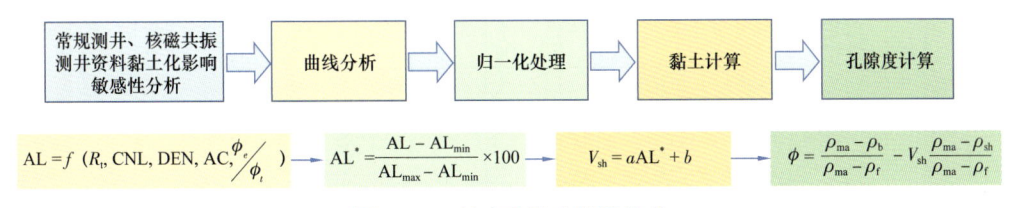

$$AL = f(R_t, CNL, DEN, AC, \phi_e/\phi_t) \rightarrow AL^* = \frac{AL - AL_{min}}{AL_{max} - AL_{min}} \times 100 \rightarrow V_{sh} = aAL^* + b \rightarrow \phi = \frac{\rho_{ma} - \rho_b}{\rho_{ma} - \rho_f} - V_{sh}\frac{\rho_{ma} - \rho_{sh}}{\rho_{ma} - \rho_f}$$

图5-10 蚀变孔隙度校正技术

流体识别：依据密度孔隙度与声波孔隙度、核磁共振孔隙度与声波孔隙度的差异，可以定性区分油、气，准确识别储层流体性质。当储层内含有天然气时，由于气体的含氢指数低，气体未完全极化，核磁共振测井测得的孔隙度小于储层的真实孔隙度，在气层中，声波孔隙度较核磁共振有效孔隙度明显增大。

※ 主要认识

3998.0～4034.0m层段，岩性主要为火山爆发相的含角砾熔结凝灰岩，风化壳结构层带划分为淋滤带，裂缝欠发育，孔隙以基质孔隙为主，根据声波孔隙度、密度孔隙度和核磁共振孔隙度对比结果，该段密度孔隙度、核磁共振孔隙度均不小于声波孔隙度，判断流体性质为油；在淋滤带中，储层发育指数和储层物性变化指数相互交互，包络面积大的层段为有效储层，根据蚀变孔隙度校正技术，校正后储层孔隙度8%～12%，含油饱和度45%～50%，测井综合解释油层3层（图5-11）。

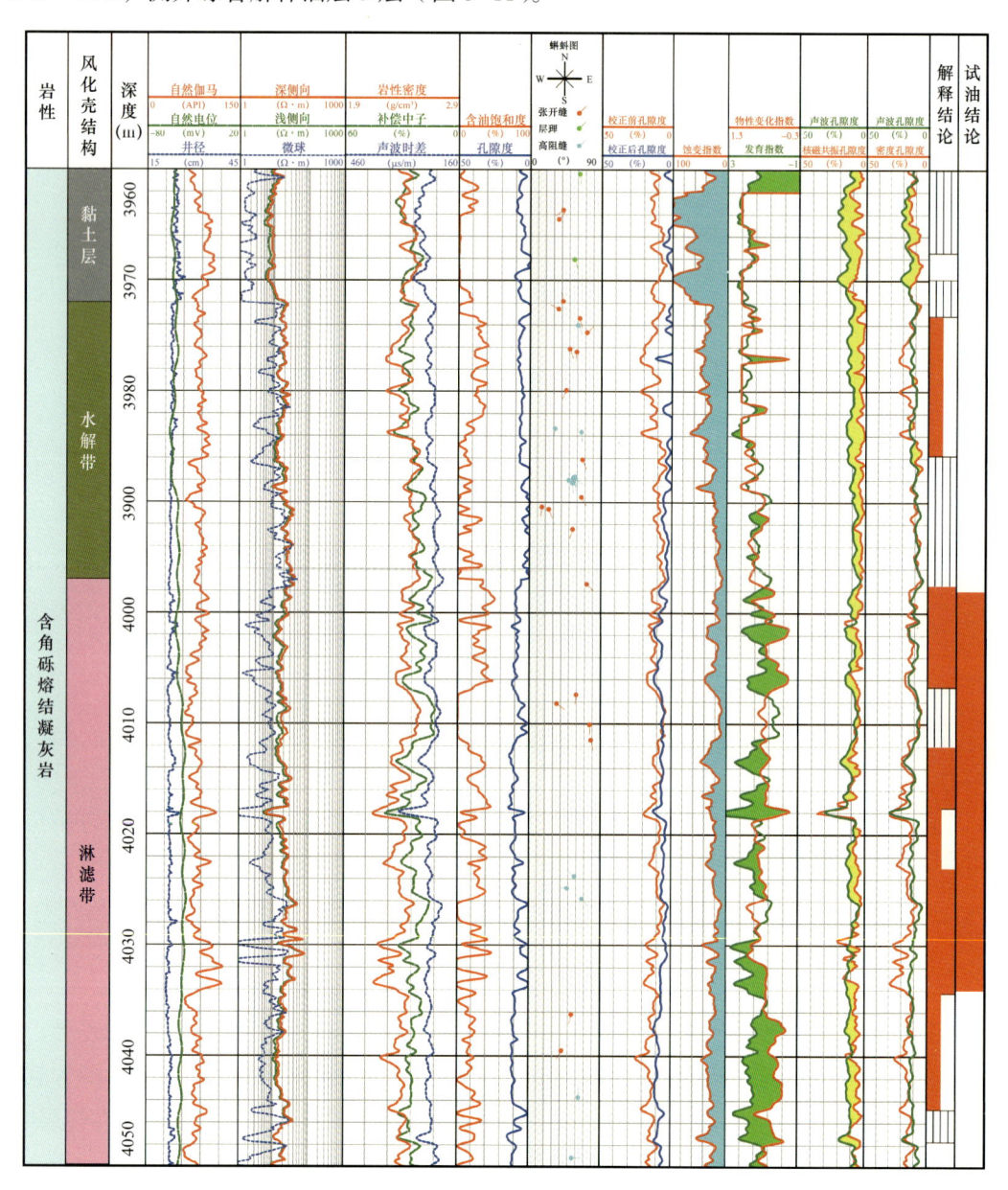

图5-11 车探X井测井解释综合图

3783.0～3905.0m层段，岩性主要为火山爆发相的含角砾熔结凝灰岩，裂缝极发育，根据声波孔隙度、密度孔隙度和核磁共振孔隙度对比结果，该段密度孔隙度、核磁共振孔隙度均小于声波孔隙度，判断流体性质为气；根据蚀变孔隙度校正技术校正后的储层孔隙度为8%～10%，含油饱和度45%～55%，测井综合解释油气层7层，如图5-12所示。

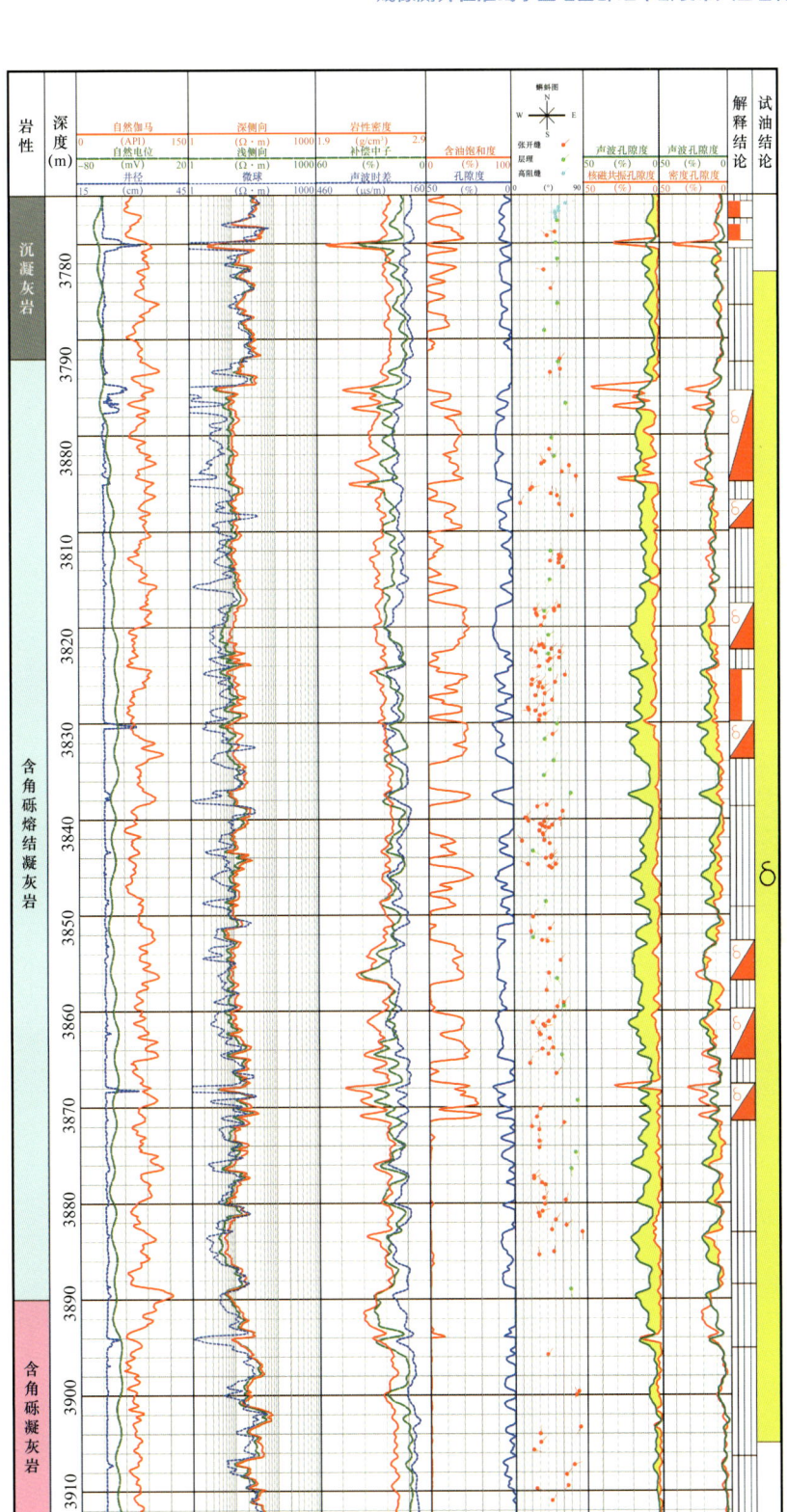

图 5-12 车探 X 井测井解释综合图

※ 效果验证

对该井石炭系太勒古拉组3998.0~4034.0m井段射孔压裂，日产油18.54t，日产气$0.62 \times 10^4 m^3$，累计产油234.54t，试油结论为油层；3783.0~3905.0m射孔压裂，日产油23.04t，日产气$21.708 \times 10^4 m^3$，累计产油160.02t，试油结论为气层，验证了蚀变火山岩测井评价技术的有效性，实现了利用成像测井资料等多手段对复杂储层流体类型的准确识别，证实了红车断裂带石炭系的巨大勘探潜力。

成像测井在长岭断陷深层火山岩复杂流体类型储层的综合应用

※ 简要背景

坨深 X 井是位于吉林省松原市长岭县集体乡的一口预探井，构造位于松辽盆地南部长岭断陷东部斜坡带查干花洼槽。主要受断层控制，或因断层牵引、遮挡而形成，构造早期虽继承了基岩古隆起带的地貌特征，区内断裂发育，断层呈条带状，雁行式展布。流体类型复杂，油藏受构造、岩性双重因素控制。该井勘探目的为落实查干花洼槽沙河子组、火石岭组致密气藏规模，完钻深度 4500.0m，完钻层位为火石岭组。

※ 问题及解释要点

该区域属于松辽盆地南部长岭断陷东部斜坡带，目的层位储层发育情况及储集条件通过目前地震资料无法准确预测，火山岩储层有效性存在不确定性，碎屑岩储层埋藏深度较大，碎屑岩物性差。沙河子组上部发育砂砾岩、下部以细砂岩与暗色互层为主，储层孔隙度 0.02%～5%，渗透率 0.02～0.4mD。火石岭组上部以暗色泥岩与细砂岩互层为主。火山岩储层发育于火石岭组下部，以中基性火山岩为主，储层孔隙度 2.3%～3%，渗透率 0.01～0.04mD，为典型的致密气储层，常规测井曲线解释评价难度大。

※ 新技术、新方法应用

由于区域内储层一般以低孔隙度、低渗透率储层为主，常规三孔隙度测井很难求准储层孔隙度参数；区域内岩性变化较快，岩性识别存在一定困难，故该井在常规测井的基础上测量了核磁共振测井、电成像测井、阵列声波测井。

应用核磁共振测井准确计算储层有效孔隙度井进行孔径分布特征评价。由于区域内流体性质主要以气、气水为主，为更好地对储层流体性质进行识别，根据核磁共振气、水扩散系数的差异，核磁共振测井设计采用双等待时间、双回波间隔的 D9TWE3 模式采集。

该井所在盆地断层发育，岩性变化较快，间或发育火成岩储层，因此采用电成像测井用于对储层岩性进行识别；另外，根据电成像测井资料可对储层裂缝发育情况、地层现今主应力方向、地层沉积及构造特性进行分析。

阵列声波测井主要用于地层各向异性评价、岩石力学参数计算等，进而评价储层工程品质，通过阵列声波测井各向异性发育井段结合电成像测井，可以对储层裂缝有效性进行综合分析。另外由于气、水层在物理性质上的差异，阵列声波测井在储层含气性评价上也有较好应用。

以上成像测井中，核磁共振测井、电成像测井、阵列声波测井分别使用了 EXCELL2000 测井系列、MAXIS-500 测井系列井下仪器进行采集，处理系统为 GeoFrame、Petrosite、Techlog 测井综合处理软件平台。

※ 主要认识

沙河子组 3693.0～3747.0m 井段地层岩性主要以砂泥岩、砂砾岩为主。从常规测井曲线上看，该段井眼稳定性较差，全井段井径扩井明显，电成像测井成果图上可见明显井壁崩落，阵列声波测井见较强各向异性，三孔隙度曲线不能真实反映储层孔隙特征。应用核磁共振测井资料计算的孔隙度参数可准确反映储层孔隙度及孔隙结构，核磁共振测井计算出的孔隙度与区域致密气储层特征吻合较好。其中 136 号、137 号、139 号、140 号、142～145 号层核磁共振有效孔隙度在 4%～8% 之间，孔径分布以小—中孔径为主。个别受扩径影响较小的储层，中子—密度曲线可见明显镜像特征，阵列声波测井中横波时差与纵横波波速比交会分析，上述解释层可见明显的包络面积。与气测录井资料相结合，认为储层主要流体类型以气为主，但储层整体偏致密，将 136 号、137 号、139 号、140 号、142～145 号层解释为差气层，如图 5-13 所示。

沙河子组 3930.0～3965.0m 井段地层岩性主要以砂泥岩、砂砾岩为主。从常规测井曲线上看，该段井眼稳定性较差，173 号层扩井最为明显，三孔隙度曲线不能真实反映储层孔隙特征，从核磁共振处理有效孔隙度看，173 号层有效孔隙度在 2%～3% 之间，储层下部孔隙要好于上部，孔径结构以小孔为主；174 号层有效孔隙度在 6%～8% 之间，孔径结构以中—小孔径为主；175 号层有效孔隙度在 1%～2% 之间，孔径结构以小孔为主。其中 173 号层，底部发育低角度裂缝，阵列声波测井对应井段见较强的各向异性，阵列声波测井中横波时差与纵横波速度比交会分析，173 号、174 号层可见明显的包络面积。测井资料与录井资料相结合分析，认为储层主要流体类型以气为主，将 173 号、175 号层解释差气层、174 号层物性明显好于 173 号、175 号层，解释为气层，如图 5-14 所示。

沙河子组 4215～4268m 井段地层岩性主要以砂砾岩、含砂砾岩为主。储层核磁共振有效孔隙度 1%～2%，孔径以小孔径为主。从电成像测井上分析，该层段 209 号、210 号、212 号、213 号、215 号层可见明显垂直裂缝，阵列声波测井各向异性成果图上可见明显的各向异性，储层脆性指数在 61%～70% 之间。阵列声波测井中横波时差与纵横波速度比交会分析，209 号、210 号、212 号、213 号、215 号层均可见一定的包络面积。测井资料与录井资料相结合分析，认为储层主要流体类型以气为主，但储层偏致密，将 209 号、210 号、212 号、213 号、215 号层解释为差气层，如图 5-15 所示。

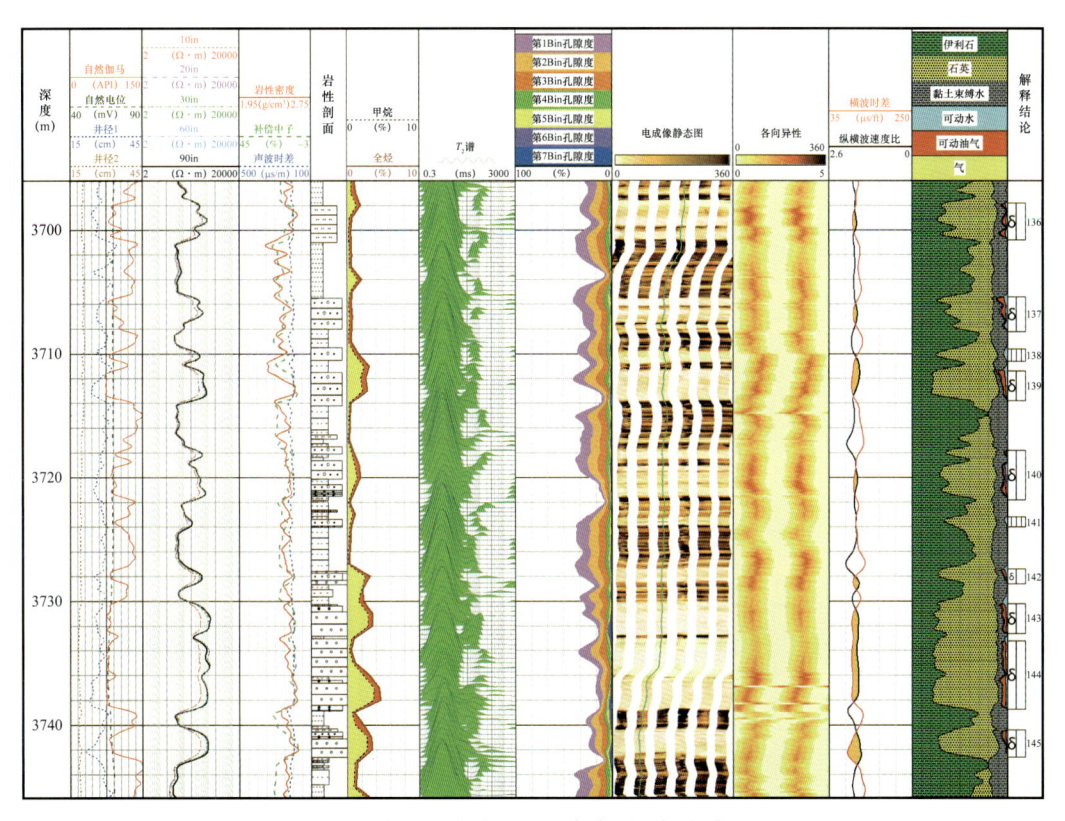

图 5-13　坨深 X 井沙河子组成像测井解释成果图一

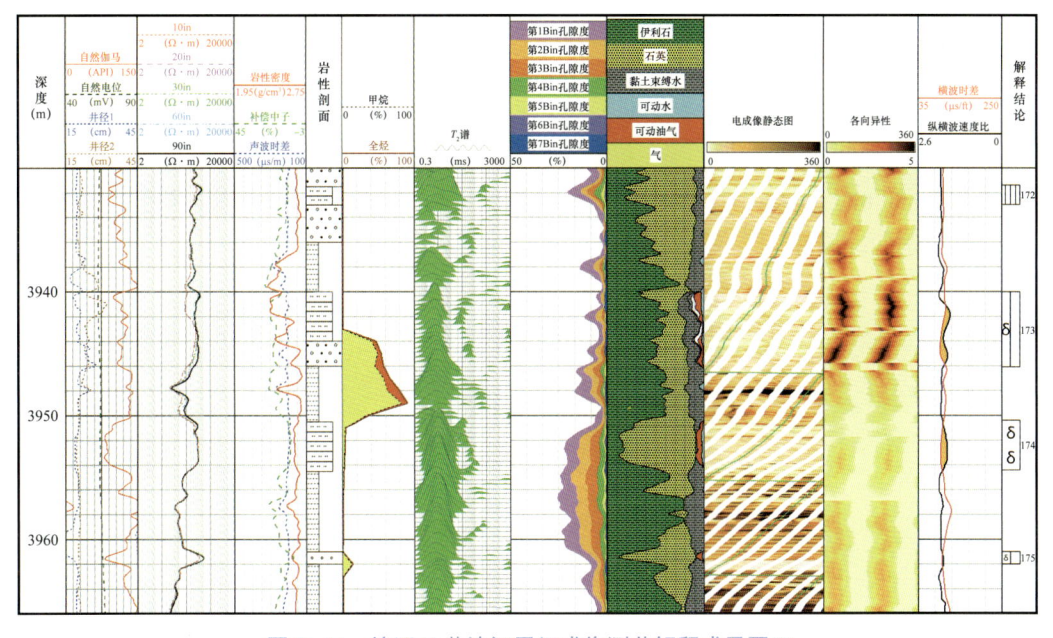

图 5-14　坨深 X 井沙河子组成像测井解释成果图二

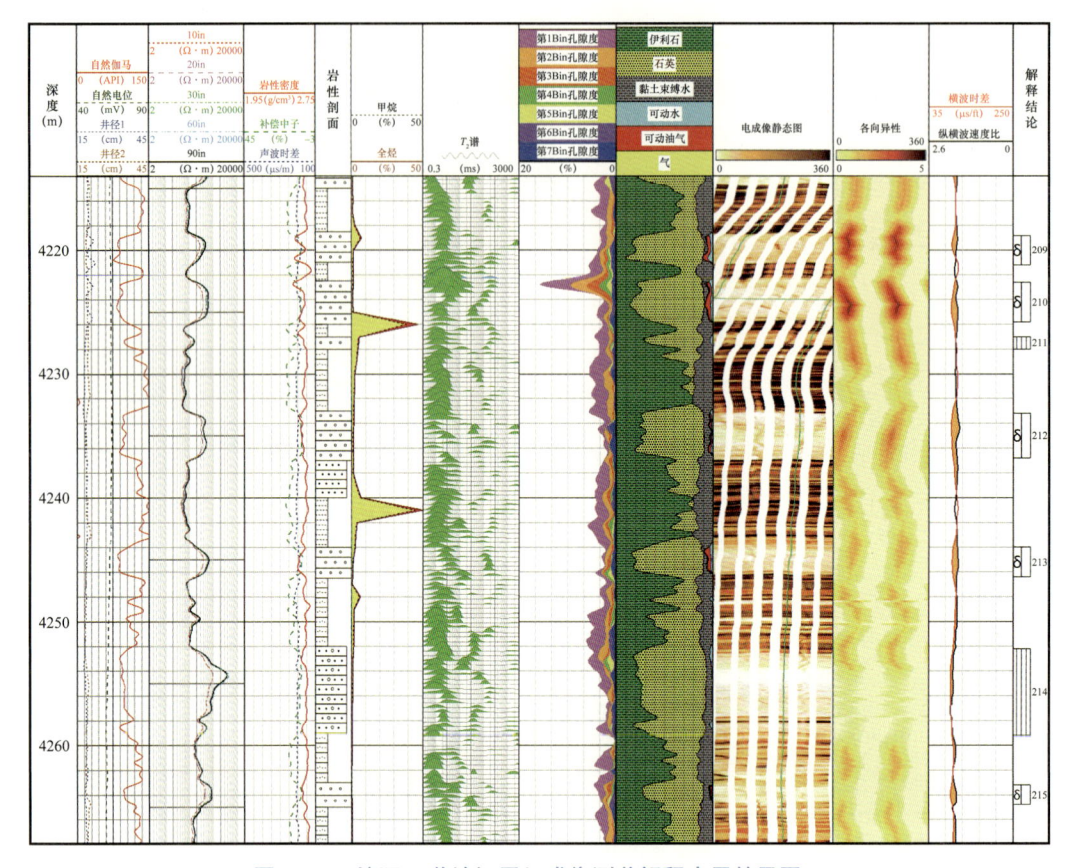

图 5-15 坨深 X 井沙河子组成像测井解释应用效果图三

※ 效果验证

对该井沙河子组 136～145 号、173～174 号、209～215 号层三段分压合试求产，日产气量 $1.627×10^4m^3$，累计产气 $13.6×10^4m^3$，验证了成像测井综合解释成果对致密气储层流体性质识别的准确性。

核磁共振测井和常规测井在天然气水合物储层评价中的应用

※ 简要背景

天然气水合物为一种高效绿色新能源，俗称可燃冰。我国对天然气水合物的研究起步晚，虽已在南海多个海域发现了天然气水合物并获得了实物样品，但天然气水合物的测井解释评价技术还没有一套成熟的体系，处理解释主要为国外测井公司垄断，国内尚无一家测井公司介入。2017年3月，中油测井天津分公司成功中标广州海洋地质调查局天然气水合物测井处理和解释项目，针对神狐地区、西沙海域已完钻井实施测井资料精细处理，并结合现有的各项地质及岩心资料，对天然气水合物储层进行综合解释评价。

※ 问题及解释要点

天然气水合物多呈白色、淡黄色、暗褐色的固体，由天然气分子和水分子组成的笼形结构化合物，物理性质与冰类似，明显区别于水和油气，研究区天然气水合物主要存在于800～1200m水深、海底100～300m的未成岩地层中，具有相对高电阻率、低声波时差的特征。目前针对天然气水合物的储层评价方法仍在探索之中，大多沿用以往油气层的评价理论，但天然气水合物毕竟不同于油气，呈固态赋存于疏松的沉积物，这些因素给天然气水合物储层定量评价工作带来极大挑战。因此，根据天然气水合物特殊测井响应特征，构建一套针对天然气水合物储层的定量评价模型，是天然气水合物测井综合评价的关键。

※ 新技术、新方法应用

提出了"电阻率＋声波"双参数天然气水合物饱和度计算方法，实现天然气水合物含量计算方法新突破。一般来说，天然气水合物属于固态，其中的氢原子弛豫时间很短，目前使用的核磁共振测井工具不能直接探测到水合物，而是将天然气水合物视为骨架的一部分，因此核磁共振测井所得出的含天然气水合物层段孔隙度只是反映了被水（包括自由水、毛管束缚水和黏土束缚水）所占据的孔隙空间，其值要比真实孔隙度小很多。而密度测井获取的是天然气水合物及流体的综合信息，密度孔隙度和核磁共振孔隙度之差就是天然气水合物含量（图5-16）。

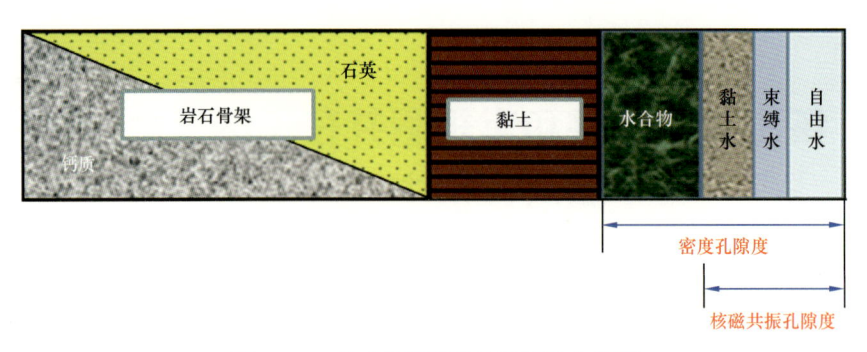

图 5-16 核磁共振测井计算孔隙度模型

在没有核磁共振测井数据情况下，电阻率测井是应用最多的天然气水合物饱和度测井估算方法。常规含油饱和度计算中一般都采用阿尔奇公式，但对于天然气水合物来说，与常规油气特征不同，在原位地层以固态形式存在，而且对于未成岩地层，难以准确确定岩电参数，计算精度难以保证；加上地层饱含天然气会引起电性增高，无法与天然气水合物进行区别。在众多的测井资料中，电阻率和波速对天然气水合物响应最明显，相对高的电阻率和声波速度是水合物储层典型的测井响应特征，因此建立电阻率—声波时差双参数模型计算天然气水合物饱和度 S_h：

$$S_h = a\lg\frac{R_T}{R_{T基}} + b\lg\frac{AC_{基}}{AC} \quad (5-1)$$

式中，R_T 表示深电阻率；$R_{T基}$ 表示深电阻率基线；AC 表示声波时差；$AC_{基}$ 表示声波时差基线；a，b 为系数，均为常数。

经过对比，岩心饱和度与电阻率—声波时差双参数法计算的饱和度一致性非常好。部分层段存在误差可能是由于高饱和气储层导致声波时差增大、测井曲线质量问题、分辨率原因及实验误差导致。总的来说，该方法提高了天然气水合物饱和度计算精度，降低了地层含天然气的影响。

首次提出了基于测井三孔隙度交会确定天然气水合物与天然气共存，实现了地球物理方式研究天然气水合物成藏模式的新突破。在天然气水合物研究中，前人提出了 4 种理论模型，对于海洋型天然气水合物主要包括两种：一种是地层中水过饱和造成的水合物与自由水共存；另一种是地层中天然气过饱和造成的水合物与游离气共存。但是不管地层中是其中哪一种，或者哪两种，天然气水合物和天然气的物理性质不会改变，均表现出相应的测井特征。对于纯水层，电阻率低，密度、中子、声波时差计算孔隙度基本一致；对于天然气水合物层，电阻率增大，中子孔隙度偏大，密度计算孔隙度较准确，声波时差计算孔隙度偏小，利用密度、声波时差孔隙度曲线交会可确定天然气水合物；对于天然气，电阻率增大，密度计算孔隙度偏大，中子孔隙度偏小，利用密度和中子两个孔隙度曲线交会可确定天然气。因此，根据中子孔隙度设定 0~100 的刻度，改变密度和声波时差刻度，保证在泥岩段三孔隙度曲线重合，就能通过曲线交会特征直接识别天然气和天然气水合物（图 5-17）。

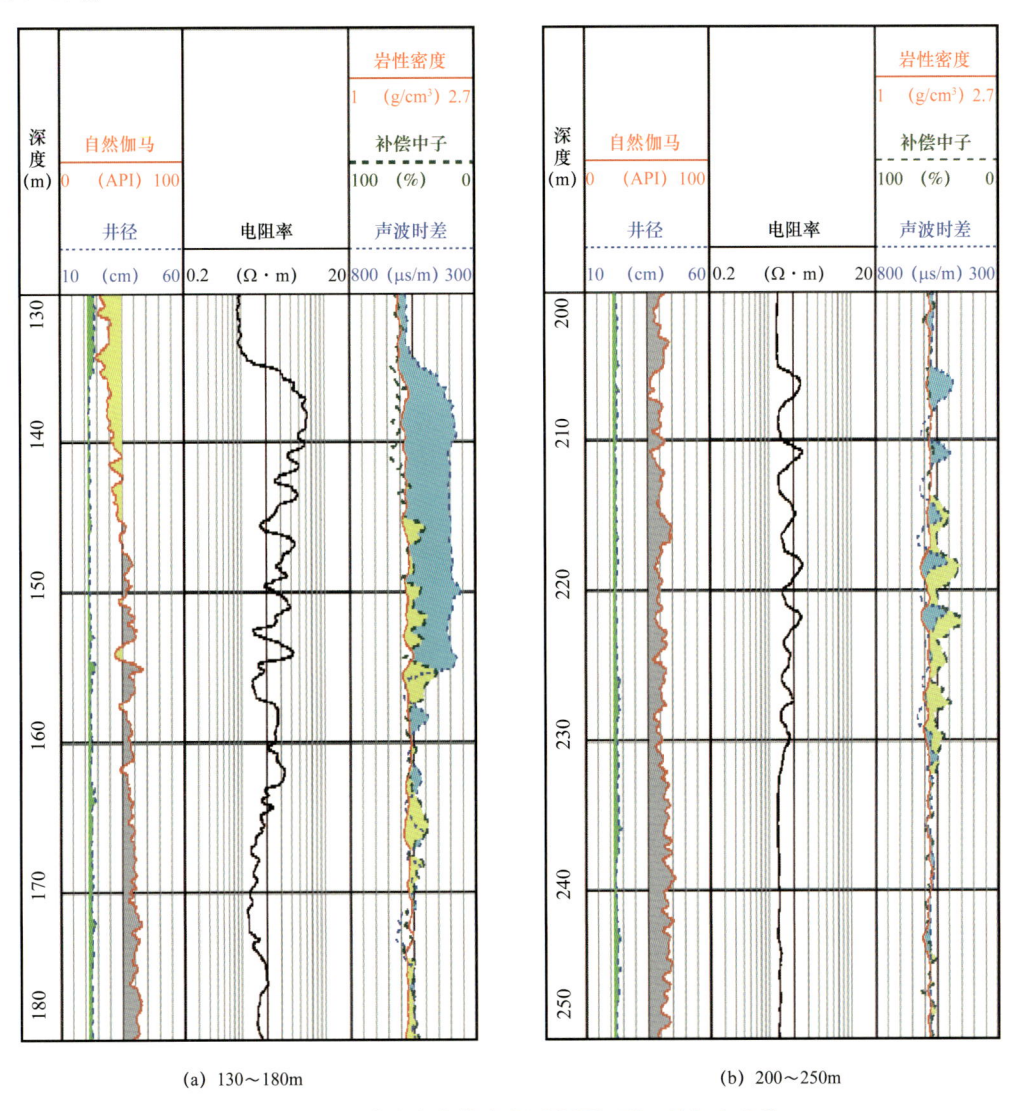

(a) 130~180m

(b) 200~250m

图 5-17　三孔隙度曲线交会测井图识别天然气水合物

通过三孔隙曲线交会，中子、密度、声波时差在非天然气水合物、非气层段基本重合，蓝色区域为天然气水合物层段密度与声波时差交会，黄色区域为天然气层段密度与中子交会。图 5-17（a）块状的蓝色天然气水合物区域中下部，包含有近 10m 的明显天然气特征，明确提供了天然气水合物与天然气共存的证据，说明相同的温压状态下，天然气水合物和游离气存在一个动态平衡；图 5-17（b）齿状天然气水合物也有同样的特征：顶部是纯天然气水合物，中间是天然气水合物与天然气共存，底部主要以天然气为主；在中间天然气水合物与天然气共存层段内部，声波时差有明显顶低底高的变化过程，说明小层内天然气水合物含量也有一个由高到低的垂向变化。这样的垂向变化，符合天然气的物理性质和天然气水合物的生成顺序，证明了神狐地区天然气水合物成藏模式是天然气水合物和游离气共存，垂向上遵循顶部天然气水合物、中间二者共存，底部天然气的顺序。

※ 主要认识

从岩心数据和测井响应入手，通过天然气水合物测井特征分析，结合各项测井资料，分析各项地层参数的计算方法，再通过地层纵横向精细分析对比，对天然气水合物的测井评价和成藏研究取得了4项创新技术、7项研究成果，为加深天然气水合物认识奠定了基础。

提出了"电阻率+声波时差"双参数天然气水合物饱和度计算方法，实现了天然气水合物含量计算方法新突破。建立了天然气水合物含量测井敏感变量判别图版，填补了施工现场天然气水合物饱和度快速判断的空白。建立了基于实验数据的神狐地区储层定量评价体系，实现了天然气水合物储层测井评价精度新突破。提出了基于测井三孔隙度曲线交会确定天然气水合物与天然气共存，实现了地球物理方式研究天然气水合物存在模式的新突破。

建立了天然气水合物、气层、碳酸盐岩等测井特征图及关系图版，显著提高测井资料定性识别效果；深入分析岩心数据与不同方法计算结果的差异性及影响因素，确定了神狐地区孔隙度计算方法；完成了西格玛测井计算天然气水合物饱和度方法的适应性分析；建立了神狐地区未成岩地层渗透率和束缚水饱和度计算模型，支撑了目标区储层定量评价体系的完整性；建立了测井相特征分类，通过精细对比研究地层变化规律，为提高天然气水合物地质认识奠定基础；结合天然气水合物测井相特征，明确天然气水合物成藏具有受气源控制的多期或多源特征；深化完善天然气水合物储层配套测井系列适应性分析，为后续勘探开发提供建议。

ＷＸ井解释成果显示，在自然伽马值较低的有孔虫发育层段的中部，以及底部泥岩中均有天然气水合物发育，说明地层中天然气水合物的形成与岩性无关，在相同温压区域，主要是受气源位置及气源是否充足影响。该井有20m厚的天然气水合物特别发育层段，其中包含有少量游离气与天然气水合物共存层10m，底部约30m主要以游离气为主，夹杂部分天然气水合物。

※ 效果验证

2017年5月，中国首次海域天然气水合物试采成功，取得了持续产气时间最长、产气总量最大、气流稳定、环境安全等多项重大突破性成果，创造了产气时长和总量的世界纪录，其中甲烷含量最高达99.5%（图5-18）。

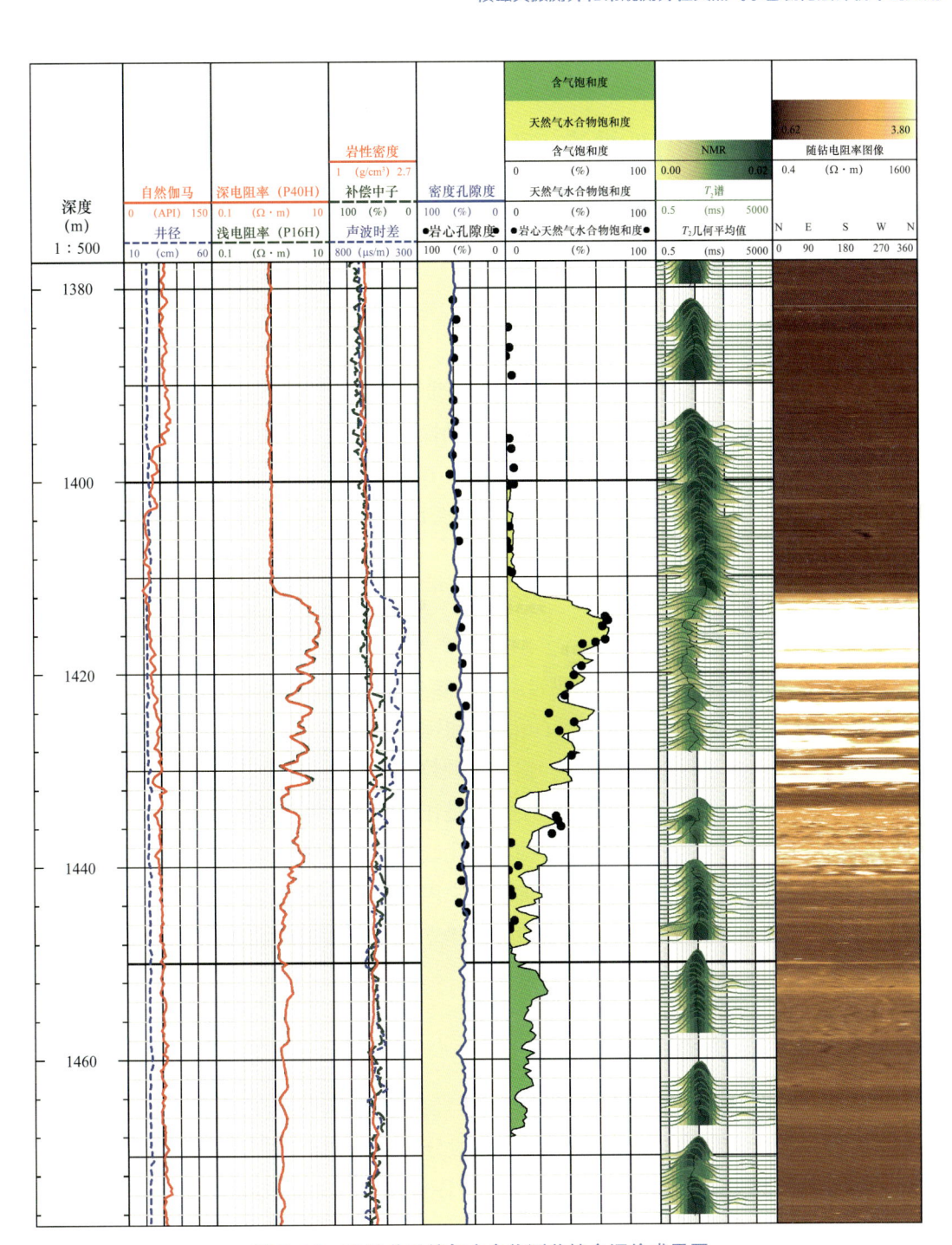

图 5-18　ＷＸ井天然气水合物测井综合评价成果图

成像测井在鄂尔多斯盆地太原组铝土岩地层评价中的应用

※ 简要背景

宁古 X 井是辽河油田在甘肃庆阳流转地区部署的第一口预探井，构造位于鄂尔多斯盆地伊陕斜坡正宁北，处于伊陕斜坡西南缘。勘探目的为落实石盒子组盒 8 段、山西组砂岩储层、奥陶系马家沟组马二段风化壳储层的发育情况及含气情况，兼探中生界延长组各油层组的含油情况（太原组铝土岩层未作为钻探目标层）。完钻深度 3750.0m，完钻层位为马家沟组。

※ 问题及解释要点

该地区太原组普遍发育铝土质泥岩。铝土岩是一种富含铝制矿物的化学沉积岩，主要矿物成分为一水硬铝石、一水软铝石和三水铝矿，铝土岩中含有铝土矿，矿石含有镓、钒、铌、钽、钛、铈等高放射性物质；铝土岩颗粒较细，比表面较大，易吸附钍、铀等放射性元素。传统上一直认为，该套铝土质泥岩是作为下古生界马家沟组的一套盖层，不具备储集条件。由于前期缺乏铝土质泥岩的相关化验分析和解释、试气方面的资料，邻区相应层位均未解释储层，给该层段的测井解释带来困难。结合铝土岩常规测井资料响应的特殊性，从测井资料上确定铝土岩的岩石组分、建立储层参数和流体性质识别方法是该层段解释要点。

※ 新技术、新方法应用

宁古 X 井太原组铝土岩气测值异常高，全烃值整体超过 60%。该井在该地层测量有阵列声波测井、电成像测井及核磁共振测井，对分析铝土岩储层特征评价提供资料基础。

一方面，阵列声波测井用于地层各向异性评价、岩石力学参数计算等，通过地层各向异性解释可对地层地应力、裂缝发育情况进行评价，岩石物理参数计算可对后期压裂改造提供改造参数指导。另一方面，由于气、水层在物理性质上的差异，阵列声波测井在储层含气性评价上也有较好应用。核磁共振测井在低阻油气藏和特殊岩性地层起到极为重要的作用，能够提供与骨架矿物无关的地层有效孔隙度、可动流体体积等参数，由于该地区是低孔、超低渗天然气藏，差谱信号弱，根据核磁共振测井气、水扩散系数的差异，采用核磁共振移谱法更有利于储层流体性质识别，核磁共振测井设计采用了双回波间隔的 D9TE310 模式进行采集。电成像测井则在复杂岩性地层地质特征的识别和评价、沉积和构造解释中起到重要作用。核磁共振测井、电成像测井、阵列声波测井分别使用了 MRIL-P 型、XRMI、XMAC-II 井下仪器进行采集，处理系统为 DPP 和 eXpress 测井综合解释处理平台。

※ 主要认识

宁古 X 井太原组铝土岩地层在 3610～3636m 井段，通过电成像测井、阵列声波测井和核磁共振测井较好地对该套地层的储层特征和流体性质进行识别评价。

（1）铝土岩矿物成分复杂，采用常规的储层参数计算方法难以计算主要矿物成分和孔隙度。通过录井岩屑 X 射线衍射全岩定量分析资料对测井资料进行标定，将铝土岩分为铝石、锐钛矿、石英、泥质、可动水、气、束缚水 7 个组分，采用最优化方法计算矿物组分和孔隙度（图 5-19）。计算的矿物含量以铝石为主，含气孔隙度 15%～25%，显示该段铝土岩物性较好。

（2）该井在铝土岩顶部 3610～3622m 井段进行了核磁共振测井，T_2 截止值采用 33ms（图 5-20）。从标准 T_2 谱分析，T_2 谱分布窄，集中在 30～200ms 之间，谱峰较高且靠前，有典型含气特征。区间孔隙度集中在 128～256ms 之间，以中等孔隙为主。核磁共振有效孔隙度在 15%～22% 之间，可动孔隙度在 11%～18% 之间。从核磁共振测井资料分析该段铝土岩物性较好。

（3）从电成像测井资料分析（图 5-21），该段铝土岩整体呈块状特征，图像整体偏暗色且局部有亮斑，表明有高阻矿物或流体充填。黑色条带和斑块较发育，指示溶蚀孔、次生孔发育。通过电成像测井孔隙度谱计算，该段孔隙度在 10%～20% 之间，表明该段储集空间以溶孔为主，储集性较好。

（4）阵列声波测井全波列显示纵波、横波和斯通利波清晰可见（图 5-21），各波列到时靠前，纵波时差在 190～220μs/m 之间。纵波幅度有一定变化，而横波变化较小，计算的纵横波速度比在 1.46～1.65 之间。其中，3617.4～3622m 和 3627.5～3631m 两个井段，纵波时差变大，而横波时差变化小，纵横波速度比有明显降低，指示含气特征。斯通利波幅度衰减明显，说明该井段有一定渗透性，物性变好。

综合核磁共振测井、阵列声波测井、电成像测井资料结合最优化计算结果表明，该井铝土岩地层储集空间类型为孔洞—孔隙型，有效孔隙度在 10%～20% 之间，含气特征明显。

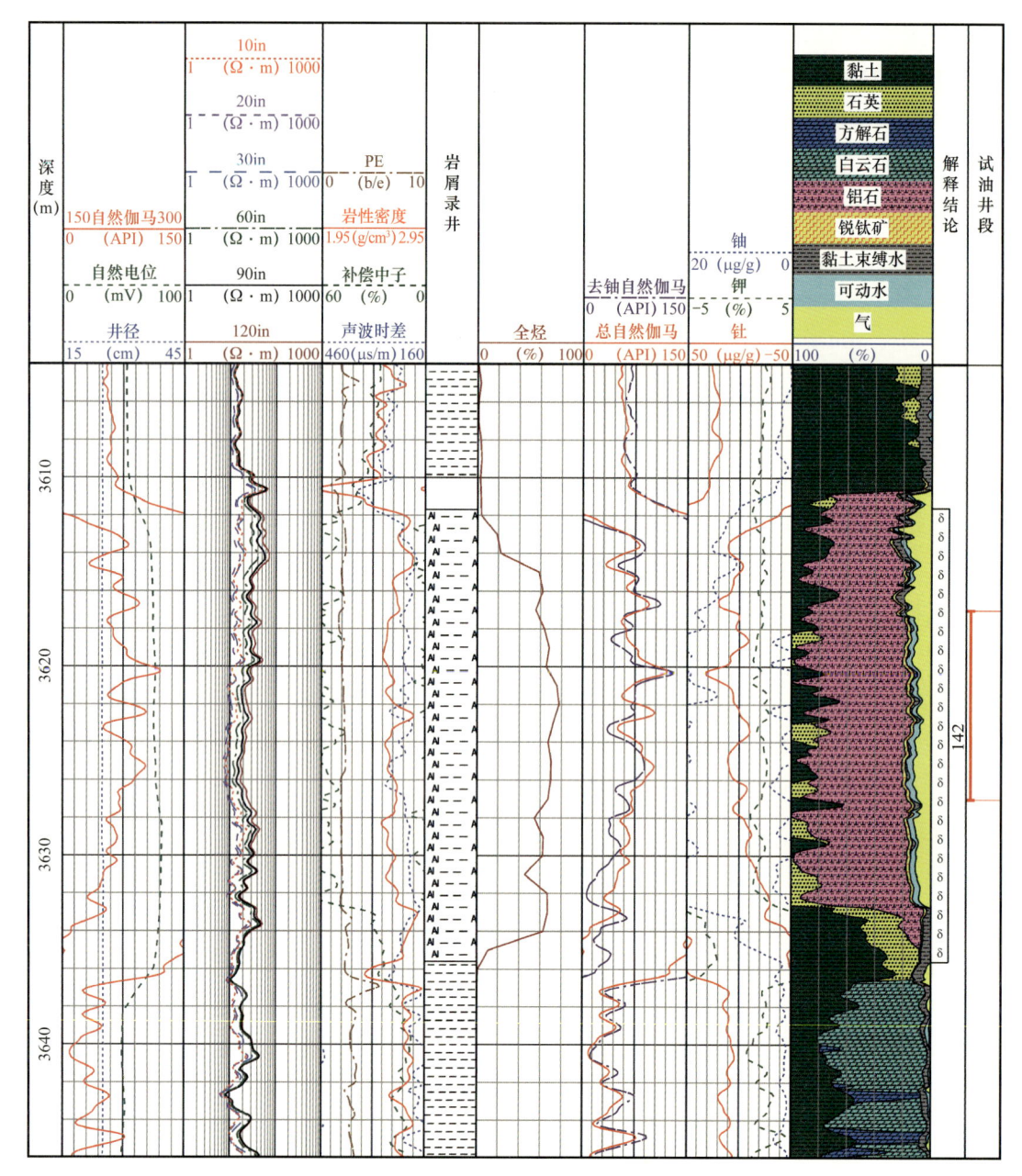

图 5-19 宁古 X 井太原组铝土岩地层常规综合测井曲线图

※ 效果验证

该井太原组铝土岩 3617～3627m 井段，采用常规射孔求产，获日产 $13.4×10^4m^3$ 高产工业气流，打破了该地区天然气在铝土岩不能形成优质储层的认识，使辽河油田在该地区铝土岩领域获得重大勘探突破，验证了成像测井综合解释对铝土岩地层实现准确识别和评价。

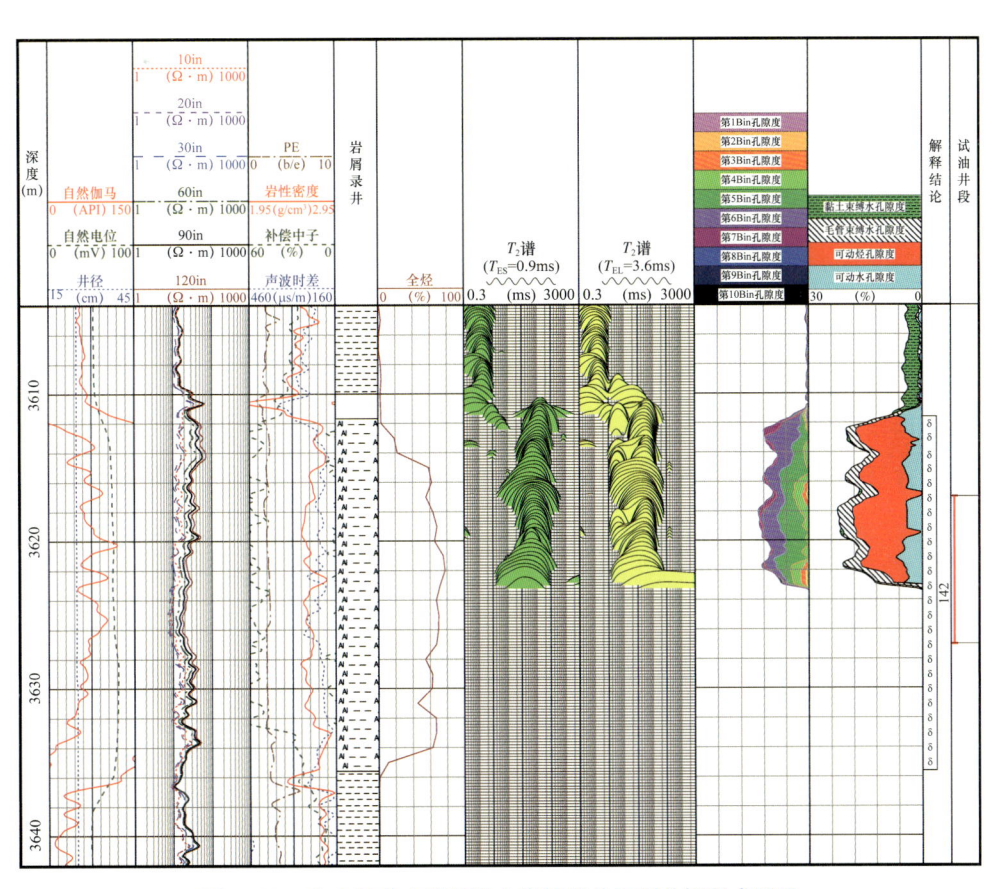

图 5-20　宁古 X 井太原组铝土岩核磁共振测井解释成果图

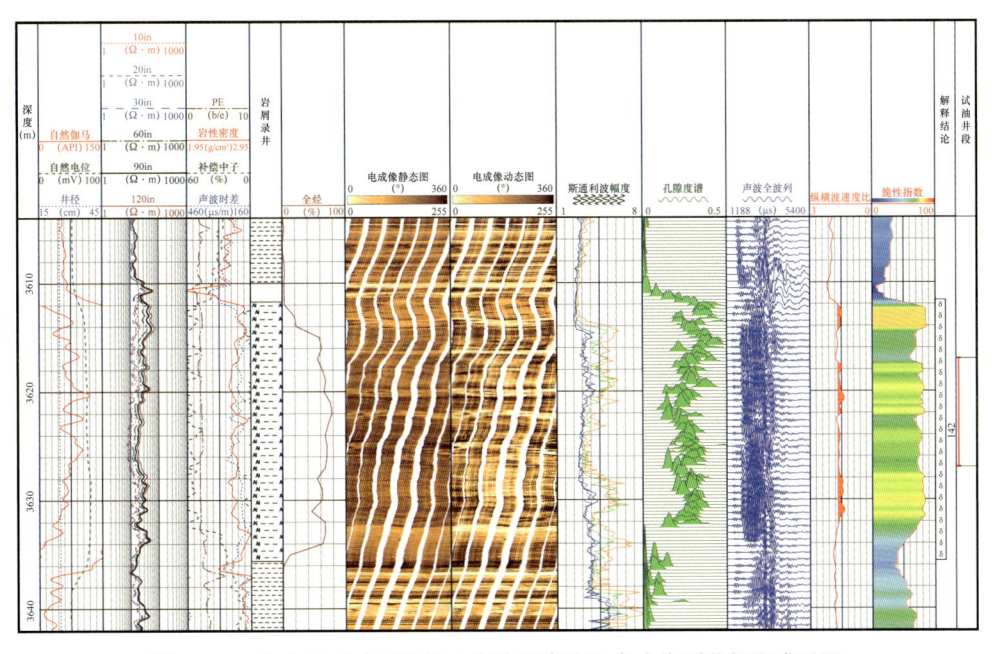

图 5-21　宁古 X 井太原组铝土岩阵列声波和电成像测井解释成果图

测井资料在韩城地区煤层气储层综合评价中的应用

※ 简要背景

WLC X 井是位于陕西省韩城地区的一口参数井,构造位于鄂尔多斯盆地稳定地块的东缘,受韩城和渭河两条边界正断层的影响,浅部断裂和褶皱发育。该井钻探目的是勘探二叠系山西组 3 号煤层和太原组 5 号、11 号煤层,获得该地区煤层深度、厚度、煤岩煤质特征、含气量等煤层气勘探开发的必备参数。完钻深度为 935.0m,完钻层位为中石炭统本溪组。

※ 问题及解释要点

该井位于鄂尔多斯盆地渭北煤田东北缘,该区主要含煤地层为二叠系山西组和太原组,主力煤层 3 号、5 号和 11 号煤层分布稳定。该区煤层累计厚度 4.5~16.1m,现今含气量介于 9~17m³/t,煤层渗透率相对较低,小于 0.5mD,后期开发均需加强对煤储层的改造。该区煤层非均质性强,煤体结构破碎,导致煤层关键参数纵向变化大,尤其煤体结构多变且测井识别困难,含气性存在较大差异,测井定量计算难度大,煤储层常规产能预测技术不适用。

该井二叠系自上而下发育山西组 3 号煤层和太原组 5 号、11 号煤层,累计 11.4m,煤层自然伽马值 39~56API,声波时差 380~420μs/m,中子测井值 30%~55%,密度 1.40~1.56g/cm³,电性显示电阻率高达 1000~9000Ω·m,3 号、5 号和 11 号煤层测井响应局部存在差异。结合多参数综合分析、准确评价煤层煤体结构等关键参数及煤层气储层分类评价是测井解释要点。

※ 新技术、新方法应用

煤的工业分析是煤质评价的基础,尤其是煤灰分的测井评价。煤样的体积密度与灰分有较好关系,因此可通过密度测井来得到工业分析参数。但在实际应用中,由于煤的力学性质很差,密度测井受井眼条件的影响很大,单利用体积密度与灰分的关系来求取灰分存在很大误差。煤中灰分的主要成分是泥质,纯煤不吸收放射性物质。基于此,自然伽马相对值与实验室分析的灰分之间存在一定相关性,回归出的关系如下:

$$Aad = 31.212\Delta GR + 4.3049 \quad (5-2)$$

式中:Aad 为灰分的质量百分数,%;ΔGR 为自然伽马相对值。

煤体结构是煤层气储层产能的主要地质因素。利用测井资料纵向分辨率较高、连续性好、获取时间较短等优势,建立测井信息与不同煤体结构之间的关系,构建煤体结构判别因子CS,形成了基于CS的煤层结构测井识别图版(图5-22)。

$$CS = \sqrt{\frac{(\Delta GR)^2 + (\Delta CAL)^2}{2}} - \Delta \lg R_t + 1 \qquad (5-3)$$

式中:CS为煤体结构判别因子,API;R_t为深电阻率,$\Omega \cdot m$;ΔGR为归一化后的自然伽马曲线;ΔCAL为归一化后的井径曲线;$\Delta \lg R_t$为归一化后的电阻率对数曲线。

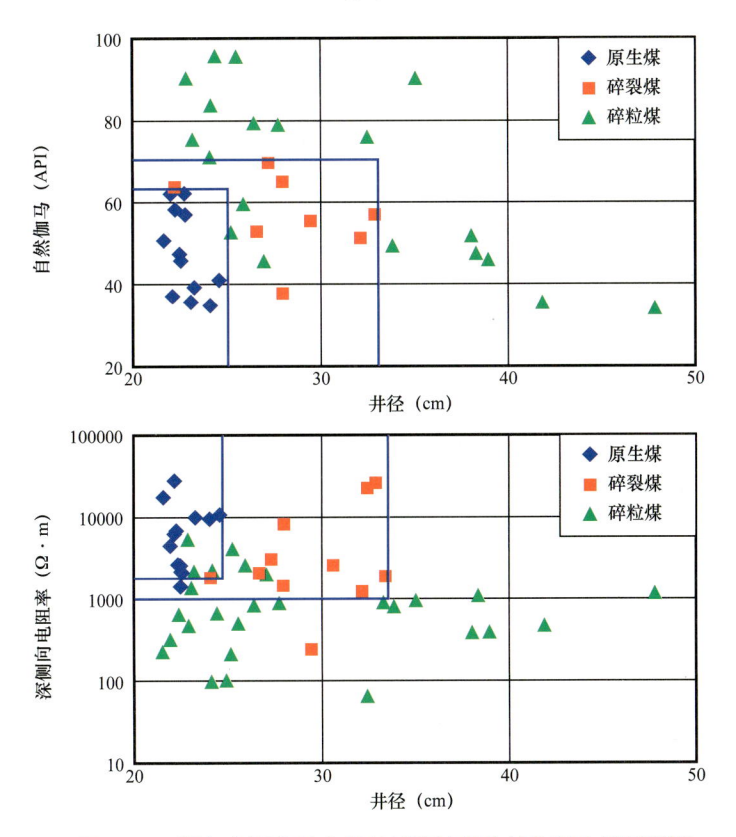

图 5-22 鄂尔多斯盆地东缘韩城区块煤体结构测井识别图版

现今含气量是在演化过程中煤层生气储存、逸散后的剩余量。煤层现今含气量能更准确地反映煤层目前的含气量真实情况,可更好、更经济地指导生产开发。基于煤质测井响应特征,结合现今含气量测井敏感因素,综合建立了煤层现今含气量模型,模型中考虑灰分、密度、地层水矿化度、构造曲率回归建立的现今含气量计算模型:

$$V_{gas} = -3.578 \ln X_1 - 1.302 \ln X_2 - 5X_3 + 0.843 X_4 + 26.636 \qquad (5-4)$$

式中:V_{gas}为现今含气量,m^3/t;X_1为测井计算灰分,%;X_2为测井密度,g/cm^3;X_3为地层水矿化度,mg/L;X_4为构造曲率。

水平主应力差异系数影响压后裂缝形态特征。水平主应力差异系数越大，压裂应力越集中，生产裂缝方向越统一，压后产能越差。构建水平应力差异系数，公式如下：

$$K_h = \frac{\sigma_H - \sigma_h}{\sigma_h} \tag{5-5}$$

式中：K_h 为水平主应力差异系数；σ_h 为最小水平主应力，MPa；σ_H 为最大水平主应力，MPa。

把煤层和顶底板作为一个整体评价系统，综合考虑煤层和顶底板的发育情况，建立煤层气储层测井分类评价标准。优选煤储层煤质好、煤体结构完整、含气性高及机械强度高的煤层；顶底板含水性弱，天然裂缝不发育，顶底板与煤层应力差异较大，优选进行射孔压裂，标准见表5-1。

表5-1 煤层气储层测井综合评价分类标准

地层	影响因素	Ⅰ类	Ⅱ类	Ⅲ类
煤层	灰分（%）	<8	8~13	>13
	煤体结构	原生结构煤、碎裂煤	碎裂煤	碎粒煤
	含气量（%）	>15	8~15	<8
	水平主应力差异系数	<0.05	0.05~0.10	>0.10
顶底板	含水性	不含水、弱含水	一定含水量	含水量大
	裂缝发育情况	不发育	不发育	裂缝发育
	与煤层应力差（MPa）	>5	3~5	<3

※ 主要认识

鄂尔多斯盆地东缘韩城区块煤体结构可划分为三种类型，即原生结构煤、碎裂煤、碎粒煤，建立测井信息与不同煤体结构图版。其中，井径与电阻率划分不同煤体结构最敏感；随着煤体结构越破碎，井径扩径越严重，深电阻率逐渐降低。煤层现今含气量更能准确反映煤层目前含气量状况，更能经济有效地指导现场煤层气的勘探开发。

※ 效果验证

WLC X井进行煤层气储层分类识别评价。11号煤层891.5~894.0m井段，测井评价灰分低，煤体结构为原生煤，现今含气量高，顶底板含水性弱，顶底板与煤层应力差异较大，煤层气储层综合识别评价为Ⅰ类段，为压裂产能高井段，结果压裂试气日产气量达到3600m^3，其产能预测结果与试气产能结果相吻合（图5-23）。

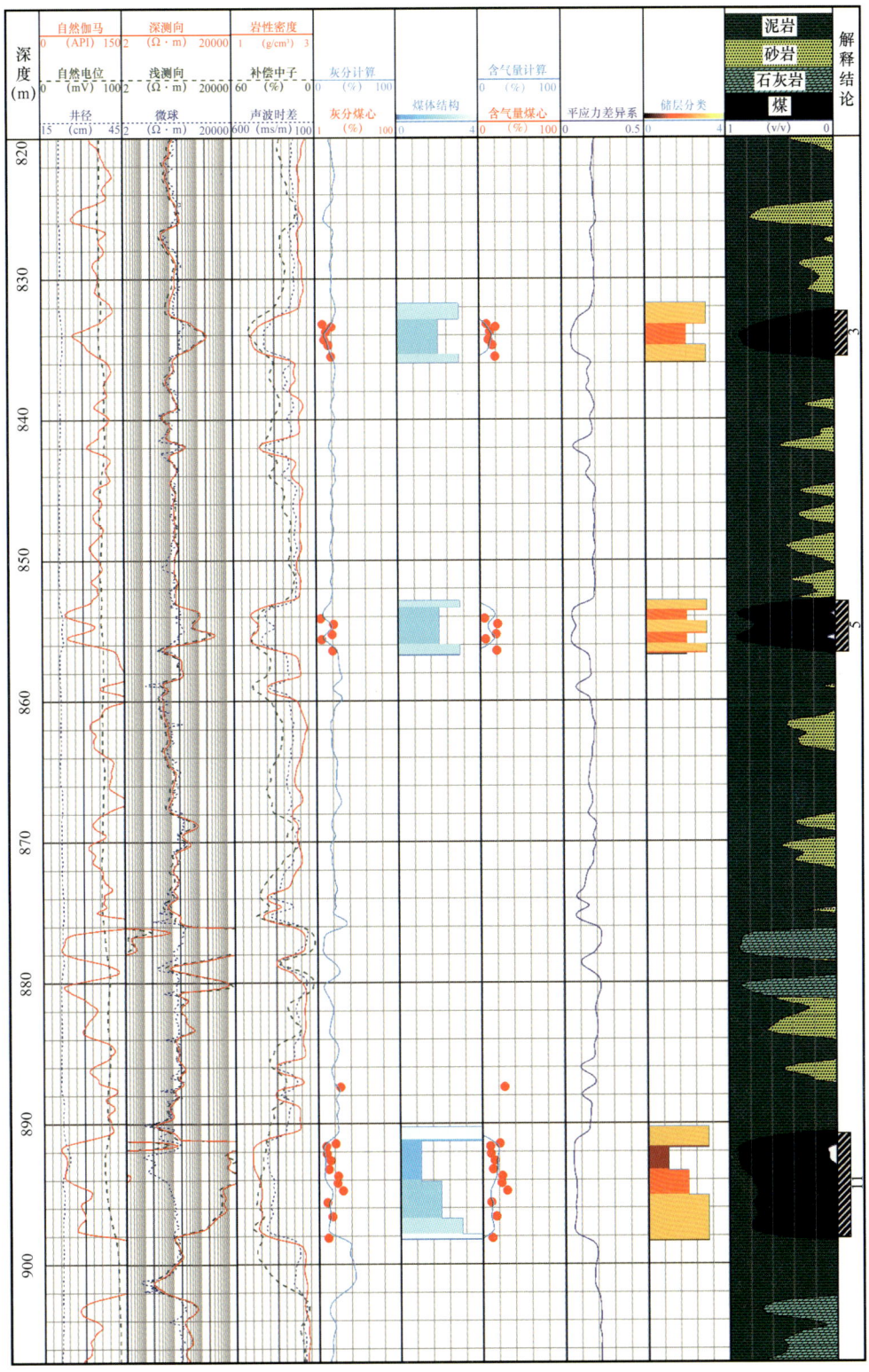

图 5-23 WLC X 井煤层气储层测井评价成果图

随钻测定导一体化在川中岩溶改造型储层的应用

※ 简要背景

磨溪 X 井是西南油气田勘探事业部在四川省广安市武胜县部署的一口评价井，位于川中古隆起平缓构造区龙女寺构造。该井钻探目的和任务是评价磨溪构造的磨溪 2X 井区灯四段储层发育及含流体情况，为该区灯四段探明储量的提交提供资料支撑。

※ 问题及解释要点

磨溪 X 井区灯四段气藏为岩性圈闭气藏，气藏受岩性圈闭控制，高石梯—磨溪—龙女寺地区灯四段气藏群由于局部储层变差而形成独立的岩性气藏。龙女寺区块东侧储层厚度减薄，储层逐渐变差而形成岩性遮挡。西侧磨溪 5X 井和磨溪 1X 井一带储层厚度急剧变薄，储层不连续，多为孤立的储集体。

该井进行随钻测井地质导向面临系列难点：井温高且含硫化氢，对随钻测井仪器损害大、故障率高，特别是电阻率测井仪器和螺杆。邻井实测灯四段最高温度磨溪 3X 井 153.5℃，最低温度磨溪 2X 井 147℃，磨溪 1X 井灯四段实测硫化氢含量为 17.03g/m^3。区域灯四段上部岩性复杂，顶部石灰岩层厚度差异大，致密硅质层厚度及发育位置无规律。储层非均质性强，平面上储层厚度及发育位置差异大，储层品质差异大（图 5-24）。磨溪 X 井钻进方向地震剖面特征变化较大，前段复波模式，上倾约 1.5°，后段震顶强反射，下倾约 1.8°。由于地层岩石可钻性差异大，轨迹控制难度大，定向复合钻进井斜、方位规律性差。

磨溪 X 井随钻测井地质导向实施要点：综合区域地质、地震、测井资料预测储层发育位置，在距离震顶 40m 范围内探索优质储层发育位置，井震结合建立地质模型，优化设计钻进轨迹；综合随钻测井曲线、录井参数、钻井工程参数、地震特征等多专业信息，判断储层品质，准确识别优质储层并追踪钻进；根据增斜段、下探储层段、追踪储层段的工程、地质目标，优选随钻测井系列及地质参数，降低随钻测井仪器故障概率，提高随钻测井地质导向钻井时效；优化钻具组合，细化轨迹控制方案，精准达到地质导向实施目标要求。

※ 新技术、新方法应用

井震结合地质建模及钻进轨迹设计方案：龙女寺区块灯四段顶部石灰岩厚度范围在

图 5-24 邻井多井对比图

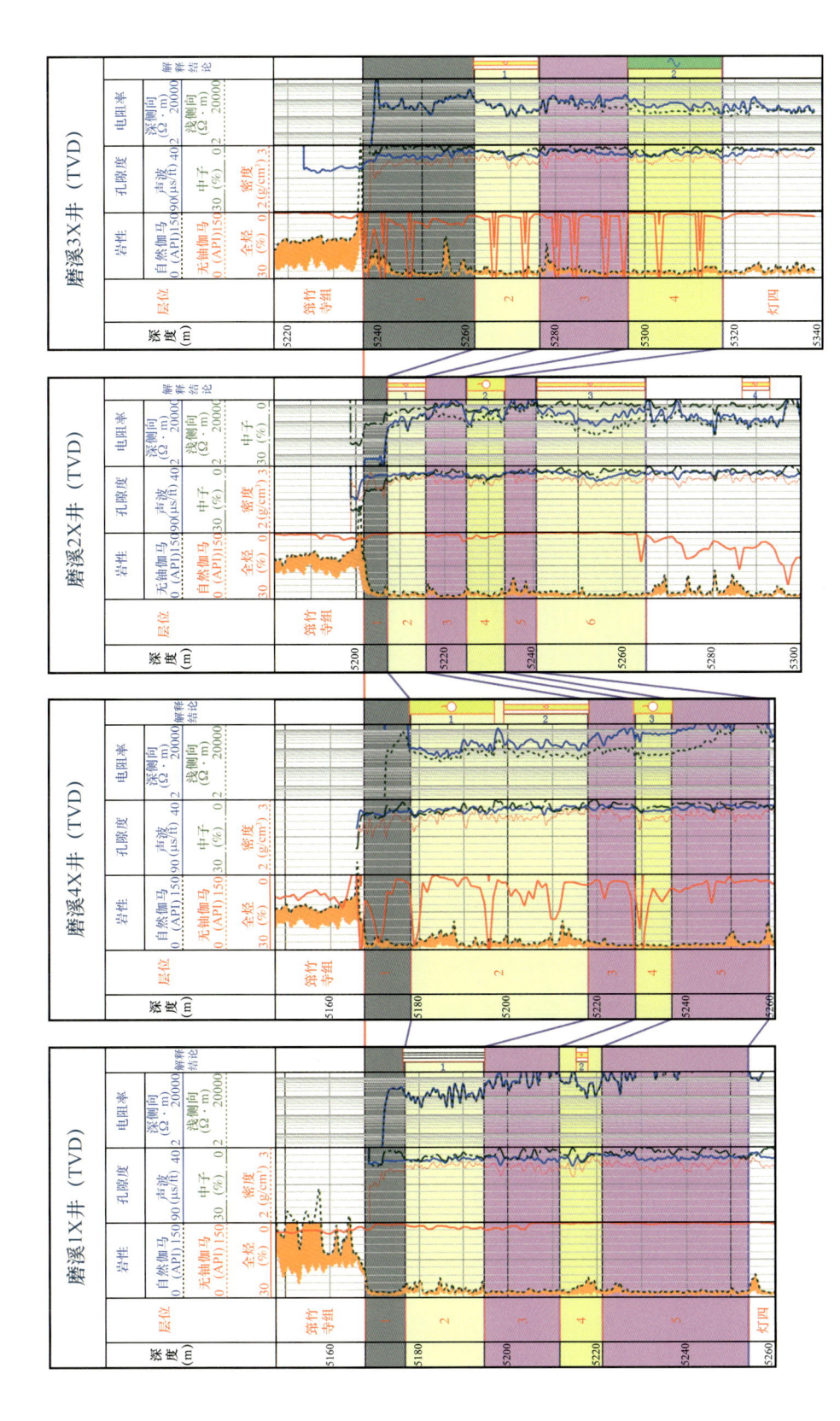

0~30m 之间。在叠前反演的纵横波速度比剖面上，当灯四段顶部石灰岩发育时，纵横波速度比增加，结合实钻井磨溪 1X 井、磨溪 4X 井、磨溪 2X 井、磨溪 3X 井顶部石灰岩厚度，预测磨溪 X 井灯四段顶部石灰岩厚度 15~20m。灯四段上亚段的储层分布顶部石灰岩层下，发育两套白云岩储层，两套储层中间夹一层致密硅质层，储层顶部距离灯四段顶垂深 5.3~20m。磨溪 X 井灯四段上亚段小层划分参考距离最近的两口井磨溪 2X 井、磨溪 4X 井划分。结合地震剖面响应特征（图 5-25），钻进方向前段为复波模式，寒武系底振幅能量减弱，波形下拉特征明显，地层视倾角为上倾 1.5°；后端寒武系底振幅能量较强，表现为宽波谷形式，地层视倾角下倾 1.8°。建立钻前地质模型及井眼轨迹设计：增斜段以 7°/30m 狗腿度增斜至 92°，稳斜钻过复波模式区，在后端震顶强振幅区降斜至 88° 钻进，钻进方向为 220°，与最大主应力方向（110°~120°）夹角为 70°~80°（图 5-26）。

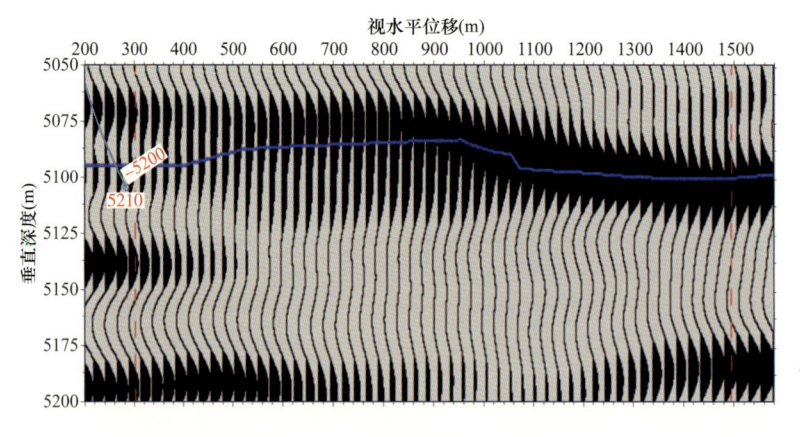

图 5-25 磨溪 12X 井地震钻进方向地震剖面切片

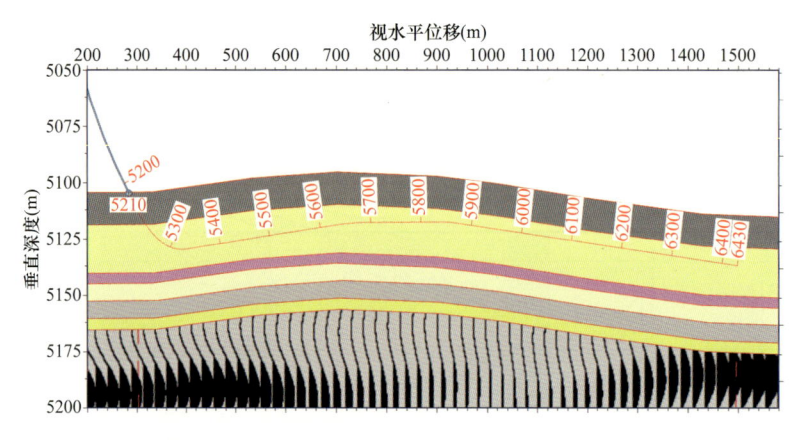

图 5-26 磨溪 12X 井地质模型及钻进轨迹设计图

随钻测井系列及钻具组合选择：预测井底实测温度在 150℃左右，选用 175℃高温随钻测井系列，根据识别储层及轨迹控制的需要，随钻测量项目选用"随钻测量系统＋伽马＋电磁波电阻率"。在水平段钻进储层准确识别及横向展布规律认识清楚的情况下，为降低高温、含硫化氢环境下随钻测井仪器故障率，提高钻进时效、简化随钻测量项目，取掉受影响较大的电磁波电阻率仪器，选用"随钻测量系统+伽马"。

钻具组合方案：增斜段须以7°/30m的狗腿度增斜，选用复合增斜效果好的钻具组合，减少定向进尺，提升轨迹平滑程度前段。水平段钻具组合方案：进入箱体后，追踪储层在箱体钻进以小幅度井斜调整为主，钻具选用复合稳斜效果好的组合。

随钻储层实时识别：随钻测井与录井及钻井参数结合能较好识别评价储层（表5-2），在井眼轨迹进入储层段具有"二高四低"特征，即高气测值、高深浅电阻率的幅度差异、低钻时、低自然伽马值、低电阻率、低硅质含量。

表5-2 灯四段地质导向储层定性识别标准

类型		随钻测井		钻时（复合钻进）（min/m）	元素录井硅质含量	录井全烃（%）
^	^	自然伽马	电磁波电阻率（Ω·m）	^	^	^
储层	孔洞型	低值	中—高值，通常800~4000	钻时较快6~12	低值	略有升高
^	裂缝—孔洞型	低值	中—低值，200~1000	钻时快4~8	低—中值	高值
^	裂缝—孔隙型	低值	中—低值，一般基值>500	钻时较快6~10	低—中值	中—高值
^	洞穴型	中—低值	尖刺状低值，<100	钻时<4，或放空	低值	中—高值
非储层	致密层	中—低值	高值，限幅	钻时一般大于10	低—中值	基值
^	硅质层	中—低值	高值，限幅	钻时极慢，一般大于20	高值	基值

轨迹控制措施：充分利用复合钻进增降斜规律，减少定向进尺，提高井眼光滑度和井身质量。根据定向、复合钻进井斜变化，结合钻时、钻井参数分析，准确预测钻进轨迹变化趋势，"短定、勤定、勤测斜"，不断优化钻井参数（钻压、转速等）和钻具组合方式，提升轨迹控制精度。在着陆段采用高钻压复合钻进，利用定向增斜，结合复合钻进的自然增斜效果，渐次下探入靶；在进入水平段钻进后，根据井眼轨迹复合钻进井斜变化的规律，增加或者降低钻压，调整复合钻进时井斜变化的趋势和幅度，进行水平段井眼轨迹控制，达到地质导向需要的目的。复合钻进时转盘（顶驱）转速会对方位漂移有一定的影响，根据井眼轨迹复合钻进时方位漂移的规律，增加或者降低顶驱转速，调整复合钻进时方位漂移幅度。

※ 主要认识

水平井地质导向钻井需以地质—储层综合分析为基础，井震结合建立钻前地质模型，优化轨迹设计方案，优选随钻测量仪器及钻具组合方式，强化现场实时跟踪分析，有效提高储层识别和追踪效果。实钻过程中须综合利用"地震+随钻测井+地质+钻井工程"

等多专业资料综合分析,"测定导"一体化实施,提高优质储层钻遇率,降低工程难度,提高钻井效率。

※ 效果验证

磨溪 X 井地质导向 5214.0~6430.0m 井段,进尺 1216.0m(图 5-27);总定向井段 173.94m,占比 14.30%;复合井段 1042.06m,占比 85.70%。箱体钻遇率 100%,优质缝洞型储层钻遇 664.7m,完井测试获得 $141×10^4m^3/d$ 高产工业气流,创造了高磨地区灯四段台内气藏单井测试产量纪录,是区域直井平均产能($3.6×10^4m^3/d$)的 39.1 倍,实现了低渗区储量有效动用。

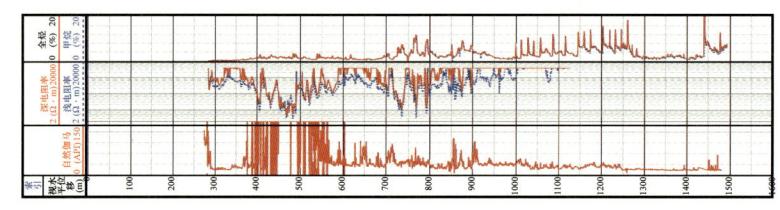

(a) 随钻测井曲线图

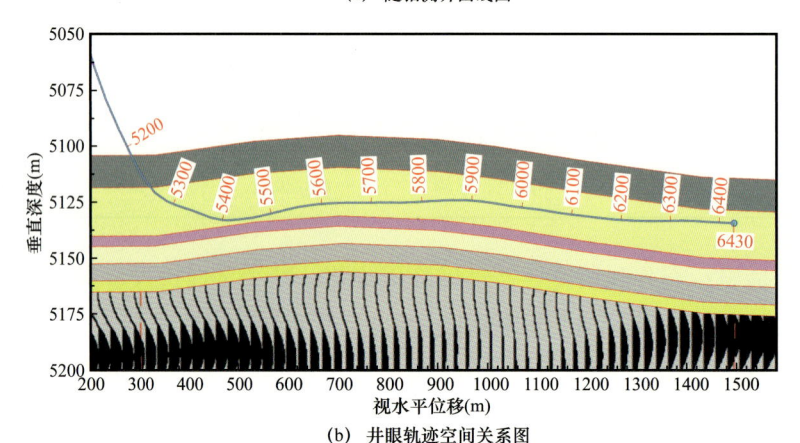

(b) 井眼轨迹空间关系图

图 5-27 完钻地质模型图

随钻测定导一体化在川东地区生物礁储层的应用

※ 简要背景

云安 X 井是西南油气田重庆气矿在重庆市梁平区部署的一口评价井，位于云安厂构造带南段东南翼断下盘大猫坪潜伏构造。该井钻探目的和任务是进一步评价大猫坪西区块生物礁发育情况、储层非均质性及含气性。

※ 问题及解释要点

川东地区长兴组生物礁主要以点礁形式分布，一个礁是一个独立的油气藏或水藏，从长兴组生物礁预测平面分布特征看，构造上长兴组生物礁气藏属岩性圈闭气藏。大猫坪西台缘—斜坡带发育多排、多带指状生物礁。储层岩性类型以白云岩为主，其种类主要有溶孔白云岩、生屑白云岩及粉细晶白云岩。储层空间类型以溶孔、溶洞和溶缝为主，储集类型为裂缝—孔隙型储层。根据大猫坪区块长兴组实钻证实，大猫坪西（云安1X井）储层测井孔隙度主要在2%~6%之间，平均为4.04%，渗透率主要在0.01~1mD之间，具低孔低渗特征。

该井随钻测井地质导向面临系列难点：大猫坪区块生物礁以点礁形式分布，一个礁是一个独立的油气藏，礁带内储层连通性差、纵横向非均质性强。该井位于大猫坪西区，储层发育厚度、物性相对主体都较差，距离该井最近的邻井云安2X井进行了两次侧钻，在第二次侧钻时钻遇两套储层，但生物礁储层厚度及物性相对都较主体区差。气藏埋藏深，横向深度变化大，纵向含气分布错综复杂，水平井轨迹"入窗点"的卡定、入窗角度的选取较难。横向礁滩体小而分散，水平段设计穿过两套礁体，两套生物礁中间间隔700m左右，不同礁间储层的延展变化复杂，井网密度低。大猫坪区块隶属于川东高陡构造带，地表及地下构造复杂，区带上大型断裂带发育，地震资料对生物礁边界刻画精度不高。

云安X井随钻测井地质导向实施要点：综合区域地质、地震、测井资料预测生物礁发育位置，建立钻前地质模型，优化设计轨迹——轨迹穿过第一个礁体后准确进入第二个礁体再次入靶，进入生物礁储层后，在储层的中上部钻进，控制垂深下穿深度，避免进入水层；综合随钻测井曲线、录井参数、钻井工程参数、地震特征等多专业信息，判断储层品质，准确识别优质储层并追踪钻进。根据增斜段、下探储层段、追踪储层段的工程、地质目标，优选随钻测井系列、地质参数及钻具组合，提高随钻测井地质导向钻井时效。优化钻具组合，细化轨迹控制方案，精准达到地质导向实施目标要求。

※ 新技术、新方法应用

井震结合地质建模及钻进轨迹设计方案：大猫坪西地区由于仅受北东向局部构造影响，坡度较缓，发育多期礁，在兴隆 X 井呈现三期礁，在平面上具有三排礁特征，整体在平面上呈现近东西向多个迁移特征。大猫坪西地区仅钻遇两口井云安 X 和云安 2X 井，主要是钻遇顶部礁体，储层厚度薄，向西至兴隆 X 井储层厚度增大趋势。云安 3X 井长兴生物礁顶部石灰岩致密层厚度 5.5m，上部储层厚度 21.7m；云安 4X 井顶部石灰岩致密层厚度 7.2m，上部储层厚度 34.9m；云安 X 井顶部石灰岩致密层厚度 2.6m，上部储层厚度 8.7m；兴隆 X 井顶部石灰岩致密层厚度 10.2m，上部储层厚度 24.9m（图 5-28）。地震资料分析，生物礁发育时，长兴组顶标定在零相位或波谷，振幅能量减弱，表现为断续、终断、相变不易追踪；礁体外形呈丘状反射特征，长兴组明显增厚；礁体内部为断续、杂乱反射或反射空白区，振幅能量变弱（图 5-29）。建立地质模型及井眼轨迹设计：以 4°/30m 狗腿度增斜至 90° 进入第一个礁体，到第二个礁体以 3°/30m 狗腿度增斜至 92.5°，穿过第二个礁体（图 5-30）。

随钻测井系列及钻具组合选择：预测井底实测温度在 120℃左右，选用耐温 150℃的随钻测井系列，根据识别储层及轨迹控制的需要，随钻测量项目选用"MWD+ 伽马 + 电磁波电阻率"。

钻具组合方案：地质导向接手时井眼轨迹已在长兴组顶部石灰岩层段，井斜角 82° 左右，以 3°~4° 狗腿度增斜可以达到地质导向探生物礁储层需要，进入箱体后，追踪箱体钻进以小幅度井斜调整为主，钻具选用复合稳斜效果好的组合。

储层实时识别：随钻测井与录井及钻井参数结合能较好识别和评价储层，在井眼轨迹进入储层段具有"二高三低"特征，即高气测值、高深浅电阻率的幅度差异，低钻时、低自然伽马值、低电阻率。

轨迹控制措施：根据定向、复合钻进井斜变化，结合钻时，钻井参数分析，准确预测钻进轨迹变化趋势，"短定、勤定、勤测斜"，不断优化钻井参数（钻压、转速等）和钻具组合方式，提升轨迹控制精度。在着陆段采用高钻压复合钻进，利用定向增斜，结合复合钻进的自然增斜效果，渐次下探入靶；在进入水平段钻进后，根据井眼轨迹复合钻进井斜变化的规律，增加或者降低钻压，调整复合钻进时井斜变化的趋势和幅度，进行水平段井眼轨迹控制，达到地质导向需要的目的。复合钻进时转盘（顶驱）转速也会对方位的漂移有一定的影响，根据井眼轨迹复合钻进时方位漂移的规律，增加或者降低顶驱转速，调整复合钻进时方位漂移幅度。

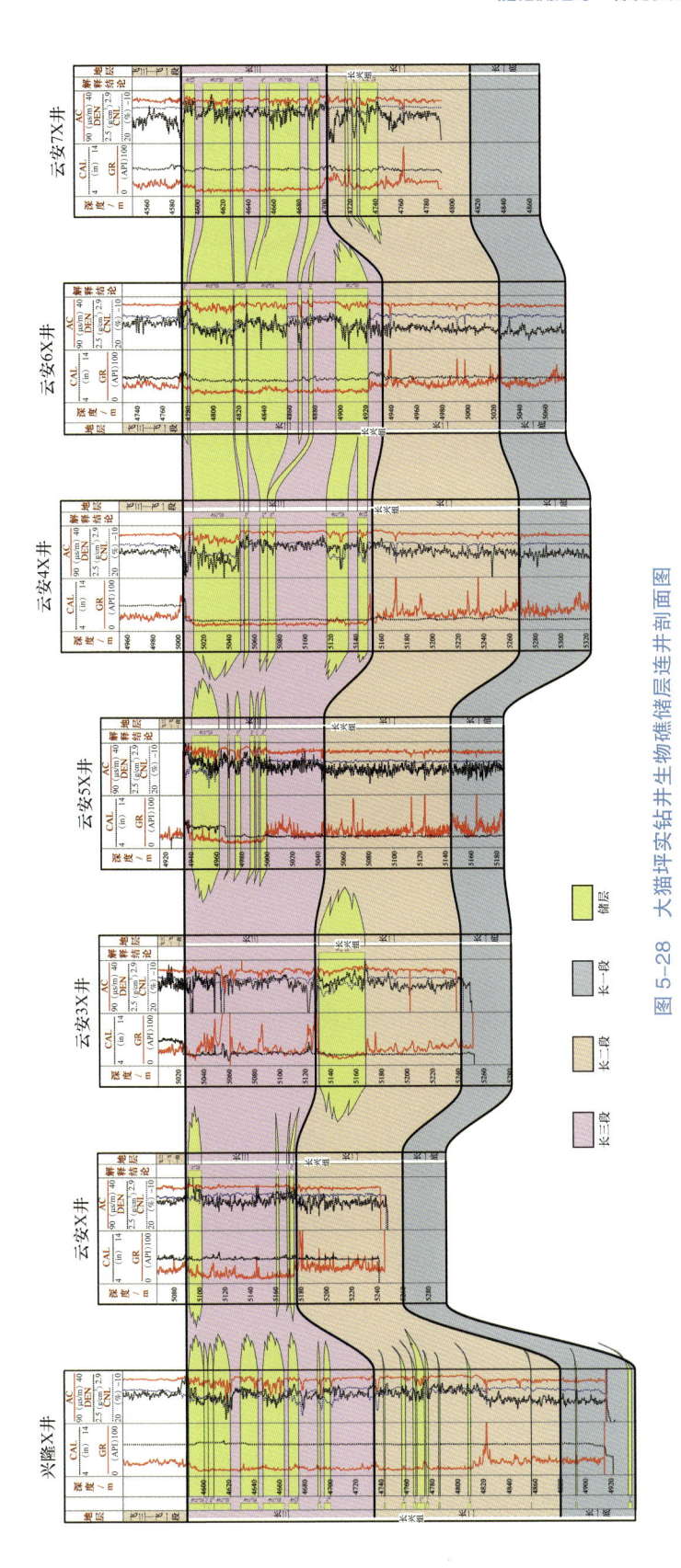

图 5-28 大猫坪实钻井生物礁储层连井剖面图

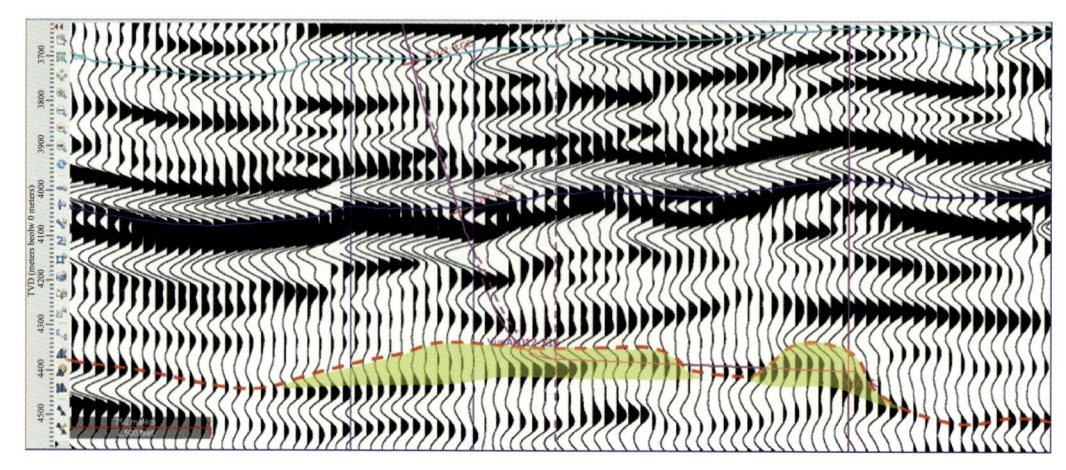

图 5-29　云安 X 井地震钻进方向地震剖面切片

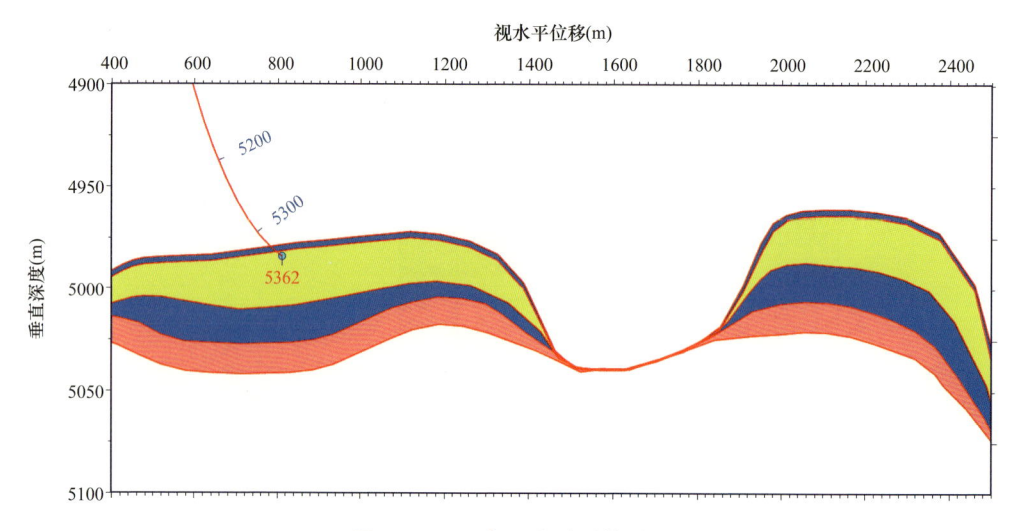

图 5-30　云安 X 井地质模型图

※ 主要认识

水平井地质导向钻井需以地质—储层综合分析为基础，井震结合建立钻前地质模型，强化轨迹设计和轨迹优化，优选随钻测量仪器及钻具组合方式，强化现场实时跟踪分析，有效提高储层识别和追踪的效果。实钻中需综合利用"地震+随钻测井+地质+钻井工程"等资料综合分析，"测定导"一体化实施，提高优质储层钻遇率，降低工程难度，提高钻井效率。

※ 效果验证

云安 X 井地质导向钻进井段为 5362～6970m（图 5-31），进尺 1608m，首次在川东地区长兴组生物礁实现了一井穿双礁。总定向井段98.8m，复合井段1509.2m，复合井段占比93.86%，定向井段占比6.14%；完井测井解释储层段长619.8m，创造了川东地区长兴组生物礁储层水平段最长、钻遇储层最长、完钻井深最深等多项纪录，测试获113.65×10^{4}m^3/d高产气。

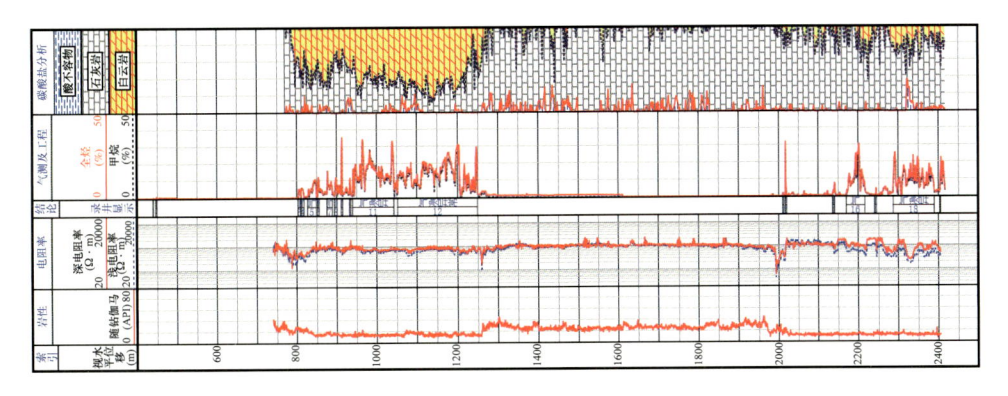

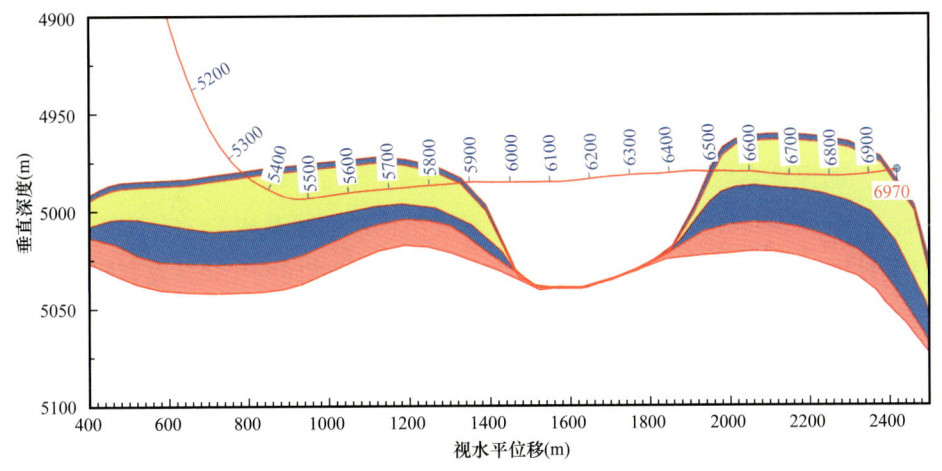

图5-31 云安X井完钻地质模型图

井—震结合在海外碳酸盐岩低幅度构造油气藏勘探评价中的应用

※ 简要背景

AK-3X 井是中油国际中亚公司在哈萨克斯坦滨里海盆地东缘中区块南部钻探的一口预探井。该井的钻探目的为落实中区块南部、东部成藏带含油气性，进而评价中区块南部及周边地区勘探潜力，主要目的层为石炭系 KT-Ⅱ段与 KT-Ⅰ段碳酸盐岩，完钻深度3053m。

※ 问题及解释要点

中区块可划分为西部、中部和东部三个成藏带。中部成藏带先后发现北特鲁瓦大型构造油藏、北特鲁瓦西斜坡构造—岩性复合油气藏及塔克尔含油气构造。随着勘探进程的不断深入，勘探重点已由中部成藏带转移到东部成藏带，勘探难度越来越大，表现在两个方面：一是勘探目标已转移到以钻探低幅度小构造圈闭及构造—岩性复合圈闭目标为主，有利钻探目标的落实越来越难；二是主力储层薄且横向变化快，发育明显变差，有利储层分布预测也越来越难，如塔克尔构造带 KT-Ⅱ段 Γ1-4 主力含油小层单层储层仅厚0.5~2m，累计厚度也仅有 0.8~4.7m，平均孔隙度仅为 4.4%~6%，试油产量低。

东部成藏带总体为一西倾斜坡带。近年来，在该带中北部先后钻探 T-X 井、AK-1X 井、AK-2X 井等多个低幅度构造及构造—岩性圈闭目标，并相继获得工业油流，展示了该带良好的勘探前景。但南部尚未获得勘探突破，区域内西方公司钻探的 2 口老井未钻探到有利构造且揭示主力储层发育差，均未获得油气发现。因此，以低幅度小构造为核心的有利构造解释评价、主力储层的精细解释与分布预测是东部成藏带南部勘探的关键。

※ 新技术、新方法应用

测井资料约束的地震精细解释研究：在精细井—震标定的基础上，联合应用叠前深度偏移和叠后时间偏移资料，基于时间域—深度域联合解释技术开展构造精细解释，获得了目的层较可靠的构造形态，明确了斜坡带背景下的有利构造区，落实了 AK-3X 井低幅度小构造圈闭。

测井综合解释与储层评价：综合应用岩石物理分析、常规与特殊方法测井开展测井储层分类与评价，明确有利储层类型与特征。

多资料结合的沉积相带展布及储层分布预测研究：在东缘整体构造沉积背景下，基于岩心、测井及地震相综合分析技术明确了台地相带展布特征。并以相带展布为约束，综合应用地震多属性及反演等多种方法预测有利滩相岩性体的平面分布。

油藏特征及成藏条件分析：明确东部成藏带为区域油气运移的有利指向区。

通过上述研究及各项特色技术的综合应用，奠定了东部成藏带甩开勘探的基础，保证了 AK-3X 井的成功钻探，从而实现了中区块南部的勘探突破。

※ 主要认识

低幅度构造圈闭发育。东部成藏带南部缓坡带低幅度构造圈闭发育，AK-3X 井位于该缓坡带中部最大的低幅度背斜圈闭。该低幅度背斜 KT-Ⅱ段与 KT-Ⅰ段从时间域与深度域构造均较落实。KT-Ⅱ段低幅度背斜面积为 2.7km²，KT-Ⅰ段低幅度背斜面积为 3.04km²，剖面上主测线与联络线低幅度隆起清晰，构造幅度较低，约 10m，AK-3X 井位于该低幅度背斜圈闭西部高点附近（图 5-32）。

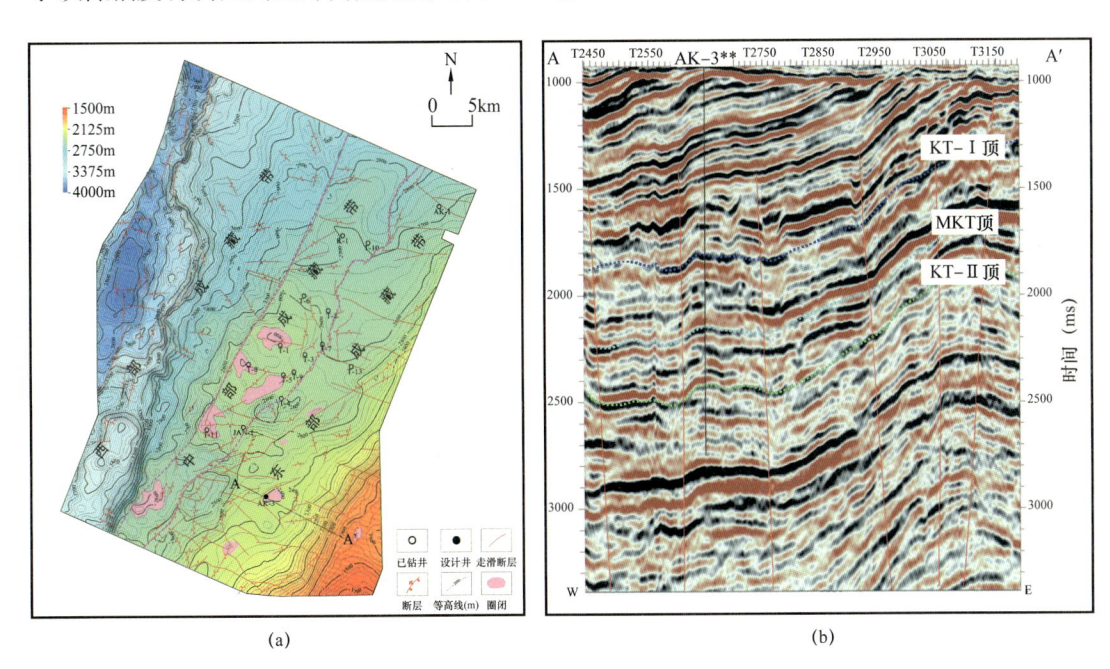

图 5-32 中区块南部 KT-Ⅱ段顶界构造图（a）与过 AK-3X 井地震剖面图（b）

综合岩石物理、测录井及试油资料，确定了有效储层孔隙度下限 4%、渗透率 0.1mD，建立流体识别图版，油层识别标准为电阻率大于 35Ω·m，孔隙度大于 4%；结合压汞与产能数据，划分 4 级储层，明确了 KT-Ⅱ段与 KT-Ⅰ段主力小层以Ⅱ级孔隙型和裂缝—孔隙型储层为主（表 5-3、图 5-33）。

表 5-3 中区块南部储层分类表

储层分级	孔隙度（%）	渗透率（mD）	最大进汞饱和度（%）	储集空间类型	扫描电镜
Ⅰ	≥10	≥0.3	>80	粒间溶扩孔和铸模孔发育，粒间溶孔和溶蚀缝洞起到良好沟通作用	Ⅰ
Ⅱ	6～10	≥0.1	>70	以粒间孔、铸模孔和粒内孔为主，裂缝和局部粒间溶孔形成连通	Ⅱ
Ⅲ	4～6	≥0.01	<70	孔隙发育较差，以孤立孔为主，如裂缝发育可形成有效储层	Ⅲ
Ⅳ	<4	<0.1	<60	孔隙不发育，常见粒内、壳壁孔	Ⅳ

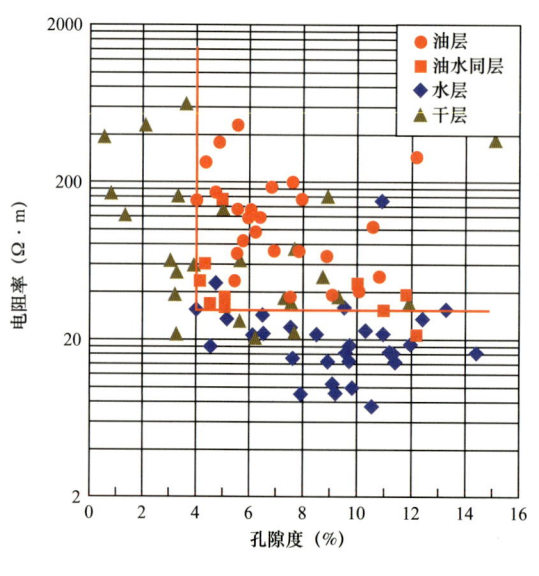

图 5-33 中区块南部储层流体识别图版

沉积相带有利且预测主力小层储层发育。东部成藏带KT-Ⅱ段与KT-Ⅰ段有利相带主要为开阔台地台内滩，包括各类生屑及藻屑滩，发育北部、中部和南部3个北东向展布的台内滩带（图5-34）。AK-3X井位于南部台内滩带，储层反演预测显示AK-3X井KT-Ⅱ段与KT-Ⅰ段多套储层纵向叠置发育。其中，KT-Ⅱ段Γ4主力小层预测有利滩相储层面积12.8km^2，且与构造配置较好（图5-35）。

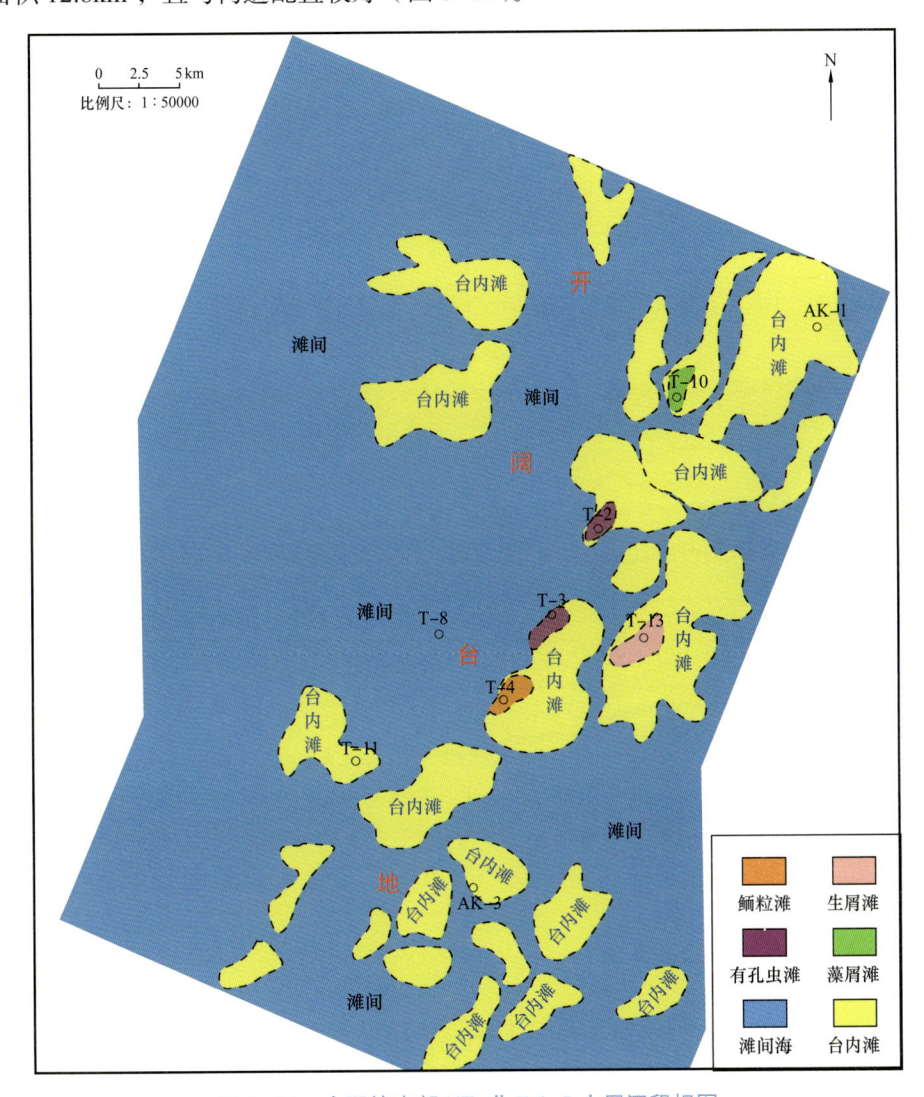

图5-34 中区块南部KT-ⅡΓ4+5小层沉积相图

构造位置有利于油气运聚成藏。东部成藏带南部构造位置较高，为油气区域运移指向区，且该区缓坡带范围大，局部低幅构造发育有利于油气聚集。从区域油水分布来看，东西方向上AK-3X井KT-Ⅱ段主力Γ层位于西部T-11井测试水顶之上，南北方向上AK-3X井KT-ⅡΓ层位于北部T-X井测试油水界面之上，预测纵向多套油层发育（图5-36）。

(a)

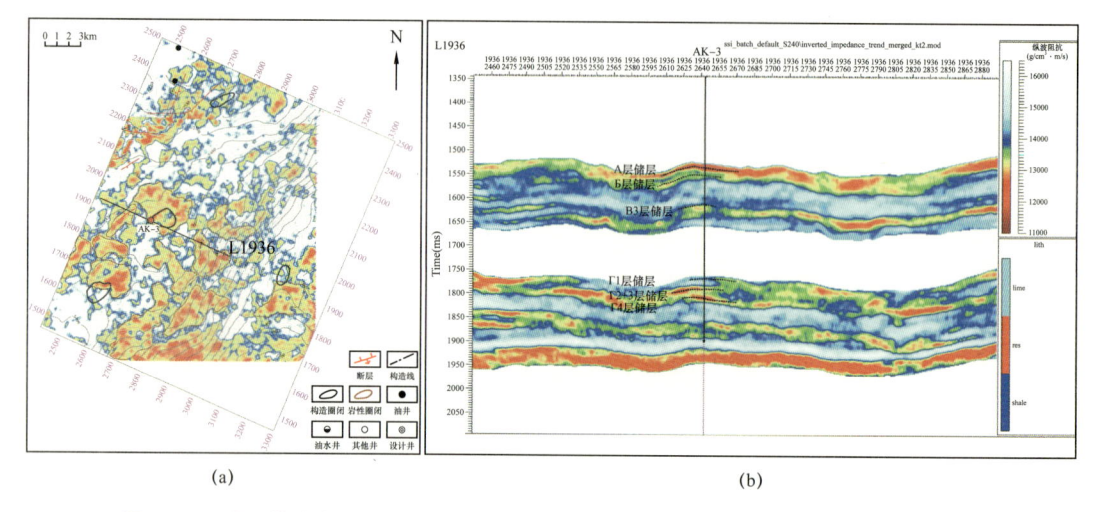

(b)

图 5-35　中区块南部Γ4小层储层平面分布图（a）与过AK-3X井反演剖面图（b）

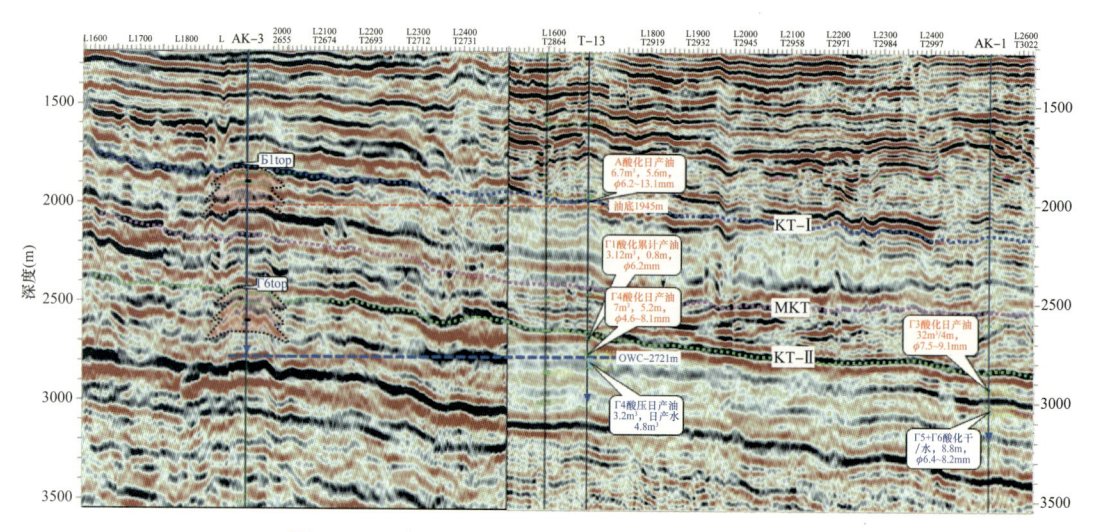

图 5-36　过AK-3X井南北向油水分布分析剖面图

※ 效果验证

该研究设计井位通过甲方论证审批上钻，钻进过程中录得KT-Ⅱ段油气显示112m，KT-Ⅰ段油气显示117m。测井解释KT-Ⅱ段有效储层35层，厚度77.2m，其中解释油气层8层/16.9m；KT-Ⅰ段有效储层24层，厚度51.6m，其中解释油气层2层/3.9m，差油气层8层/8.9m；可疑油气层2层/4.0m，油水同层2层/2.4m。

该井KT-Ⅱ段Γ4小层2670.5～2679.2m井段，常规测井解释单层油气层厚8.7m，孔隙度7.7%，含油气饱和度78%。核磁共振测井显示该段标准T_2谱为高幅度双峰状，差谱信号明显且谱峰靠后，计算有效孔隙度6.61%，含水饱和度19.78%，为油气层。对2670～2679m井段射孔试油，酸化自喷，获日产油30.2～113m³，累计产油1398m³，日产气 3048~13680m³，不产水。使用 10mm 油嘴自喷定产，日产油 52.9m³，日产气 6912m³，试油结论为高产油气层（图 5-37）。

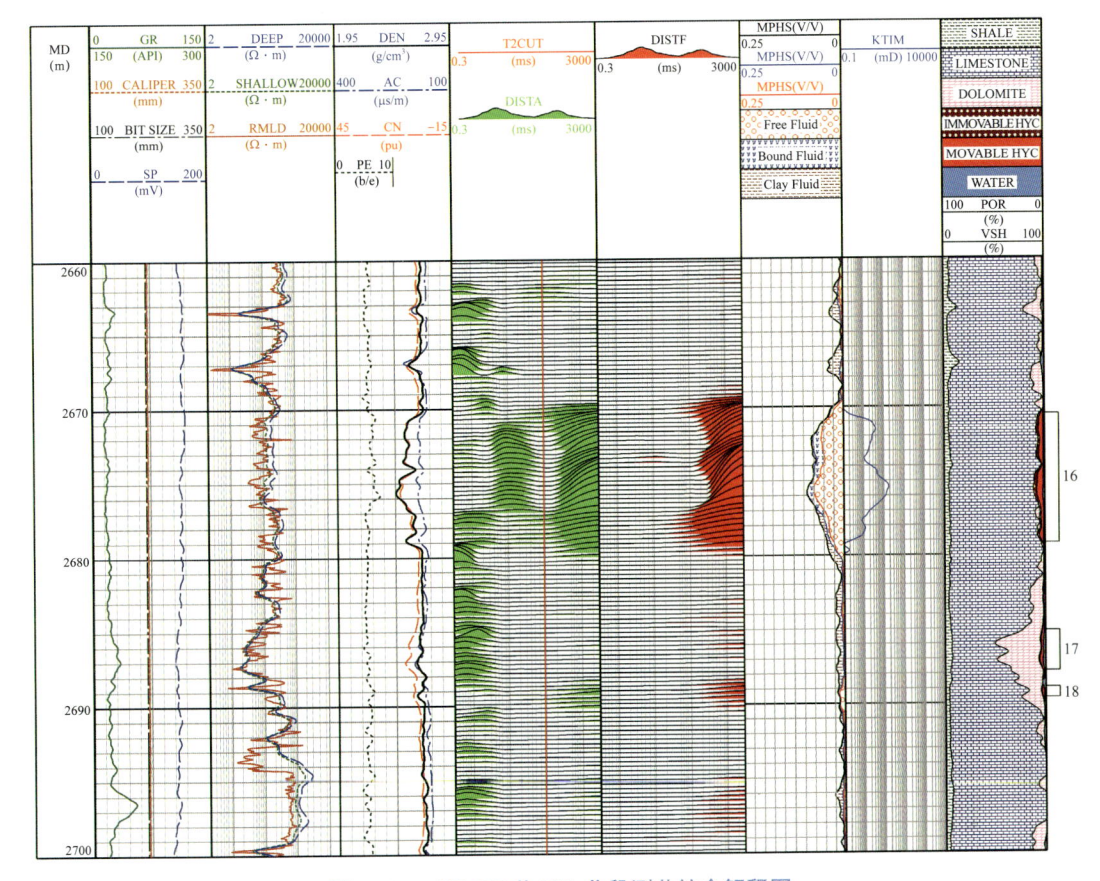

图 5-37　AK-3X 井 KT-Ⅱ 段测井综合解释图

根据 SPE 三级储量计算方法（P₁ 储量面积以井口为中心，井距 500m 作正方形；P₂ 相应外推一个井距）计算该试油段 P₁ 储量 19.9×10^4t，P₂ 储量 54.3×10^4t，协助甲方实现东部成藏带南部的勘探突破，创造了海外同一区块连续 3 年 4 个综合地质研究合同的历史纪录。

大井丛平台页岩油"甜点"立体评价及地质工程一体化应用

※ 简要背景

华ＨＸ平台、合ＨＸ平台是长庆油田陇东页岩油项目组在甘肃省庆阳市部署的两个水平井大井丛平台。构造位于陕北斜坡西南段,局部构造位于庆阳鼻褶带,构造形态为一个西倾单斜,目的段长 7 段储层属于半深湖—深湖相重力流沉积环境。平台部署目的是开发长 7 段页岩油。

※ 问题及评价要点

研究区页岩油储层平均孔隙度 6.58%,平均渗透率 0.06mD,属于特低孔渗薄互层型页岩油储层。工区长 7 段页岩油成功开发主要依赖于水平井钻井、分段压裂技术及工厂化压裂模式。主要存在以下问题:一是页岩油储层砂泥交互,岩性岩相变化大,储层结构复杂,非均质性强、微纳米级孔隙发育,储层参数定量评价难,储层分类标准不清;二是页岩油储层平面非均质性强、变化快,需要结合地震和测井资料进行精细三维地质建模,持续提高水平井"甜点"钻遇率;三是缺乏针对性的水平井测井解释评价和地质工程"甜点"评价方法,地质工程"甜点"精细刻画认识不足,明确井轨迹与"甜点"展布关系;四是地质与工程匹配性差,缺乏针对性射孔设计,导致各射孔簇对产量贡献差异大。

针对华ＨＸ平台、合ＨＸ平台"小井场、大井丛"页岩油工厂化开发模式,基于测井精细解释评价数据搭建三维地质模型进行"甜点"描述,以此为基础,开展地质工程一体化研究。围绕"甜点"描述,支撑现场钻井设计、井眼轨迹优化,实现平台井数最大化、控制储量最大化、有效储层钻遇最大化;支撑射孔压裂方案优化设计,实现缝控储量最大化、动用储量最大化。

"甜点"描述作为地质工程一体化工作要点,钻井上实现平台井数最大化、控制储量最大化,支撑现场钻井设计、井眼轨迹优化"有效储层钻遇最大化"方案设计理念;创新"缝控储量最大化"压裂改造理念;实现动用储量最大化。助力平台单井产量提升。

※ 新技术、新方法应用

案例研究中,探索形成了大井丛页岩油地质工程一体化研究流程和方法,建立测井地质工程一体化的油藏描述模式。利用测井资料，精细表征"甜点"层和"甜点"区，助力大井丛水平井规模化效益建产。技术路线如图5-38所示。

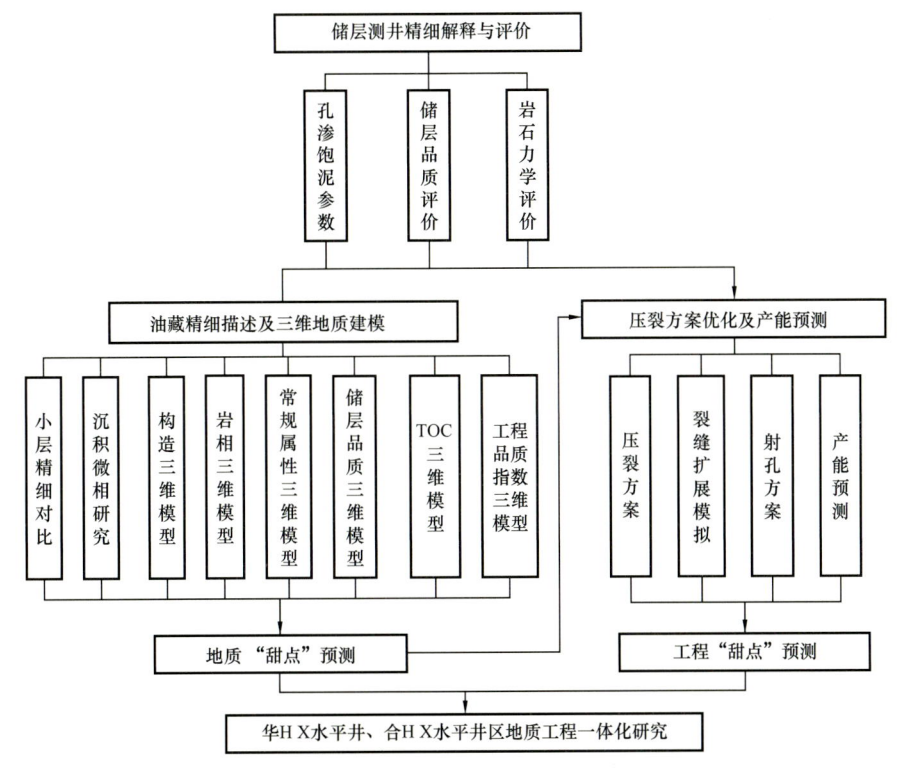

图 5-38 大井丛水平井工区油藏精细描述技术路线

※ 主要认识

针对研究区水平井解释分类标准不清，提出了基于储层三品质的解释分级标准。研究区页岩油储层三品质分级标准见表5-4。

表 5-4 储层三品质分级标准

储层类型	解释结论	分级评估	储层品质指数 Z_S（%）	有机碳含量（%）	脆性指数 I_B（%）
Ⅰ	油层	Ⅰ类油层	>30	>2	>45
Ⅱ		Ⅱ类油层	20～30	1～2	35～45
Ⅲ	差油层	Ⅲ类油层	10～20	0.6～1	20～35
Ⅳ	干层	干层	<10	<0.6	<20

建立了泥质含量三维地质模型体与储层品质指数三维地质模型，通过刻画实钻轨迹与空间"甜点"的位置关系预测水平井调整参数（图5-39），辅助现场水平井钻井施工，提高水平井"甜点"钻遇率。

以三维地质模型为纽带，实现了地质"甜点"体空间刻画，直观展示水平井轨迹与"甜点"体的位置关系及井筒周边"甜点"发育情况。通过模型能给出具体的轨迹井段与"甜点"的位置数据，为射孔压裂设计提供详细的参数，实现射孔压裂方案优化设计。图5-40是华ＨＸ-5井轨迹地质"甜点"体切片，图中显示的是3000～3400m井段，红色部分是Ⅰ类"甜点"体，黄色是Ⅱ类"甜点"体，浅蓝色是Ⅲ类及以下。蓝色实线是华ＨＸ-5井轨迹，现场压裂工艺能做到穿层3m蓝色虚线是延轨迹上下各推3m的范围，黑色垂向井轨迹的线是设计的射孔簇。虽然测井解释该井段未钻遇"甜点"体，但是模型显示距离"甜点"体较近，具备一定改造价值。通过测量"甜点"体与井筒空间距离，为射孔簇的选择提供依据。图中闪点位置是3159m，该位置井轴距离上部零星"甜点"体0.03m，距离下部连片"甜点"体2.9m，设计向下喷砂射孔沟通井筒下边的"甜点"体。

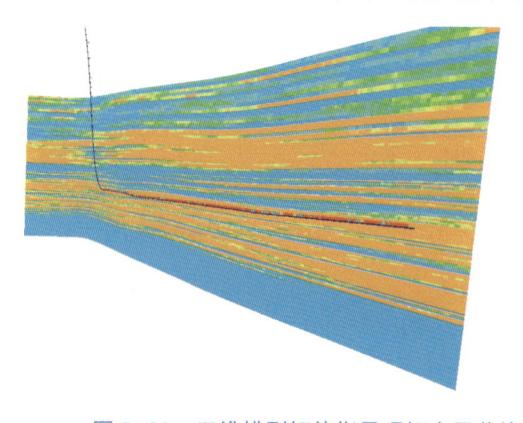

图5-39 三维模型切片指导现场水平井施工实例

图5-40 华ＨＸ-5井射孔压裂设计切片

※ 效果验证

将三维地质建模成果，应用于钻前设计、钻进导向和钻后评价，拓展模型应用场景和应用效果。图 5-41 是按月统计的华 H X 平台钻遇率，在模型建立的早期由于资料较少、地质认识也不够清晰，模型精度还不高，钻遇率普遍不高。在 2021 年 4 月以后，随着前期水平井资料的补充、地质认识更清晰，模型多次迭代后精度提升，后期水平井钻遇率得到明显提高。目前华 H X 平台已全部完钻，助力水平井 I+II 类储层钻遇率达 82.1%。

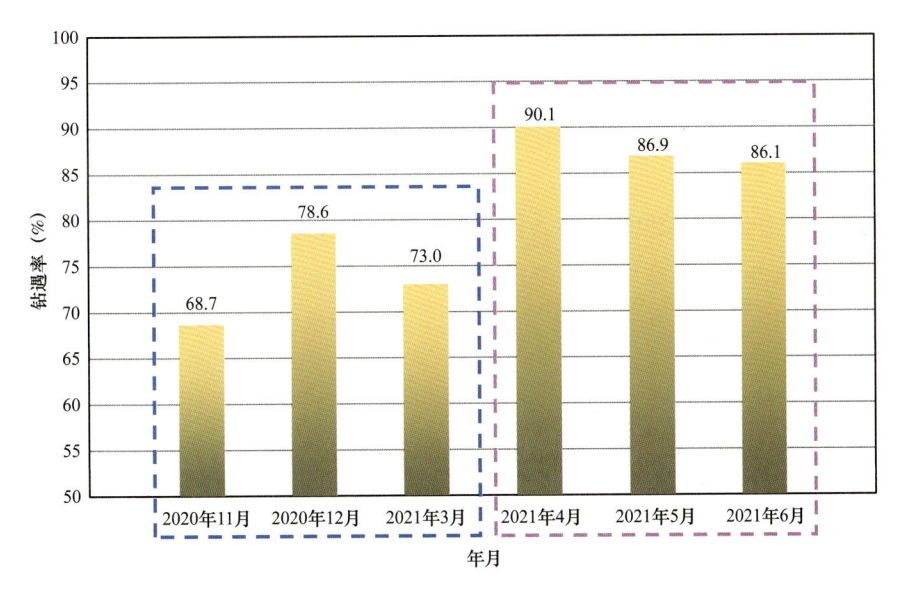

图 5-41　华 H X 平台按月钻遇率统计直方图

油藏测井综合评价技术在低渗透油藏综合治理中的应用

※ 简要背景

WX区是长庆油田重点综合治理区块，属于弹性溶解气驱岩性油藏，位于陕北斜坡中西部，区域内构造简单，为吴旗三角洲前缘水下分流河道沉积，探明面积101.9km²，探明储量 9103×10⁴t，动用面积 95.8km²，动用储量 8551.1×10⁴t，油藏埋深 1648~1940m，原始地层压力 14.9MPa，孔隙度 12.9%，渗透率 1.42mD。2004年投入开发，主力油层长 6_1^1、长 6_1^2，采用520m×150m菱形反九点井网，年产油 30×10⁴t，累计产油 336.24×10⁴t，随着开发深入，层内、层间、平面矛盾日益突出，导致含水上升速度加快、自然递减增大。

※ 问题及评价要点

与同类油藏对比，WX区长6段油藏主要表现为采出程度低、采油速度低、含水上升率大的特点，主要原因为不能有效分注、层间矛盾突出，导致注入端、产出端动态把控难，注水开发政策难以落实，油藏开发形势变差。

研究区油层厚度大，多层系开发，长 6_1^2 层全区发育广泛，长 6_1^1 层在南部部分缺失，下层物性好于上层，受层间物性差异大影响，平面、剖面水驱矛盾日益突出，油井含水上升速度加快，注水初期开发技术政策适应性差，油藏稳产难度大，亟须开展单砂体精细刻画研究、储层连通性评价。前人在研究区剩余油分布规律方面已有一定的认识，但都仅限于油藏小层级别，认识程度还不够精细。注水开发油田剩余油仍然富集于主力厚油层内，常规的基于小层精度剩余油分布研究已难以满足油田生产需求，迫切需要更为精细的剩余油分布认识，为老油田剩余油挖潜提供指导。

※ 新技术、新方法应用

精细小层对比及单砂体精细刻画，明确注采两端连通关系。单砂体识别是在沉积微相认识的基础上，依靠测井曲线响应特征进一步认识储层岩性划分、砂体接触方式等，其重要的标志是不渗透或低渗夹层。根据取心井的岩—电标定，总结泥质夹层和钙质夹层、物性夹层测井相特征，划分15个单砂体（表5-5）。

表 5-5　WX区块长6_1^1单砂体划分成果表

砂层组	小层	次级小层	层位等级	次级小层平均厚度（m）	主要沉积相	单砂体数量（个）	单砂体	单砂体平均厚度（m）
长6_1	长6_1^1	长6_1^{1-1}	非主力层	6.5	远沙坝	2	长6_1^{1-1-1}	2.35
							长6_1^{1-1-2}	2.23
		长6_1^{1-2}	主力层	17.5	分流河道	4	长6_1^{1-2-1}	2.92
							长6_1^{1-2-2}	3.49
							长6_1^{1-2-3}	3.46
							长6_1^{1-2-4}	2.71
	长6_1^2	长6_1^{2-1}	非主力层	8.3	远沙坝	2	长6_1^{2-1-1}	2.57
							长6_1^{2-1-2}	2.59
		长6_1^{2-2}	主力层	19.4	分流河道	4	长6_1^{2-2-1}	3.18
							长6_1^{2-2-2}	4.10
							长6_1^{2-2-3}	3.88
							长6_1^{2-2-4}	3.07
		长6_1^{2-3}	非主力层	9.8	分流河道	3	长6_1^{2-3-1}	2.37
							长6_1^{2-3-2}	2.32
							长6_1^{2-3-3}	1.99

根据砂体叠置样式和测井相标志确定单砂体侧向接触关系，按照以注水井为中心，以井组为单位，重点突出隔层、夹层分布，细分主力厚油层的层内流动单元的方式进行单砂体精细刻画，实现全区覆盖（图 5-42）。

根据单砂体侧向接触关系，将注采连通关系分为三种类型：连通、弱连通、不连通，从而精细评价不同单砂体连通关系（图 5-43）。

构建精细三维地质模型，定量表征油藏剩余油分布规律。相建模采用岩相建模的方式，建立泥岩、砂岩两种岩相的模型，刻画 15 个单砂体的空间展布特征。利用吸水剖面、产液剖面等动态监测资料修正数值模型，提高拟合精度，使模型更加接近现场生产情况。

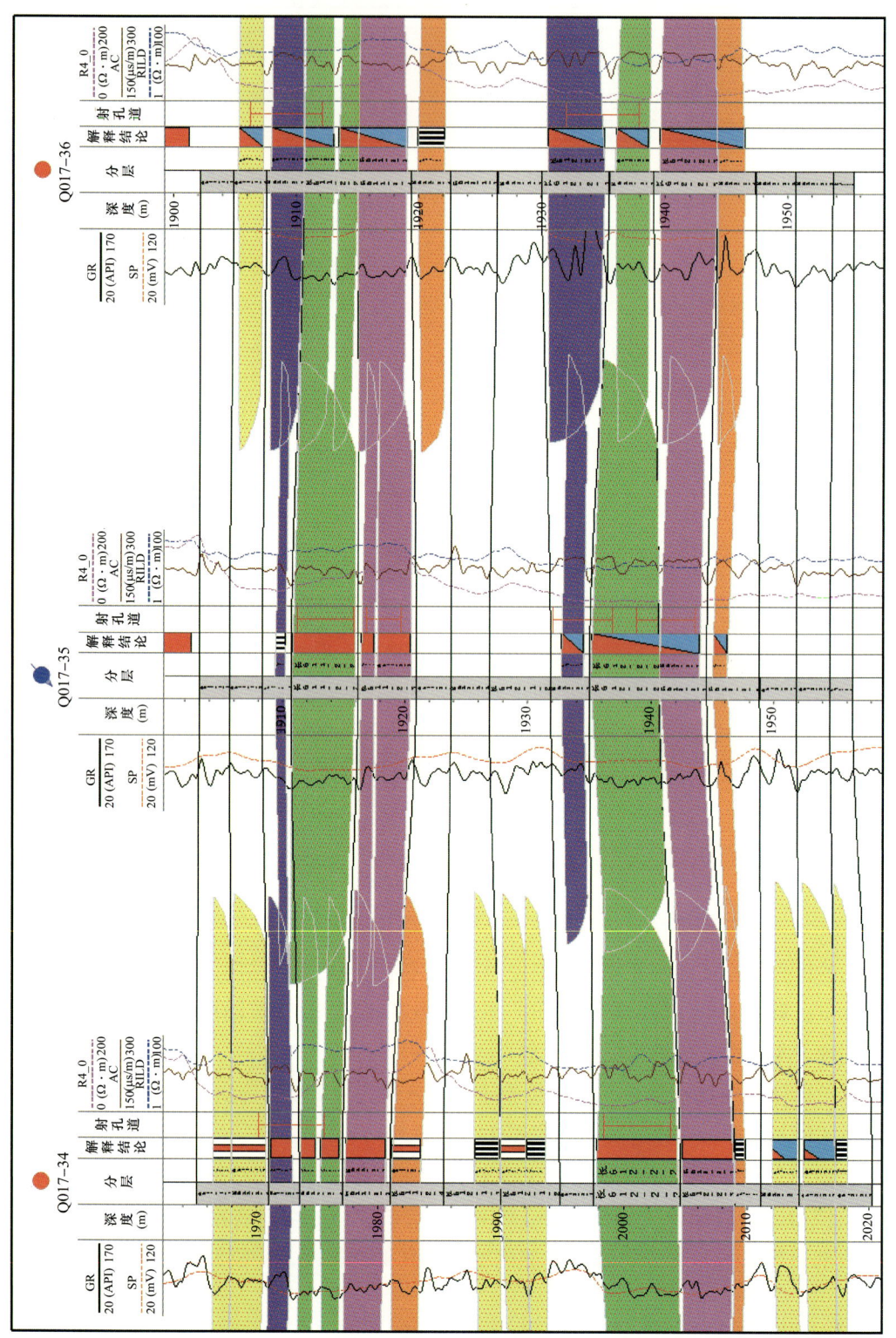

第五章 特殊储层及其他典型应用案例

图 5-42 以注水井为中心的单砂体剖面

228

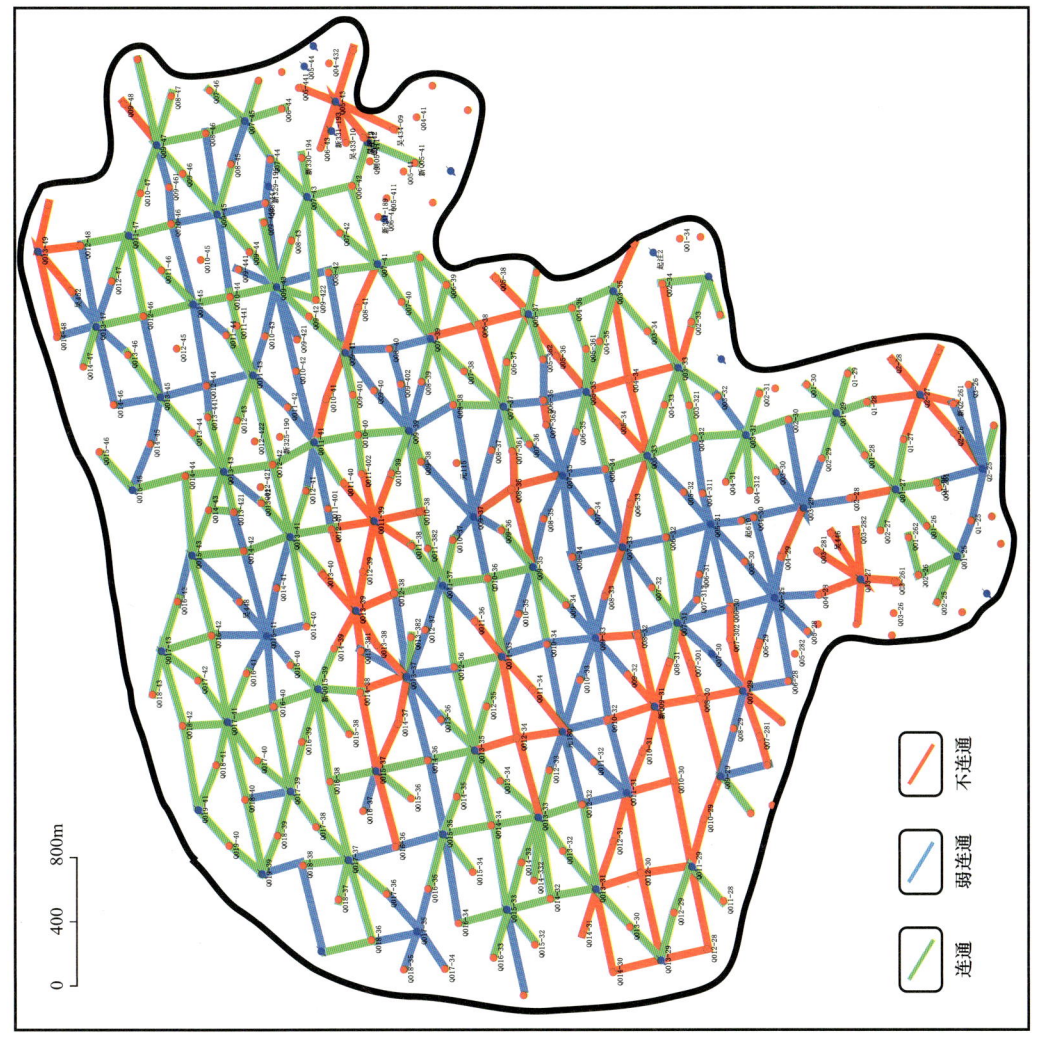

图 5-43 平面连通关系

主力小层砂体连续性强，水驱优势方向明显，水驱波及范围呈不规则椭圆状，剩余油主要在优势方向两侧富集，呈环状或条带状；局部天然裂缝、人工裂缝发育，水驱波及范围呈条带状，剩余油分布在裂缝两侧。3个非主力层砂体薄、连续性差，储量丰度低，储层动用程度低，但局部剩余油富集，均存在"甜点"区（图5-44）。

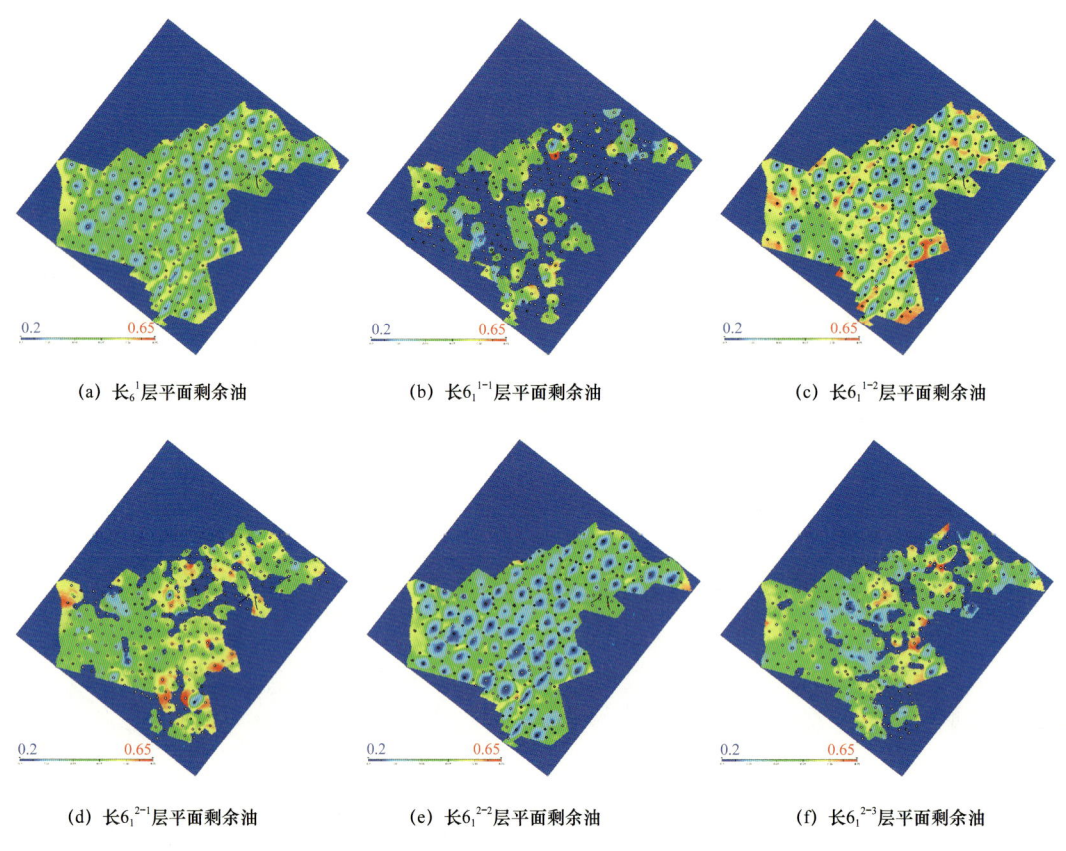

(a) 长6_1^1层平面剩余油

(b) 长6_1^{1-1}层平面剩余油

(c) 长6_1^{1-2}层平面剩余油

(d) 长6_1^{2-1}层平面剩余油

(e) 长6_1^{2-2}层平面剩余油

(f) 长6_1^{2-3}层平面剩余油

图5-44　WX区长6段油藏西部平面剩余油分布

顺物源方向剖面（图5-45）上部剩余油富集，长6_1^{1-2}层剩余油明显高于长6_1^{2-2}层，局部射孔打开层位剩余油富集，说明水驱效果差或注采未对应，是下一步开发调整部位；垂直物源方向剖面（图5-46）受井网不完善影响，东部剩余油富集，长6_1^{2-2}层整体动用程度明显高于长6_1^{1-2}层，部分井长6_1^{2-2}层已水淹，长6_1^{1-2}层挖潜潜力大。

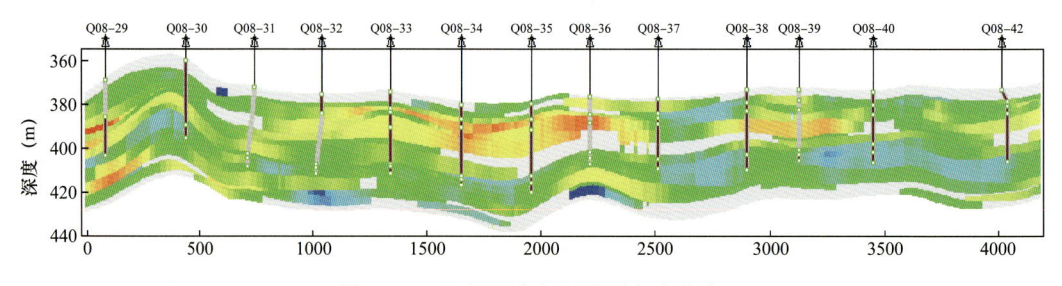

图5-45　顺物源方向剖面剩余油分布

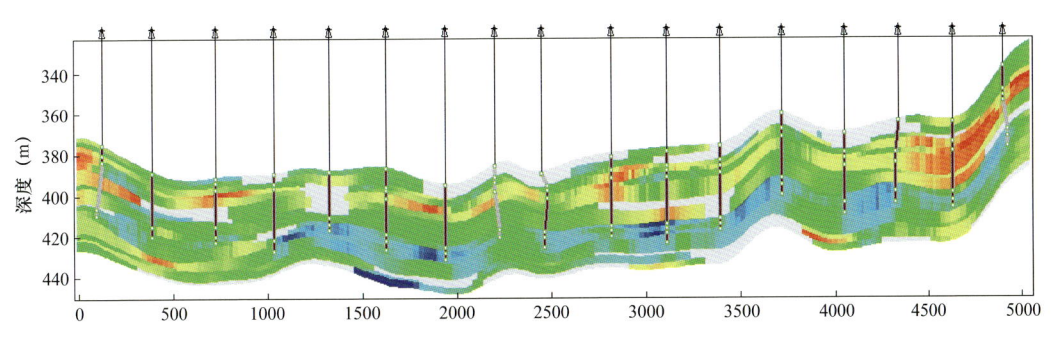

图 5-46 垂直物源方向剖面剩余油分布

剩余油潜力分析：通过分析研究得出，长 6_1^{1-2} 层采出程度低（13.28%），含油饱和度高（52.21%）；长 6_1^{2-2} 层采出程度高（15.7%），含油饱和度低（47.66%），西部整体采出程度 12.20%，平均含油饱和度 42.68%，开发潜力较大，见表 5-6。

表 5-6 剩余油潜力评价

小层编号	单砂体	原始地质储量（10^4t）	剩余地质储量（10^4t）	采出程度（%）	初始含油饱和度（%）	目前含油饱和度（%）
长 6_1^{1-1}	长 6_1^{1-1-1}	37.78	37.77	0.03	44.71	44.52
	长 6_1^{1-1-2}	28.98	28.93	0.17	42.94	42.47
	合计	66.77	66.71	0.09	43.9	43.57
长 6_1^{1-2}	长 6_1^{1-2-1}	165.01	144.65	12.34	49.42	43.16
	长 6_1^{1-2-2}	224.33	188	16.2	52	43.36
	长 6_1^{1-2-3}	271.51	227.78	16.11	52.85	44.38
	长 6_1^{1-2-4}	240.36	221.07	8.02	54.51	50.32
	合计	901.22	781.5	13.28	52.21	45.26
长 6_1^{2-1}	长 6_1^{2-1-1}	42.38	42.23	0.37	45.74	45.32
	长 6_1^{2-1-2}	74.21	73.97	0.32	48.74	48.29
	合计	116.59	116.2	0.34	47.66	46.98
长 6_1^{2-2}	长 6_1^{2-2-1}	133.34	112.92	15.31	48.69	39.64
	长 6_1^{2-2-2}	182.11	145.61	20.04	46.76	35.66
	长 6_1^{2-2-3}	206.81	167.63	18.95	46.73	35.76
	长 6_1^{2-2-4}	197.64	180.72	8.56	48.5	42.47
	合计	719.91	606.88	15.7	47.66	38.35

续表

小层编号	单砂体	原始地质储量（10⁴t）	剩余地质储量（10⁴t）	采出程度（%）	初始含油饱和度（%）	目前含油饱和度（%）
长 6_1^{2-3}	长 6_1^{2-3-1}	42.08	41.95	0.31	45.46	44.53
	长 6_1^{2-3-2}	45.61	45.58	0.07	44.18	43.74
	长 6_1^{2-3-3}	20.84	20.83	0.05	40.86	40.78
	合计	108.53	108.36	0.16	43.95	43.4
合计		1913.02	1679.65	12.2	48.38	42.68

深化研究成果应用，制定综合治理方案，见表5-7。围绕"提升水驱、降低递减"的目标，根据监测资料指方向、精细注水降递减、深化措施提单产思路，形成以精细分层注水、查层补孔、酸化压裂、堵水调剖等措施方式为主的综合治理方案，共计93井次，其中采油井45口，以补孔（25口）、压裂（10口）为主；注水井48口，以分注（19口）、调剖（16口）为主。

表5-7 综合治理方案

序号	井号	措施内容	序号	井号	措施内容	序号	井号	措施内容
1	Q013-49	降压增注	14	Q01-261	暂堵酸化	27	Q018-36	补孔长 6_1^1
2	Q014-43	暂堵压裂	15	Q01-27	改同心双管分注	28	Q02-26	补孔长 6_1^2
3	Q010-36	补孔长 6_1^2	16	Q01-29	补孔长 6_1^2	29	Q02-27	补孔长 6_1^2
4	Q010-45	补孔长 6_1^1	17	Q01-30	低碳混溶	30	Q02-28	补孔长 6_1^2
5	Q011-29	堵水调剖	18	Q01-33	同心双管分注	31	Q02-32	补孔长 6_1^2
6	Q011-41	分流酸化	19	Q013-37	酸化降压增注	32	Q02-34	补孔长 6_1^1
7	Q011-43	堵水调剖	20	Q01-342	隔采	33	Q03-29	同心双管分注
8	Q011-47	同心双管分注	21	Q013-43	堵水调剖	34	Q03-30	隔采
9	Q011-48	暂堵压裂	22	Q014-37	补孔长 6_1^2	35	Q03-321	分层暂堵压裂
10	Q012-30	暂堵压裂	23	Q015-33	同心双管分注	36	Q03-33	同心双管分注
11	Q012-39	补孔长 6_1^1	24	Q015-35	同心双管分注	37	Q04-312	隔采
12	Q012-41	补孔长 6_1^1	25	Q016-35	补孔长 6_1^2	38	Q04-33	暂堵压裂
13	Q01-25	堵水	26	Q018-35	补孔长 6_1^1	39	Q05-33	堵水

续表

序号	井号	措施内容	序号	井号	措施内容	序号	井号	措施内容
40	Q05-35	常规堵水调剖	58	Q06-19	油井堵水	76	Q7-14	暂堵压裂
41	Q05-37	堵水调剖	59	Q09-24	分流酸化	77	Q7-19	暂堵压裂
42	Q07-31	同心双管分注	60	Q09-27	选择性酸化	78	Q8-15	分流酸化
43	Q07-35	堵水调剖	61	Q10-261	封长6段、补孔酸化延10段	79	Q8-22	油井转注
44	Q07-43	堵水	62	Q1-14	宽带压裂	80	Q8-23	改地面分注
45	Q07-44	补孔长6_1^1	63	Q12-17	分流酸化	81	Q8-27	堵水
46	Q08-35	补孔长6_1^2	64	Q12-19	同心双管分注	82	Q9-271	封长6段、补孔酸化延10段
47	Q08-43	补孔长6_1^1	65	Q12-21	同心双管分注	83	W03-22	降压增注
48	Q08-45	补孔长6_1^1	66	Q13-22	同心双管分注	84	Q01-39	补孔长6_1^2
49	Q08-46	补孔长6_1^2	67	Q14-15	同心双管分注	85	Q01-42	堵水
50	Q08-48	补孔长6_1^1	68	Q16-19	同心双管分注	86	Q05-39	分流酸化
51	Q09-35	分流酸化	69	Q193-200	补孔压裂长6+长4+5	87	Q2-33	堵水
52	Q09-442	补孔长6_1^2	70	Q3-13	暂堵压裂	88	Q2-41	改地面分注
53	Q1-27	补孔长6_1^1	71	Q3-19	大修	89	Q4-35	堵水
54	元115	补孔长6_1^1	72	Q4-242	分层暂堵压裂	90	Q5-38	堵水
55	Q011-27	堵水调剖	73	Q6-21	酸化长6_1^2层	91	Q6-28	油井转注
56	Q05-25	同心双管分注	74	Q6-23	改地面分注	92	Q7-34	同心双管分注
57	Q05-27	同心双管分注	75	Q6-24	分层求产	93	W434-09	补孔压裂长611

※ 主要认识

长6_1^2层单砂体侧向接触关系多为叠加式、切叠式，连通性较好；而长6_1^1层分离式较多，砂体夹层多、薄砂体发育，层内连通性受到影响，连通情况较长6_1^2层差。连通以单河道、侧切式为主，弱连通以侧叠式、替代式为主，不连通以对接式、间湾、堤岸接触为主。整体来看，西区中部以"连通"关系为主，连通性较边部连通性好，边部"弱连通、不连通"接触关系较多。长6_1^2层连通性好于长6_1^1层，长6_1^{1-2-2}、长6_1^{1-2-3}、长6_1^{2-2-2}、长6_1^{2-2-3}单砂体连通性最好，长6_1^{1-2-1}、长6_1^{1-2-4}、长6_1^{2-2-1}、长6_1^{2-2-4}单砂体连通性略差。

主力小层砂体连续性强，水驱优势方向明显，水驱波及范围呈不规则椭圆状，剩余油主要在优势方向两侧富集，呈环状或条带状；局部天然裂缝、人工裂缝发育，水驱波及范围呈条带状，剩余油分布在裂缝两侧。3个非主力层砂体薄、连续性差，储量丰度低，储层动用程度低，但局部剩余油富集，均存在"甜点"区。长 6_1^{1-2} 层采出程度低（13.28%），含油饱和度高（52.21%）；长 6_1^{2-2} 层采出程度高（15.7%），含油饱和度低（47.66%），西部整体采出程度12.20%，平均含油饱和度42.68%，开发潜力较大。

※ 应用效果

深化单砂体刻画、水驱研究、测井二次解释成功应用，一是优选侧向见水堵塞井暂堵压裂，有效提高措施有效率；二是开展调整更新井二次压裂引效，提高改造强度；三是对未动用层段开展补孔压裂措施，2019—2020年共实施油水井措施41井次，累计增油 0.901×10^4 t。

深化水驱及剩余油成果应用，针对油藏层间层内开发矛盾，以同心双管分注为主要分注技术手段，分注和堵水调剖、微球驱为调剖方式，2019—2020年为实现有效分注，共开展水井措施176井次，油藏含水上升率由7.7%降至2.0%，阶段自然递减由10.3%降至9.8%，含水上升形势得到控制。

在水驱治理基础上，通过数值模拟及矿场试验论证，依托水驱成果应用，开展油藏限压注水、周期注水，2019—2020年共实施精细注水调整井次548井次，累计增油 0.269×10^4 t。

通过项目成果的深度应用，实现了WX区高效开发水平，保持 33×10^4 t/a稳产，油藏管控能力稳步提升，各项开发指标稳中向好。

水平井产液剖面测试在油藏动态监测与水平井综合治理中的应用

※ 简要背景

官页 X 井为枣园油田枣 X 断块的一口水平井采油井,生产层位 EK2-C1。为了解官页 X 井各生产段产液及含水状况,评价分层产出状况,为下一步治理提供依据,对该井实施产液剖面测试。

※ 问题及解释要点

由于水平井的井身结构特征、水平段产出流体的复杂流动特性等因素,直井中专用的测井仪器、测井资料采集工艺及相关解释技术,不能真实准确并真实地对水平段产出的多相流体特征进行资料采集并合理解释,故采用连续油管方式将水平井测试仪器送至测量井段,达到对水平井进行产出剖面测试的目的。

相对于直井,水平井段在井眼轨迹的高点,油的滞留量相对较多;在井眼轨迹的低点,水的滞留量相对较多。因此,即使油井实际含水率很高,电容持水率响应在井眼轨迹的高点可为低含水响应,高含水响应传感器在此处可能失去分辨率,这是有别于直井解释的难点。

※ 新技术、新方法应用

采用 MAPS 成像测井系列、PLT 多参数测井系列、测井方式采用连续油管推送、牵引,连接存储式 MAPS 阵列仪器,测试项目:六参数、阵列式电阻持率和阵列式涡轮流量。

根据 PLT 多参数测井中温度曲线异常值定性地分析出水平井段产出状态及产出井段分布状况。这也是解决目前低流量产出井测试的一个补充。因此该井根据温度、压力等测井曲线的变化,结合完井储层及射孔位置,确定主产出层段。

由于流体黏度及顺流、逆流测量时涡轮非对称性的影响,为提高精度,实际测量中常采用至少 4 次不同的电缆速度进行逆流和顺流测量,用这些测量值作交会图计算视流体速度,然后进行启动速度校正。

差值计算提供了沿纵轴的连续持率和速度数值,通过整合 Emeraude 计算后得到平均值。计算求取持水率 Y_w、持气率 Y_g、平均速度和流量。

※ 主要认识

该井共射孔 592m，11+1 段 70 簇，射孔段范围：3402.20～3993.20m；本次测量范围：3330.0～3950.0m，第 1 射孔段 6 簇（3955.40～3993.20m）未测，按段分成 11 个层段合层解释，进行合层解释。

阵列式涡轮流量交会刻度。为取得各产出层段的涡轮斜率和启动速度，综合该井流体流型，在测试段取得多个分析点，以取得斜率和启动速度。采用阵列式涡轮流量数据（SPIN1～SPIN6）进行交会刻度，各小涡轮刻度结果，以 SPIN4 在所有解释层段为例，如图 5-47 所示。

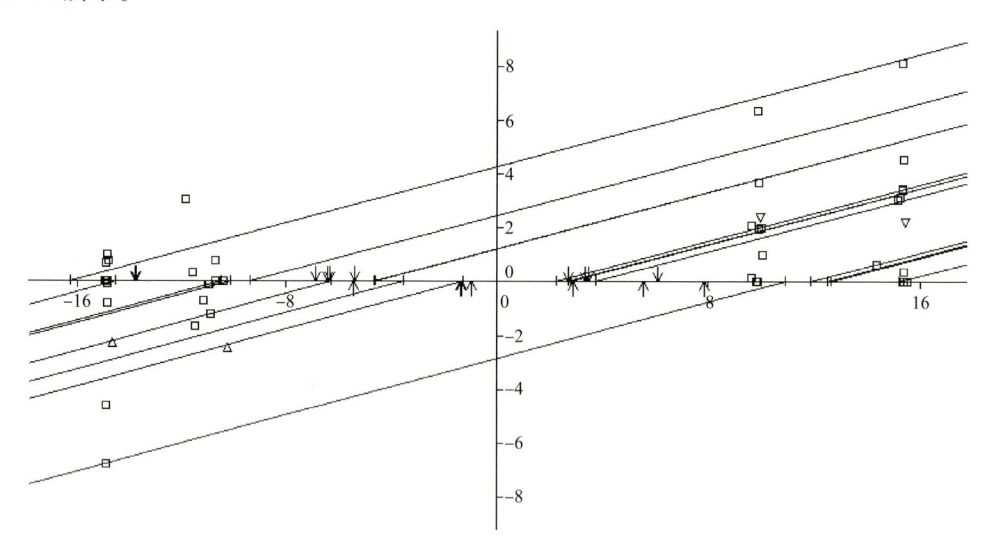

刻度深度(m)	斜率	流体积速度(m/min)	涡轮转速(上测)(m/min)	涡轮转速(下测)(m/min)	速度差(m/min)
□ 3345.9～3361.8	0.262	9.144	−7.88	−1.54	−6.33
○ 3444.9～3449.5	0.262	9.144	−10.49	−9.05	−1.43
+ 3495.6～3501.7	0.262	9.144	−3.96	−6.91	2.94
× 3534.2～3539.9	0.262	9.144	−3.64	−12.03	8.39
△ 3574.3～3580.2	0.262	9.144	−2.08	−9.01	6.93
▽ 3628.2～3634.9	0.262	9.144	−1.30	−9.09	7.79
✳ 3695.4～3699.7	0.262	9.144	5.11	−10.38	15.49
⊠ 3742.8～3748.0	0.262	9.144	2.21	−8.99	11.20
⊠ 3795.2～3800.4	0.262	9.144	9.35	−9.89	19.24
⊠ 3840.7～3846.7	0.262	9.144	8.90	−8.77	17.67

图 5-47　阵列式涡轮流量交会刻度

阵列式电阻持水率成像分析主产层。将 RAT 阵列电阻持率曲线进行持率成像处理，因为第一趟（D600）下测的所测曲线，最能反映井筒正常原始生产状态下的相态分布和产出变化情况。第一趟 D600 下测 RAT 阵列成像图显示表明，第 8～11 解释层段为该井目前主要产油层段，经计算产油量占总产油量的 64.37%，其余层段有少量油产出；第 6～7 解释层段为该井目前主要产水层段，如图 5-48 所示。

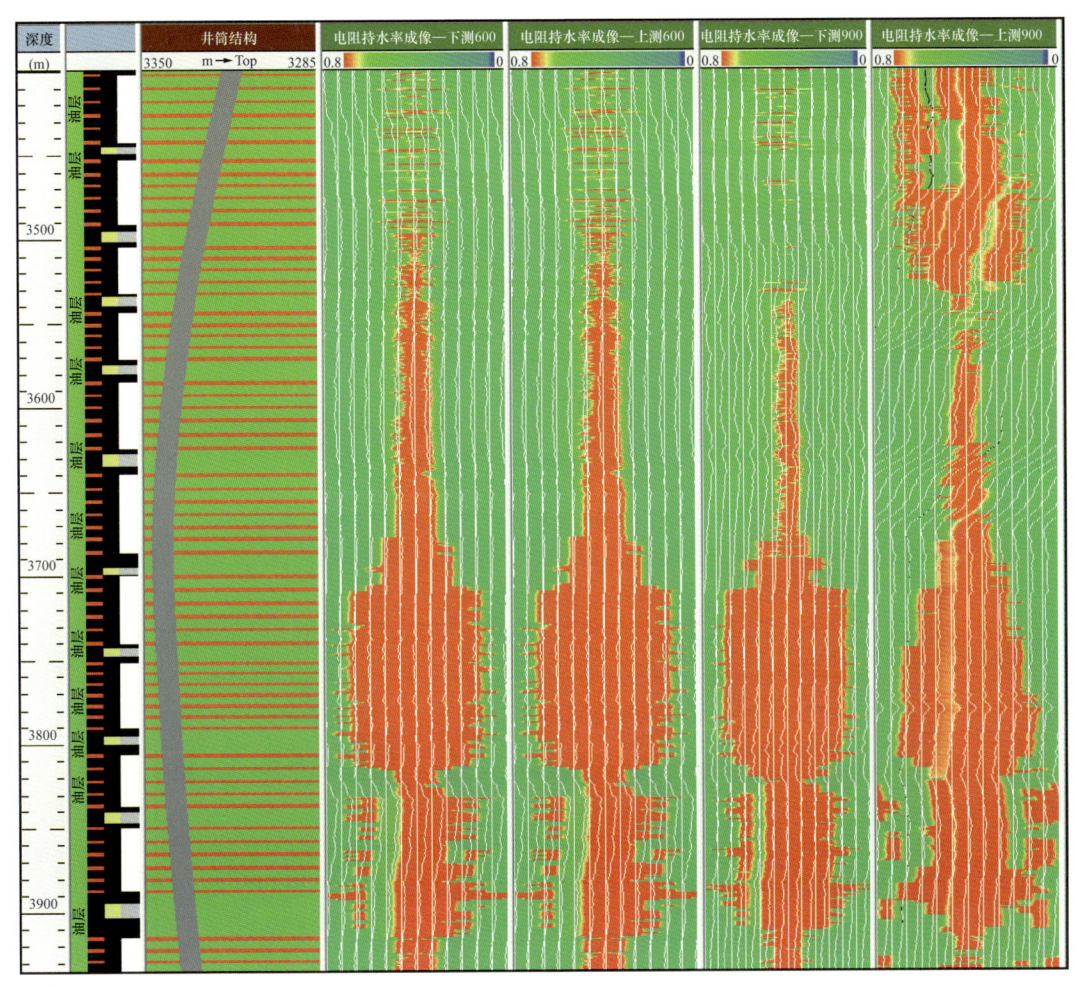

图 5-48　阵列式电阻率成像测井图

　　阵列式微涡轮流量成像分析主产层。从阵列流量曲线（SPIN1～SPIN6）特征反映，该组流量曲线在第 6～7 解释层段有明显的幅度差，表明此两层段存在较大的液量产出，经计算，相对产液量分别为 31.07%、13.28%；与 RAT 阵列电阻率成像测井图综合分析，解释为主产水层。由于是贴井筒内壁测量，微涡轮流量曲线的 SPIN1 和 SPIN5 在第 8～11 解释层段呈现波状起伏变化，数值变化范围大，在 0.0～8.2r/s 之间变化，表明这些层段持续有液量产出。结合 RAT 电阻率持率成像测井图分析，确认第 8～11 解释层段为该井的主要产油层。产液剖面测试资料显示，该井其余测试段内的解释层段基本都有少量油产出，如图 5-49 所示。

　　该井测井温度、压力和伽马曲线一致性好，本次所测自然伽马曲线与裸眼所测伽马曲线相关性良好；各趟流体温度、流体温度曲线在主要生产层段异常明显，如图 5-50 所示。

　　综合 MAPS 阵列测井成像数据辅以全井眼测试数据进行约束，计算各解释层段的产量，如图 5-51 所示。

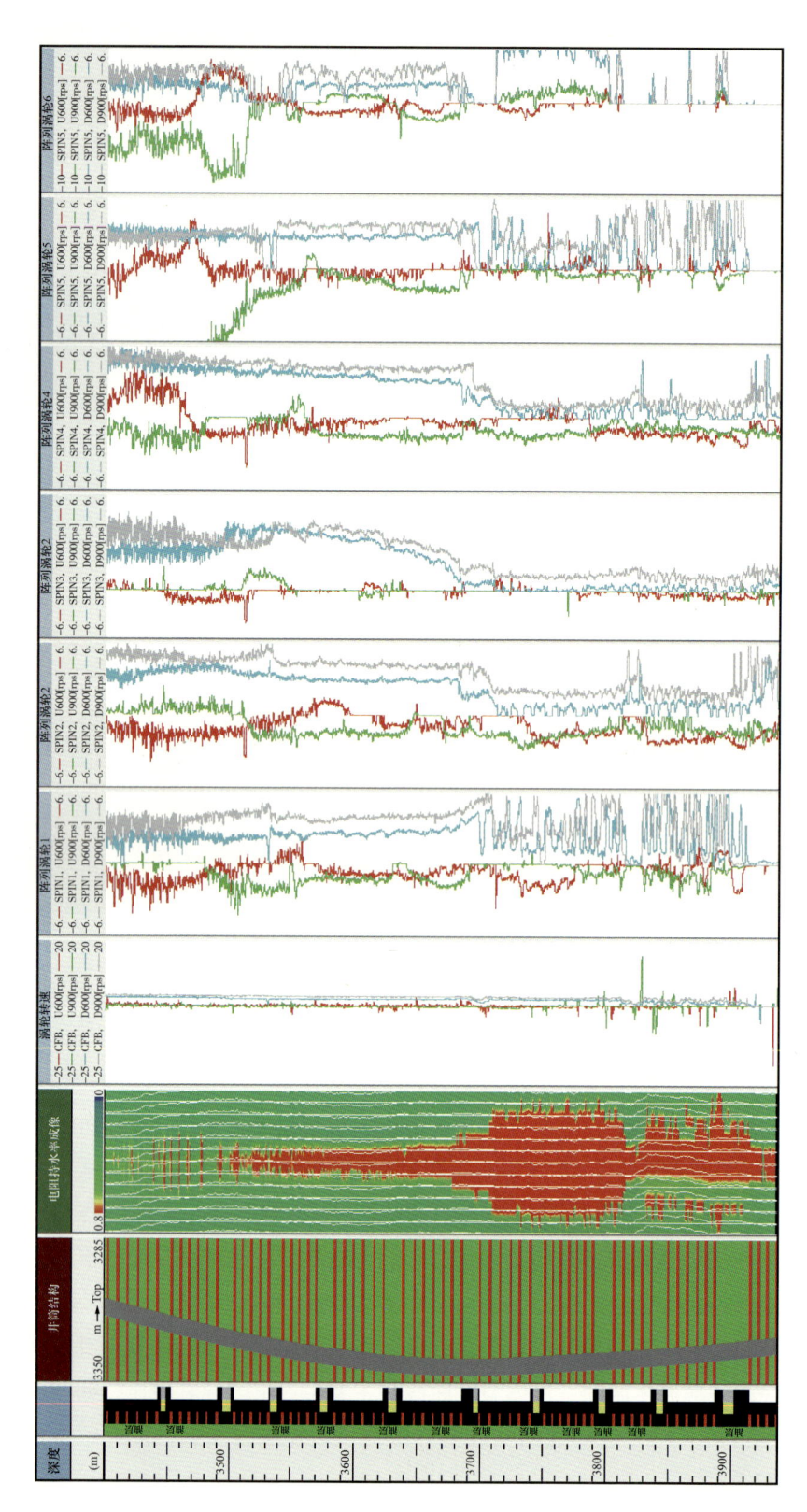

第五章 特殊储层及其他典型应用案例

图 5-49 SAT 涡轮流量曲线图

238

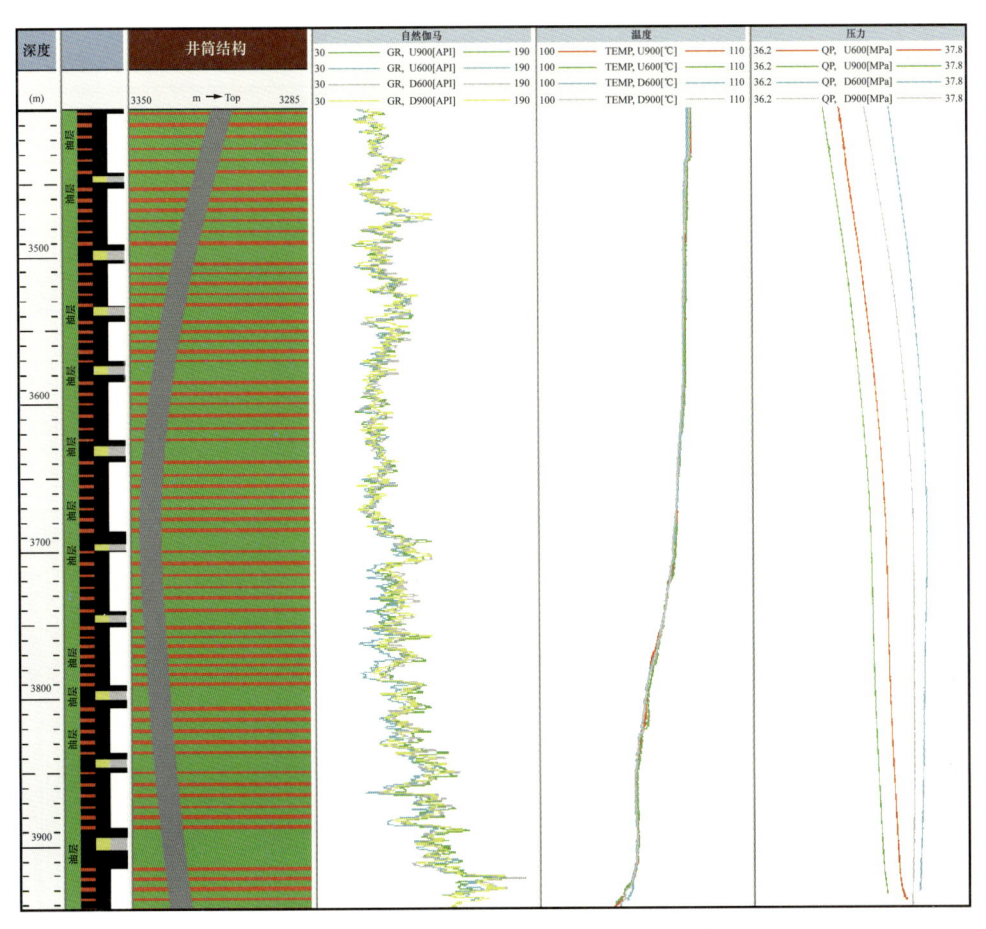

图 5-50　测量段自然伽马、温度和压力曲线对比图

※ 效果验证

官页 X 井产液剖面测试显示，官页 X 井测试时日产水 109.54m³，日产液 127.08m³，含水率 86.20%。

从 RAT 阵列电阻持率曲线可以看出，第 8~11 解释层段为该井目前主要产油层段，相应深度持率成像图中红色区域（含油显示）占比较多，经计算产油量占总产油量的 64.37%，其余层段有少量油产出；第 6~7 解释层段为该井目前主要产水层段，相应深度持率成像图中绿色区域（含水显示）占据多数，经计算日产水量 53.94m³，占日总产水量的 49.24%。

该井测后停喷，对主要产水层段进行了堵水作业，堵水后日产液由 127.08m³ 下降到 34.70m³，日产油 17.56t，含水率由 86.20% 下降至 50.60%。

利用水平井产液剖面测试技术能够准确测量水平井水平段动用情况，确定产层产油和产水情况，为后期的堵水调剖等治理措施提供可靠依据。

第五章 特殊储层及其他典型应用案例

射孔段（m）	日产水 (m³)	日产气 (m³)	日产油 (m³)	水 油 气
第一簇（3402.2~3442.5）	6.23	0.00	0.72	
第二簇（3453.5~3490.9）	7.91	0.00	1.33	
第三簇（3505.0~3532.7）	6.85	0.00	1.37	
第四簇（3544.0~3571.1）	5.23	0.00	0.41	
第五簇（3585.2~3624.5）	6.56	0.00	0.00	
第六簇（3639.7~3686.2）	38.37	0.00	1.11	
第七簇（3700.2~3740.2）	15.58	0.00	1.31	
第八簇（3751.8~3790.7）	4.34	0.00	2.69	
第九簇（3806.6~3837.1）	5.60	0.00	3.53	
第十簇（3850.0~3887.6）	5.08	0.00	2.76	
第十一簇（3915.5~3993.2）	7.81	0.00	2.31	

(a) 各分簇产量

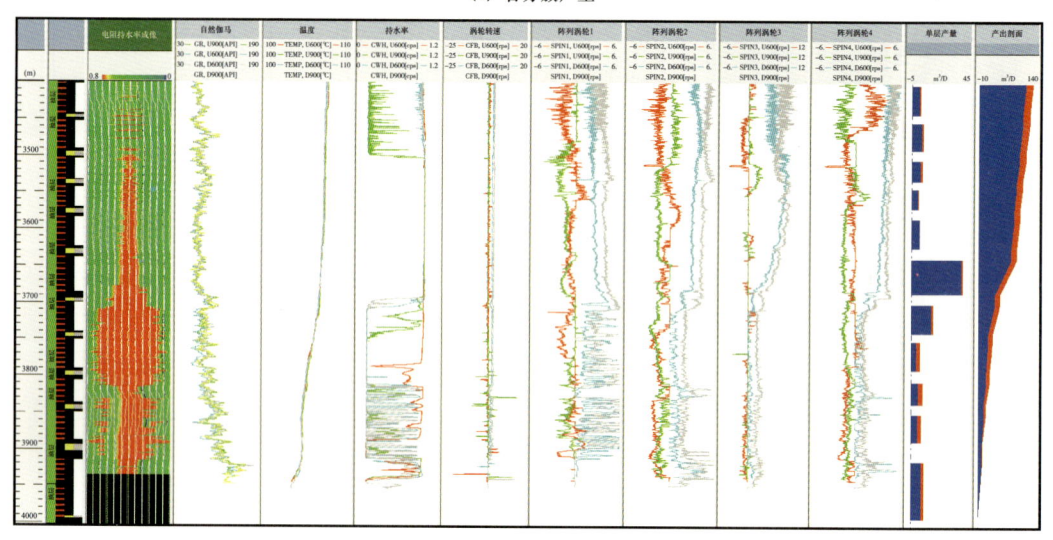

(b) MAPS解释综合图

图 5-51 官页 X 井解释层段计算成果图

生产测井精准找漏在老井综合治理解释中的应用

※ 简要背景

镇 X 井位于甘肃省庆城县太白梁乡庙山村野王山组；构造位置属于鄂尔多斯盆地伊陕斜坡。该井为采油井，钻探目的为完善注采井网；主力产层为延 10_2。该井于 2011 年 7 月完钻，完钻井深 2019.0m，完钻层位长 3 段。2011 年 12 月投产延 10 段；初期日产液 4m³，日产油 1.7t，含水 57.9%；2018 年 9 月该井因高含水停井，停井前日产液 5.58m³，日产油 0.0t，含水 100%；累计产油 2707t，含盐在 8000mg/L 左右。

※ 问题及解释要点

该井于 2018 年 4 月 19 日采用 Y221-114 封隔器隔采，位置 1864.9m，隔采后日产液 3.6m³，日产油 0.35t，含水 88.2%，含盐 16366mg/L，有效天数 42 天，累计增油 15.9t，有效期短。经分析认为，该井潜能较大，为了从源头解决套管破漏后对该井产能的影响并保持井筒的完整性，运用生产测井方法，精准找出套管破漏出水点位置，根据测试的找漏结果确定治理措施。

※ 新技术、新方法应用

四参数测井（井温、压力、磁定位、自然伽马）：在管柱无漏失正常情况下，井温剖面是一条地温梯度曲线；当套管漏失时，由于地层中流体与井筒内流体温度不同，在破漏位置出现的液体交换会导致井温曲线的异常变化。

噪声测井：流体流动会产生噪声，噪声强度的大小随着流体流速变化而变化。通常，流体速度变化可以发生在产出口、泄漏口、注水位置、窜槽或套管缩径等处。噪声测井仪通过对流体在管外水泥环孔道或地层流动时产生的噪声幅度和频率的测量来判断流体的类型和位置，结合井温、流量等仪器大大提高了找漏、找窜测井的精度和成功率。图 5-52 为噪声测井数据处理解释与分析的步骤。

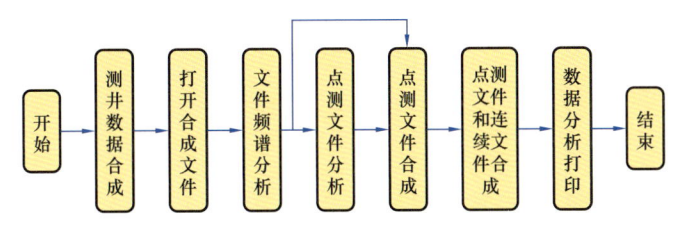

图 5-52 噪声测井数据处理解释与分析

氧活化测井：利用热中子活化伽马射线时间谱的测量来反映油管内、环型空间、套管外含氧物质，特别是水的流动状况。通过解析时间谱可以计算出水流速度，进而计算水流量。

※ 主要认识

该井采用了不同测井仪器进行了四参数、噪声、全井眼涡轮流量、温差流量、氧活化等测井方式进行了测井作业。

根据测井显示，井温测量该井在1444.0~1448.0m井段为该井的漏失层位，并且与工程测井成果对应性好；噪声测井测量该井在1447m左右存在漏失。通过多种方法对比验证，井温测井及噪声测井同时显示1444.0~1448.0m井段存在漏失。该井测试稳定注入量为0.6m³/h。2018年4月套损测井显示在1445.5~1447.0m井段附近的1438.38~1438.65m、1444.78m、1445.13m、1445.52m、1450.31m处存在套管破漏点。

井温异常点分析：从井温测井上分析，该井在1444.0.0~1448.0m处井温曲线及微差井温曲线变化明显，且在1447.0m出变化幅度达到峰值，呈负异常，说明该段存在热交换，该段可能存在套管破漏漏失。对比注水前的静温曲线发现，该处井温未见明显变化，注水后井温整体变小，且在1444.0~1448.0m处明显异常。分析认为1444.0~1448.0m处为主要的漏失层段（图5-53）。

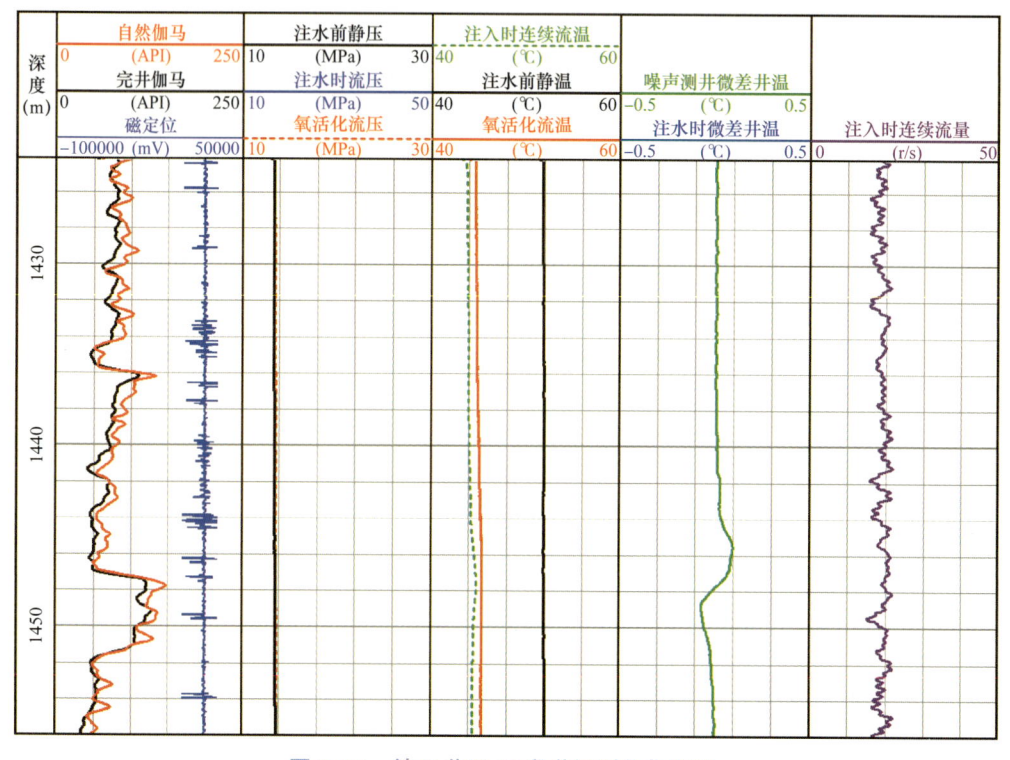

图5-53 镇X井延10段井温测井曲线图

噪声测井结果分析：噪声测井在 1447m 左右信号异常，反应明显，怀疑在 1447.0m 左右有漏失，如图 5-54、图 5-55 所示。解释结论如下：从噪声测井来看，在 1447m 左右有明显响应，怀疑漏点在此处；在 1400～1415m 井段有微弱信号，怀疑此处有轻微渗漏；噪声测井在测量段的下面低频响应明显，怀疑是管子内流体流动声音大，引起整段管子震动造成的噪声响应。

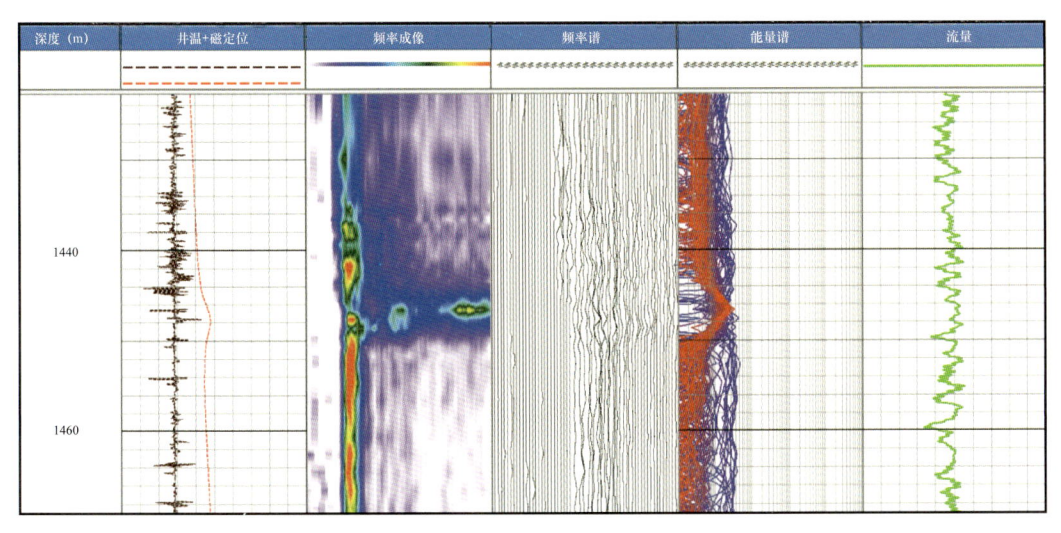

图 5-54　噪声测井 1447.0m 漏失段测井曲线图

序号	深度(m)	数值	0～1.5kHz	数值	1.5～6.0kHz	数值	6.0～12.70kHz	数值	0～12.70kHz
48	1443.1	81.975		76.125		27.392		51.348	
49	1443.8	75.651		77.523		29.304		52.049	
50	1444.8	78.851		76.490		31.867		53.428	
51	1446.1	79.582		71.383		39.257		55.592	
52	1447.1	63.763		62.792		53.801		58.207	
53	1448.1	68.719		70.364		44.655		56.701	
54	1449.1	74.535		73.717		37.356		54.787	
55	1450.1	82.918		73.036		28.633		51.029	
56	1451.1	96.761		69.378		23.263		48.663	
57	1452.1	87.218		69.898		20.818		46.373	
58	1453.1	91.855		70.161		22.187		47.762	
59	1455.1	87.952		69.780		21.970		47.026	

图 5-55　噪声测井 1447.0m 漏失段频率分布图

噪声测井在 1400.0～1415.0m 井段异常信号较弱，通过刻度可以看出来有轻微响应，怀疑此段有轻微漏失，如图 5-56 所示。

氧活化测井成果分析：由于受井口注入难的影响，氧活化在套管中测量的下限值 0.625m³/h 无法达到，两次氧活化测量结果均显示 300m、1350m 为零流量，如图 5-57 所示。

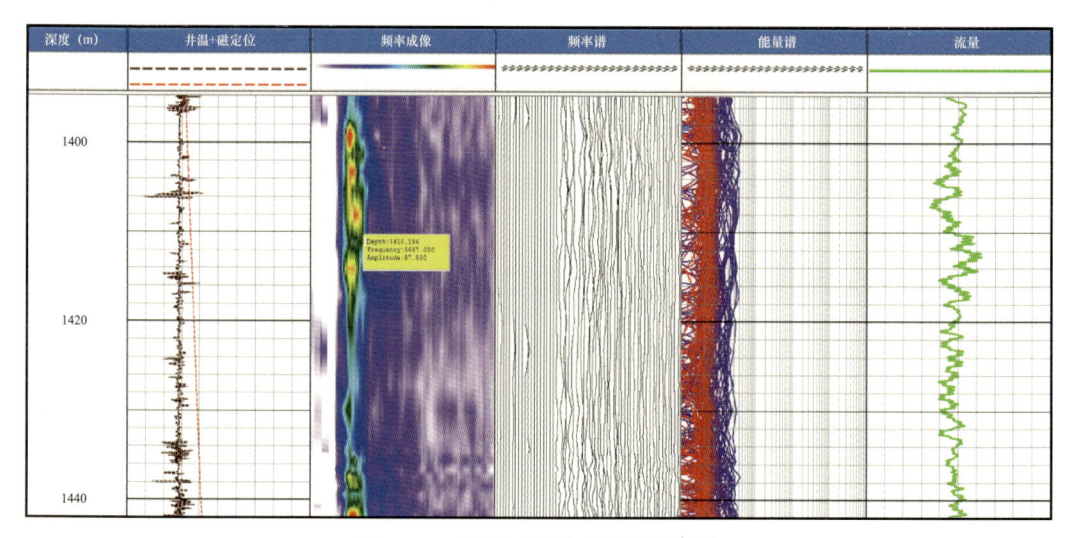

图 5-56 噪声测井综合解释成果图

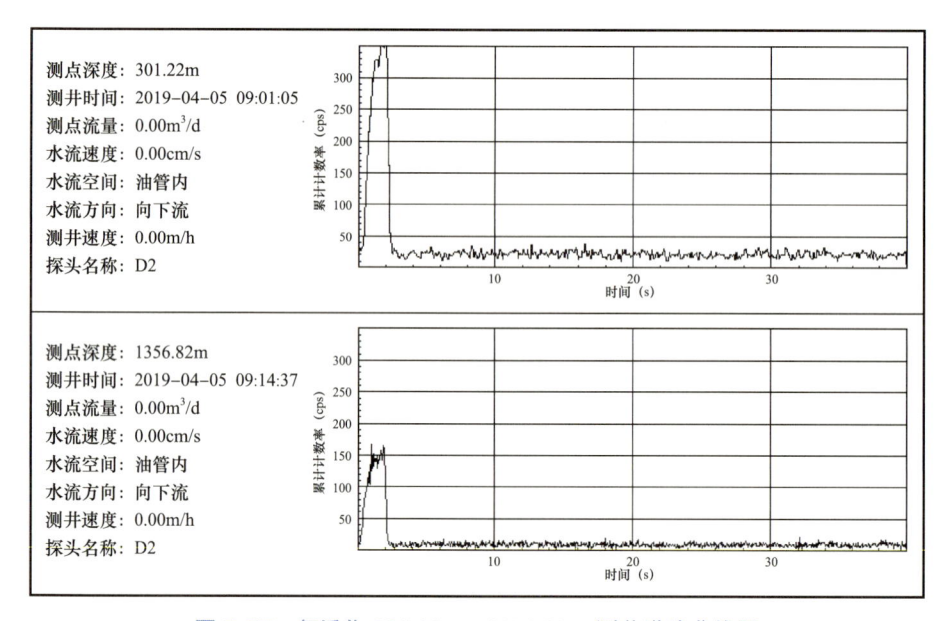

图 5-57 氧活化 301.22m、1356.82m 测井谱峰曲线图

※ 效果验证

根据测井施工完成后综合分析，决定采用坐封找堵一体化工具进行效果验证（图 5-58）。坐封找堵一体化工具（位置 1691.0m），试验 20MPa 合格，起出插管（相当于打桥塞）。下验封管柱（自下而上）：斜尖（1442.5m）+Y221-114 封隔器（1442.0m±0.5m）+工具油管至井口，不坐封封隔器做抽汲准备，计划验证漏点 1444.0~1448.0m 出水量及出水性质。累计抽汲 4 个班、28h、80 次，累计抽水 39m³、油 0、含盐 8545mg/L。

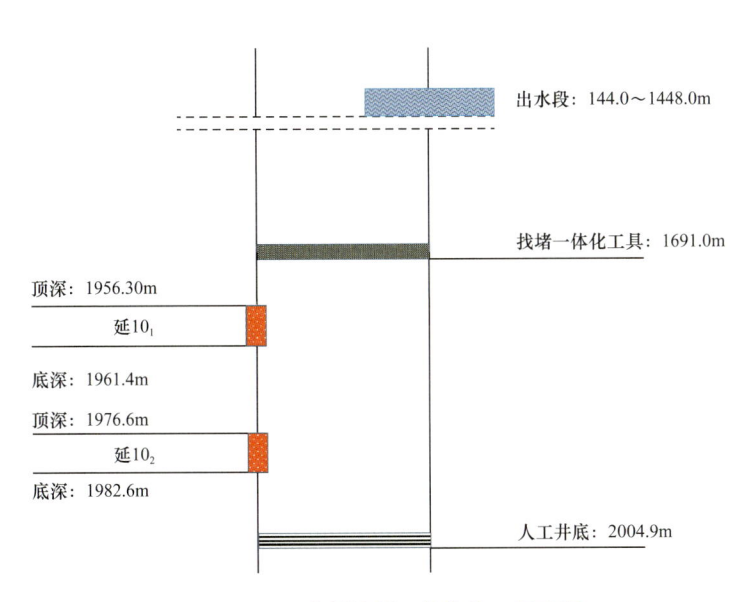

图 5-58　坐封找堵一体化施工示意图

加深管柱至 1450m 坐封封隔器，由油管打压试压，试压 15MPa，稳压 15min，压降小于 0.2MPa，试压合格；上提管柱至 1440m 坐封封隔器，试压 15MPa，稳压 15min，压降小于 0.2MPa，试压合格。起出后检查封隔器完好。1444.0～1448.0m 确定为出水点。

复产效果：该井重新坐封恢复生产后，日产液由 5.58m³ 下降至 1.58m³；日产油由 0 上升至 1.18t；含水由 100% 降至 24.20%。

动态分析法在储气库剩余油测井评价中的应用

※ 简要背景

双 X 井是双 6 储气库的一口注采井,完钻井深 2710m。该井位于构造边部,构造位置相对较低,后期经过多轮注气、采气过程,井下气水分布复杂。该区部分新钻井含水高达 90% 以上,油气水界面平面上持续动态变化。

※ 问题及解释要点

该区块属于早期的枯竭油气田,地层压力亏空,采出程度较高。早期区块新井水淹层电阻率下降明显,经过多轮调整之后,油气水关系发生变化,产液性质持续动态变化,新井与邻井的曲线特征差异较大,解释矛盾突出。由于区块内始终处于注—采交替过程,气液、油水界面动态变化,仅靠测井资料只能识别测井时的井下流体情况,无法判断后续状况,而射孔投产相对滞后数月,导致井下情况与测井时有较大变化,不利于测井资料判断,需要建立动态跟踪分析方法。

※ 新技术、新方法应用

通过对该区块注气、产气及油井生产历史数据的精细研究,总结出区块动态监测分析方法,将动态分析结果作为新井、老井投产重点参考依据。通过对注采数据的动态分析,结合区块储层物性、厚度分析、动态监测测井系列,判断注—采气量对气液、油水界面的影响程度,根据注采井分布、高低位置情况,模拟井下剩余油驱替情况,寻找剩余油分布的"甜点",确定最佳采油时间。

以上动态分析中,主要采用交叉偶极阵列声波测井用于储气库参数计算,包括计算地层岩石力学参数、地应力及其方向、地层各向异性及其方向、气层识别等。通过对该井及其他邻井盖层和储层的阵列声波测井资料分析,综合构建了区块地应力模型,指导了储气库建产工程的作业和优化。

※ 主要认识

(1)该井运用中子—密度交会和阵列声波识别测井时的气—液界面为 2612m。在 2612m 以深井段,中子—密度交会明显减弱(图 5-59),阵列声波测井纵横波速度比明显增大,数值均大于 1.8(图 5-60);而双 6 区块静态气液界面为 2460m,说明在注气作用下，气—液界面已明显下降，地层压力得到补充。

（2）气液、油水界面动态变化，与静态数据相比有较明显变化。界面的判断，一是依靠动态监测资料，随时间推移气液界面升降交替，但整体下降（图5-59）；二是根据测井曲线和注采数据分析；三是根据区块内流体采样性质分析，判断准界面有利于了解所注天然气的推进情况。

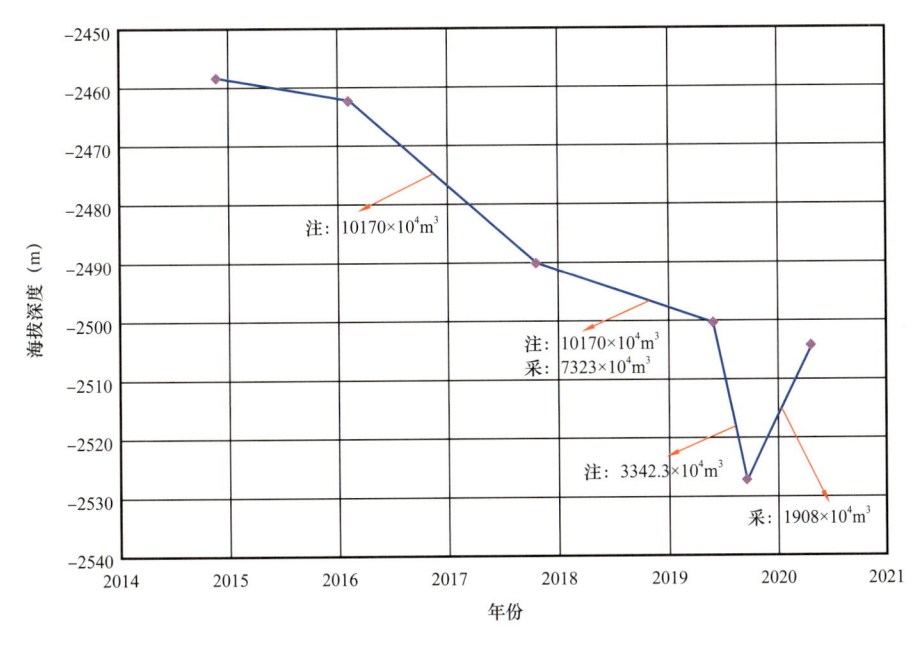

图5-59 监测井在不同时期气液界面变化图

（3）该区块多数注气井位于相对高部位，该井位于区块边缘相对较低位置，有利于剩余油推进聚集。综合各项静动态资料确定剩余油驱替模型，了解注气过程中原区块剩余油的推进方向，确定该井所在区域的剩余油富集区，为投产采油提供射孔方案。

（4）综合该井及周边邻井的交叉偶极阵列声波测井处理情况，构建地应力模型，了解区块各向异性情况，在识别气层（图5-60）、确定气液界面、判断井眼稳定性方面提供技术支持和保障。

※ 效果验证

该井第29层下部、30层于2020年8月17日射孔求产，测试成果：初期使用5mm油嘴求产，日产油98.1t。截至2021年8月3日，累计采油17082.1t、水1186.9t，打破区块以往单井静态产量纪录，达到了增油扩容（气）目的（图5-61）。同时，验证了动态监测分析法对剩余油采出选井选层具有较好的效果。

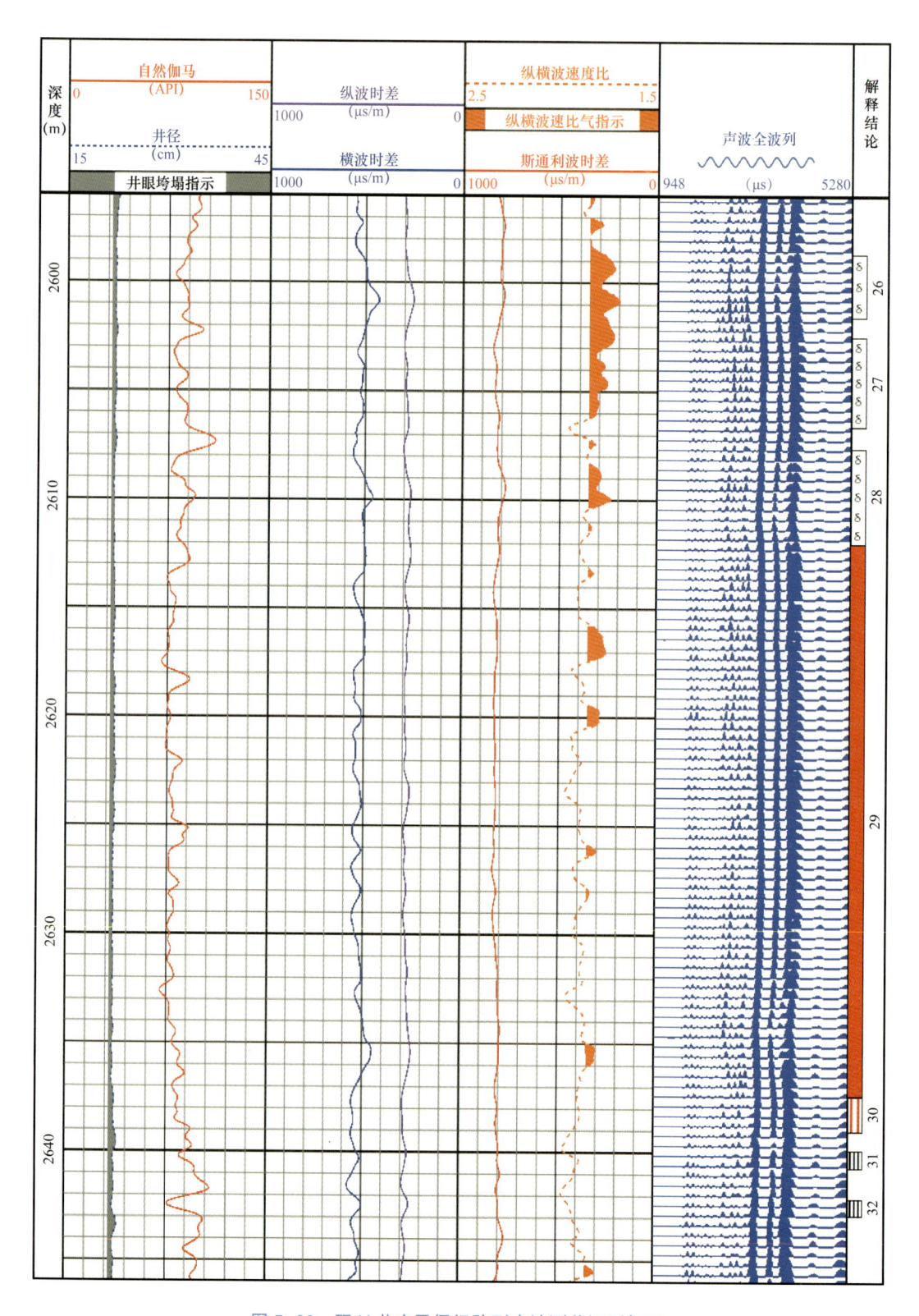

图 5-60　双 X 井交叉偶极阵列声波测井识别气层

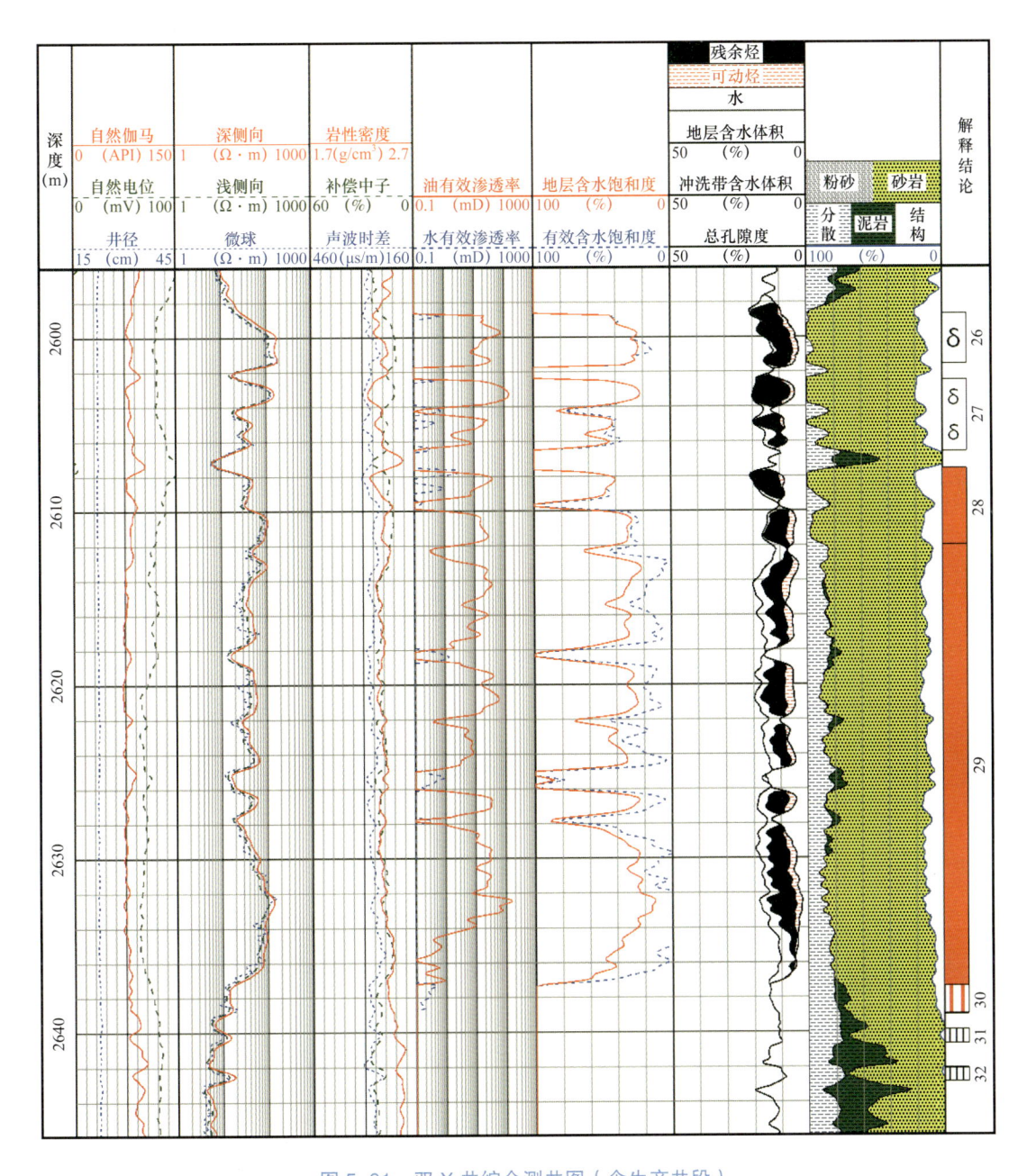

图 5-61 双 X 井综合测井图（含生产井段）

附录 测井仪器中英文名称对照表

英文简称	中文名称	英文全称	公司
AIT	阵列感应测井仪器	Array Induction Imager Tool	斯伦贝谢
HDIL	高分辨率感应测井仪器	High Definition Induction Logging Tool	贝克休斯
ACRT	非对称阵列感应测井仪器	Asymmetrical Array Induction Logging Tool	哈里伯顿
MIT	阵列感应测井仪器	Multi-Array Induction Logging Tool	中油测井
Rt Scanner	电阻率扫描测井仪器	Rt Scanner	斯伦贝谢
3DEX	三维探测测井仪器	Three-Dimension Explorer	贝克休斯
MCI	多分量感应测井仪器	Multicomponent Induction tool	哈里伯顿
3DIT	三维感应测井仪器	Three-dimension Induction Logging	中油测井
FMI	全井眼微电阻率成像测井仪	Fullbore Formation MicroImager	斯伦贝谢
XRMI	扩展的微电阻率成像测井仪	Extended Range Micro-Imager Tool	哈里伯顿
MCI	微电阻率成像测井仪器	Micro-conductivity Imaging Tool	中油测井
ECS	元素俘获能谱仪	Elemental Capture Spectroscopy	斯伦贝谢
Litho Scanner	元素扫描测井仪	Litho Scanner	斯伦贝谢
Flex	地层岩性测井仪	Formation Lithology eXplorer	贝克休斯
GEM	地球化学测井仪	Geochemical Elemental Analysis Tool	哈里伯顿
FEM	地层元素测井仪	Formation Element and Mineralogy Logging Tool	中油测井
XMAC	交叉偶极子声波测井仪	Cross Multipole Array Acoustic	贝克休斯
Sonic Scanner	声波扫描测井仪	Sonic Scanner	斯伦贝谢
MPALF	远探测阵列声波测井仪	Multipole Array Acoustic Logging of Far Detection	中油测井
HRLA	高分辨率侧向测井仪	High-Resolution Laterolog Array	斯伦贝谢
RTeX	高分辨率侧向测井仪	High Resolution Laterolog Array Tool	贝克休斯
HAL	高分辨率阵列侧向测井仪	High resolution Array Laterolog Tool	中油测井
ADT	阵列介电扫描测井仪	Array Dielectric Tool	斯伦贝谢
HFDT	高频介电测井仪	High Frequency Dielectric Tool	哈里伯顿

续表

英文简称	中文名称	英文全称	公司
ADeX	阵列介电测井仪	Array Dielectric eXplorer Instrument	贝克休斯
DSLT	介电扫描测井仪	Dielectric Scanner Logging Tool	中油测井
CMR	组合式核磁共振测井仪	Combinable Magnetic Resonance Tool	斯伦贝谢
MR Scanner	核磁共振扫描测井仪器	Magnetic Resonance Scanner	斯伦贝谢
MRIL-P	P 型核磁共振成像测井仪器	Magnetic Resonance Imaging Log Tool-Prime	哈里伯顿
MRIL-XL	XL 型核磁共振成像测井仪器	Magnetic Resonance Imaging Log Tool-XL	哈里伯顿
MREX	核磁共振探测测井仪器	Magnetic Resonance Explorer	贝克休斯
MRT	核磁共振测井仪器	Magnetic Resonance Tool	中油测井
iMRT	偏心型核磁共振测井仪器	Improved Magnetic Resonance Tool	中油测井

参 考 文 献

车小花，乔文孝，阎相祯，2003. 反射声波成像测井的有限元模拟［J］. 应用声学，23（6）：1-4.

韩炜，周军，马修刚，等，2018. 一种井旁构造反射波与井壁直达波的分离方法：CN105298482B［P］. 2018-6-1.

何海清，范士芝，郭绪杰，等，2021. 中国石油"十三五"油气勘探重大成果与"十四五"发展战略［J］. 中国石油勘探，26（1）：18-30.

李剑浩，2015. 均质化地层电磁场论［M］. 北京：石油工业出版社.

刘合年，史卜庆，薛良清，等，2020. 中国石油海外"十三五"油气勘探重大成果与前景展望［J］. 中国石油勘探，25（4）：1-9.

孙宝佃，周灿灿，赵建武，等，2014. 油气层测井识别与评价［M］. 北京：石油工业出版社.

汤天知，陈鹏，陈文辉，等，2014. EILog 快速与成像测井系统［M］. 北京：石油工业出版社.

汤天知，李宁，陈文辉，等，2019. 石油地球物理测井［M］. 北京：石油工业出版社.

唐晓明，郑传汉，2004. 定量测井声学［M］. 赵晓敏，译. 北京：石油工业出版社.

周灿灿，李潮流，王昌学，等，2013. 复杂碎屑岩测井岩石物理与处理评价［M］. 北京：石油工业出版社.

Hornby B E, et al, 1989. Imaging of near-borehole structure using full-waveform sonic data［J］. Geophysics, 54（6）：747-757.